人工智能应用人才
能力培养新形态教材

机器学习
基础与案例实战

Python+Sklearn+TensorFlow

（慕课版）

张平 李晓宇 | 编著

U0277446

人民邮电出版社

北 京

图书在版编目（CIP）数据

机器学习基础与案例实战 ：Python+Sklearn+TensorFlow ：慕课版 / 张平，李晓宇编著. -- 北京 ：人民邮电出版社，2024. --（人工智能应用人才能力培养新形态教材）. -- ISBN 978-7-115-65015-3

Ⅰ．TP181

中国国家版本馆 CIP 数据核字第 20243RM160 号

内 容 提 要

机器学习作为人工智能的重要分支，已在不同行业得到了广泛应用。本书以锤炼读者机器学习相关技术的实战能力为导向，将案例与项目贯穿全文，全面系统地介绍了代表性机器学习算法及其应用。本书共 12 章，分为 4 篇，即入门篇、监督学习篇、无监督学习篇、进阶篇。入门篇概述机器学习，监督学习篇主要介绍 K 近邻、决策树、线性模型、支持向量机和贝叶斯模型，无监督学习篇主要介绍聚类、主成分分析和奇异值分解，进阶篇主要介绍集成学习、特征工程和深度学习。

本书可作为高校工科专业机器学习相关课程的教材，也可供相关领域的培训机构教学使用，还可作为人工智能爱好者和相关方向技术人员的参考书。

◆ 编 著 张 平 李晓宇

责任编辑 王 宣

责任印制 陈 犇

◆ 人民邮电出版社出版发行 北京市丰台区成寿寺路 11 号

邮编 100164 电子邮件 315@ptpress.com.cn

网址 https://www.ptpress.com.cn

北京市艺辉印刷有限公司印刷

◆ 开本：787×1092 1/16

印张：18 2024 年 10 月第 1 版

字数：434 千字 2025 年 1 月北京第 3 次印刷

定价：69.80 元

读者服务热线：(010)81055256 印装质量热线：(010)81055316

反盗版热线：(010)81055315

广告经营许可证：京东市监广登字 20170147 号

■ 时代背景

党的十八大以来，习近平总书记就人工智能发展作出一系列重要指示。《新一代人工智能发展规划》《关于加快场景创新以人工智能高水平应用促进经济高质量发展的指导意见》等文件相继出台。2024 年 3 月 5 日，国务院总理李强在其所作的《政府工作报告》中明确提出"人工智能+"行动。人工智能已成为引领新一轮科技革命和产业变革的战略性技术，具有很强的溢出带动性。我国也正在加强顶层设计，加快形成以人工智能为引擎的新质生产力。

■ 编写初衷

本书旨在向读者介绍机器学习的基本原理和常用算法，以应用为导向，理论与实践并重，全程支持案例式教学。在向读者介绍机器学习基础知识的同时，书中通过大量实际案例进行实战演练，帮助读者快速掌握机器学习的核心概念和应用技巧。

■ 本书特色

本书共 12 章，分为 4 篇，即入门篇、监督学习篇、无监督学习篇、进阶篇。本书特色介绍如下。

【全程案例教学，锤炼实战技能】本书以应用为导向，全程采用案例式教学，多层次、全方位地演示机器学习实战技巧，实践性强，理论与实践紧密结合。

【注重素质教育，强调立德树人】本书强调立德树人，注重对读者综合能力的培养，着力打造"素质+技能"协同育人新格局。编者将社会主义核心价值观等素质教育元素融入本书，并在与本书配套的慕课课程中提供了更多的素质教育元素供教师选择。

【经典前沿并重，助力技能提升】本书既包含编者精心挑选的经典机器学习算法，又紧跟科技前沿发展趋势，引入集成学习、特征工程、深度学习等前沿内容及应用案例，可以帮助读者拓展科技认知边界，提升机器学习综合实战技能。

【高内聚低耦合，方便教学剪裁】本书的内容安排注重高内聚和低耦合，篇章之间相对独立，又保持一定的递进关系，方便教师根据课时和专业特点对内容进行剪裁。

【内容层次丰富，从入门到精通】本书在章节安排上，既包括经典的机器学习算法，又包括进阶知识内容；在案例实现上，既包括偏向原理讲解的 Python 版本，又包括偏向工程实践的 Sklearn 版本，可以满足不同读者群体在不同学习阶段的需求。

【零基础低门槛，受众群体多样】本书学习门槛低，方便初学者快速入门；内容深入浅出、层次循序递进，可以满足具有不同知识背景读者的学习需求。

■ 特别说明

本书个别章节中的一般参数和矩阵符号等为了与对应代码保持一致，采用了与代码中的符号相同的字体（正体不加粗），特此说明。

■ 配套资源

为了更好地服务院校教师教学，助力我国人工智能领域实战型人才培养，编者特意在学银在线等慕课平台为本书配套建设了慕课课程，同时提供多种教辅资源，如教学视频、在线考试系统、素质教育资料、PPT 课件、教案、教学大纲、习题答案、案例源代码、书中涉及的各类软件的安装方法等，选用本书的教师可以到人邮教育社区（www.ryjiaoyu.com）下载相关资源。此外，为了实时服务院校教师教学，帮助大家更加便利地交流教学心得、分享教学方法，获取教学素材，编者连同人民邮电出版社建立了与本书配套的教师服务与交流群，欢迎讲授人工智能相关课程的教师入群交流。

■ 学时建议

编者针对本书给出了 4 种较为常见的学时模式，如表 1 所示，供院校授课教师参考。授课教师可以按照模块化结构组织教学，根据具体学时情况和专业情况对部分章节进行灵活取舍。

表 1　学时建议表

教学内容		16 学时	32 学时	48 学时	64 学时
入门篇	第 1 章　机器学习概述	2	4	4	4
监督学习篇	第 2 章　K 近邻				4
	第 3 章　决策树				6
	第 4 章　线性模型				6
	第 5 章　支持向量机				6
	第 6 章　贝叶斯模型				6
无监督学习篇	第 7 章　聚类	14 （11 选 3）	28 （11 选 5）	44 （11 选 8）	5
	第 8 章　主成分分析				5
	第 9 章　奇异值分解				5
进阶篇	第 10 章　集成学习				6
	第 11 章　特征工程				5
	第 12 章　深度学习				6

由于编者水平有限，书中难免存在疏漏之处，因此编者诚挚期望广大师生、机器学习爱好者和人工智能业界资深人士对本书提出完善意见和建议，为促进我国人工智能领域人才培养贡献力量。

编　者

2024 年秋于长沙

目录
Contents

第 3 章

决策树

第 6 章

贝叶斯模型

第 3 篇　无监督学习篇

第 9 章

奇异值分解

第 4 篇　进阶篇

第 10 章

集成学习

<table>
<tr><td>第 11 章</td></tr>
<tr><td>特征工程</td></tr>
</table>

第 12 章

深度学习

第1篇 入门篇

　　随着人工智能技术的快速发展，机器学习作为其中重要的分支已成为热门话题。

　　本篇主要对机器学习技术进行概述，内容涉及机器学习基础、机器学习发展简史、机器学习典型应用领域、机器学习开发环境配置和使用。

第1章 机器学习概述

机器学习在现代科学和技术中占据重要的地位，广泛应用于图像识别、语音识别、自然语言处理、推荐系统、金融预测、医疗诊断等不同领域，为人们提供更为智能、高效和准确的解决方案，对社会和经济的发展产生了深远影响。本章将介绍机器学习基本概念、发展历史及开发环境配置等知识。

【启智增慧】
机器学习与社会主义核心价值观之"富强篇"

机器学习技术可以通过优化生产效率、提高科研创新能力、改善医疗和教育水平等来促进国家的发展和增进人民的福祉，实现"富强"目标。例如，在制造业领域，通过机器学习技术可以实现工厂生产过程的自动化和智能化，提高生产效率和产品质量，从而促进工业发展和经济增长。在医疗领域，机器学习技术可以帮助医生提高诊疗精度和效率，提高医疗服务质量，并且降低医疗费用，从而让人民享受更好的医疗保障。

1.1 机器学习基础

1.1.1 机器学习的定义

机器学习是人工智能的一个分支领域，它是一门多领域交叉学科，涉及概率论、统计学、逼近论、凸分析、算法复杂度理论等多门学科，专门研究计算机怎样模拟或实现人类的学习行为，以获取新的知识或技能，重新组织已有的知识结构使之不断改善自身的性能。机器学习也是一类数据驱动的自动化学习方法的统称，它致力于使计算机能够从训练数据中自动学习知识，以实现在新数据上的准确预测。读者可以从以下几个方面理解机器学习。

（1）数据驱动：机器学习强调从数据中获取知识并总结模式。通过对大量数据进行分析和学习，机器学习算法能够自动学习和识别数据中的规律、趋势和关联。

（2）自动化学习：机器学习的目标是使计算机系统能够根据已有数据自动改善和优化自身的性能。与传统的手动编程方法不同，机器学习算法通过不断地迭代训练和调整模型参数，可以使模型能够适应新的情况和数据。

（3）泛化能力：机器学习算法的目标是具备泛化能力，即基于未见过的新数据也能够做出准确的预测或推断。通过从训练数据中总结模式和规律，机器学习算法可以将这些模式和规律应用于类似但不完全相同的新数据集。

1.1.2　机器学习基本概念

本小节以一个真实的例子来解释机器学习的基本概念。假设利用机器学习技术构建了一个能够自动过滤垃圾邮件的系统，它可以自动将收件箱中的垃圾邮件与非垃圾邮件进行区分。这是一个典型的机器学习应用案例，涵盖了机器学习的基本概念。

（1）数据集（dataset）：数据集是用于训练和评估机器学习模型的样本集合。例如，一个图像分类任务的数据集可以包含成千上万张带有标签的图像。在垃圾邮件过滤案例中，需要一个包含已标记为垃圾邮件和非垃圾邮件的数据集作为训练数据。这些数据可以包括邮件的文本内容、发送者、主题等特征。

（2）特征（feature）：特征是指用于描述每个样本的属性或输入变量。例如，在房价预测任务中，面积、卧室数量和地理位置可以作为特征。在垃圾邮件过滤案例中，可以从每封邮件中提取一些有意义的特征，如词频、链接数量、邮件长度等。这些特征能够帮助区分垃圾邮件和非垃圾邮件。

（3）标签（label）：标签是指每个样本对应的目标输出值。对于图像分类任务，每个图像都有一个标签，表示图像所属的类别。在垃圾邮件过滤案例中，对于每封邮件，需要有一个标签指示它是垃圾邮件还是非垃圾邮件。在训练数据中，这些标签是事先确定好的。

（4）模型（model）：模型是机器学习算法从训练数据中学到的表示数据的函数或规则。例如，线性回归模型可以用于拟合数据并进行预测。在垃圾邮件过滤案例中，垃圾邮件分类是一个典型的分类问题。可以选择使用一种机器学习分类模型，如朴素贝叶斯分类器。该模型能够学习输入特征与标签之间的关系，并根据学到的知识对垃圾邮件进行分类。

（5）训练（training）：训练是指使用已知输入和输出样本来调整模型的参数，使其能够对未知样本进行准确预测。通过将训练数据输入到模型中，进行模型的训练。模型根据训练数据的特征和标签之间的关系调整自身的参数，以提高预测准确率。

（6）测试与评估（testing & evaluation）：测试与评估是在训练完成后进行的，用于评估模型的性能。通过使用测试集中的样本，检查模型是否能够准确预测未知数据。经过训练后，需要使用一组独立的测试数据来评估模型的性能。在垃圾邮件过滤这个案例中，可以将数据集划分为两份，一份用于训练，一份用于测试与评估。通过比较模型对测试数据的预测结果与实际标签，可以计算出模型的准确率、精确率等指标。

（7）泛化（generalization）：泛化是指模型在未见过的新数据上的表现能力。一个好的模型应该能够对新数据做出准确的预测，并具有一定的鲁棒性和通用性。模型经过充分训练和测试与评估后，可以应用于新收到的邮件，以自动识别垃圾邮件。模型通过从已有数据中学习到的模式和规律，推广到类似但不完全相同的新邮件上。

1.1.3　机器学习分类

机器学习分类方法有很多，一般可分为监督学习（supervised learning）、无监督学习（unsupervised learning）和强化学习（reinforcement learning）等。监督学习通过有标签的数据来训练模型，用于预测和分类；无监督学习通过无标签的数据寻找模式和结构；强化学习通过与环境进行交互来学习最优行动策略。不同的机器学习分类方法在解决不同类型的问题时具有各自的优势和适用范围。下面结合具体示例来介绍这些分类方法。

1．监督学习

监督学习是指通过给算法提供有标签的训练数据来进行模型的训练，以预测新的输入样本的输出标签。也就是说，提供一组输入和相应的正确输出作为训练样本（即带有标签的训练数据），让算法学习输入与输出之间的映射关系，从而对未标记的数据进行预测。下面通过几个具体的例子来解释监督学习。

（1）图像分类：假设有一个包含大量猫和狗图像的数据集，每张图像都带有标签，表示是猫还是狗。可以使用监督学习算法，如卷积神经网络，来学习从图像的像素值到标签的映射关系。通过训练这个模型，它将学习到猫和狗图像之间的特征，并可以用于对新的图像进行分类，判断其是猫还是狗。手写数字识别是另一个典型的图像分类问题，提供了大量标记好的手写数字图像和对应的标签，让算法学习如何将输入的图像正确分类为数字 $0 \sim 9$。

（2）垃圾邮件过滤：垃圾邮件过滤问题，有一个带有标签的邮件数据集，其中包含了大量的垃圾邮件和非垃圾邮件。可以使用监督学习算法，如朴素贝叶斯分类器，来学习从邮件的特征（如词语出现频率、主题关键词等）到标签的映射关系。模型将学习到哪些特征可能与垃圾邮件相关，并能根据这些特征将新收到的邮件分类为垃圾邮件或非垃圾邮件。

（3）房价预测：假设有一个包含房屋特征和对应售价的数据集，如房屋面积、卧室数量、地理位置等。在监督学习中，可以使用线性回归等算法来学习从房屋特征到售价的映射关系。通过训练模型，它将学会通过输入房屋特征来预测房屋的售价。这样的模型可以用于估计新的房屋价格，在没有标签的情况下对房屋进行定价。

监督学习一般用于解决分类问题和回归问题。例如，图像分类和垃圾邮件过滤是典型的分类问题，而房价预测是典型的回归问题。

（1）分类问题的目标是将输入样本分为不同的类别或标签。输入样本通常具有一组特征，而输出是离散的类别标签。例如，判断一封电子邮件是垃圾邮件还是非垃圾邮件、识别图像中的物体类别（猫、狗、汽车等）或预测患者是否患有某种疾病。分类问题的算法包括逻辑回归、支持向量机和决策树等。

（2）回归问题的目标是预测连续的数值输出。输入样本仍然具有一组特征，但输出是一个连续的数值。例如，根据房屋的面积、卧室数量和地理位置预测其售价，预测股票价格的变化或根据天气条件预测销售量。回归问题的算法包括线性回归、岭回归和支持向量回归等。

分类问题和回归问题之间的主要区别在于输出的性质。分类问题的输出是离散的类别标签，而回归问题的输出是连续的数值。这导致分类问题和回归问题在算法和评估指标上存在差异。对于分类问题，常用的评估指标包括准确率、精确率、召回率和F1分数。对于回归问题，常用的评估指标包括均方误差和平均绝对误差等。

2．无监督学习

无监督学习是指在没有标签的情况下，让算法从未标记的数据中发现隐藏的结构、模式或特征。无监督学习的目标是通过对数据本身的分析和建模来获取数据的内在结构和特征，而不需要事先知道数据的标签或类别。无监督学习方法可以帮助揭示数据中隐藏的潜在模式、发现有趣的关联性并进行数据压缩和可视化。它通常用于数据聚类、降维、异常检测等任务。聚类是一种无监督学习技术，用于识别相似的样本并将它们分组到不同的类别中。典型示例包括客户分类和图像分割。聚类可以通过使用距离度量、密度或层次聚类等方法来完成。下面结合几个具体的例子来解释无监督学习。

（1）聚类：假设有一个包含大量消费者购买行为数据的数据集，但没有关于每位消费者的标签信息。通过无监督学习算法，如 KMeans 聚类算法，可以将消费者分成若干个类别，每个类别中的消费者具有相似的购买行为。这样可以了解不同类型的消费者群体，并根据这些群体的特点来制定个性化的营销策略。

（2）降维：当面对高维数据时，降维是一个常见的问题。例如，在图像处理中，一张图片可以由数千个像素表示，而每个像素都可以看作是数据的一个维度。然而，往往只有少数几个维度是最具信息量的。通过无监督学习算法，如主成分分析或自编码器，可以将高维数据转换为低维表示，保留最重要的特征，以便于可视化、压缩和数据处理。

（3）关联规则挖掘：在市场篮子分析中，可以收集顾客购买商品的历史数据，通过Apriori算法，挖掘频繁出现的商品组合来发现商品之间的关联规则，帮助商家了解哪些商品经常同时被购买，从而进行促销策略的制定和产品布局的调整。

3．强化学习

强化学习是一种通过与环境进行交互来学习最优行动策略的方法。它通过对行动的试错和奖惩机制来不断优化策略，从而使智能体能够在给定环境中实现最大化的累积奖励。强化学习通过设置奖励信号来指导代理的行为，使其逐步学习并优化策略。代理通过不断尝试不同的行动，并根据环境给予的奖励信号调整自己的行为，以提高未来的长期回报。强化学习在许多领域具有广泛的应用，如机器人控制、自动驾驶、资源管理和优化等。例如，AlphaGo 就是基于强化学习的算法，在与围棋对手对弈的过程中通过反馈机制学习下棋策略，并最终超越了人类世界冠军。下面结合几个具体例子对强化学习进行解释说明。

（1）游戏玩家：假设有一个游戏玩家的机器人代理，它需要在一个虚拟游戏环境中学习如何玩游戏。通过与环境的交互，机器人可以采取不同的动作，并获得相应的奖励或惩罚。强化学习算法将帮助机器人学会选择最佳的动作序列，以最大化在游戏中获得的奖励。这样的方法可以用于训练围棋、象棋等游戏的人工智能对手。

（2）机器人导航：假设有一个机器人代理，需要学会在未知环境中导航到目标位置。机器人可以通过传感器获取环境信息，并采取移动和转向等动作。通过与环境的交互，机器人可以学会选择最佳的动作序列，以使其避开障碍物并尽快到达目标位置。强化学习算法可以帮助机器人学习到最优的导航策略，从而在各种情况下都能高效导航。

（3）金融交易：在金融领域，强化学习可以应用于优化投资组合和交易策略。机器人代理可以根据市场数据和历史交易情况进行决策，并执行买入、卖出或持有等操作。通过不断与市场环境交互，机器人代理可以学习到优化的交易策略，以最大化投资回报率或降低风险。

1.1.4　机器学习开发步骤：以股价预测为例

下面结合"股价预测"这个具体案例，详细讲解机器学习开发的基本步骤。

（1）确定问题和收集数据：明确要解决的问题，并确定所需的数据。收集合适的数据集对于机器学习任务非常重要。

例如，股价预测案例中，需要收集股票市场数据，包括历史价格、交易量、财务指标等。

（2）数据预处理：对原始数据进行清洗、整理和转换，以便为后续的模型训练做准备。

这可能包括处理缺失值和异常值、标准化、特征工程等。

例如，股价预测案例中，对原始股票数据进行清洗和整理，可能需要去除缺失值、处理异常值，进行填充或插值以保证时间序列的连续性。

（3）特征选择和提取：选择与问题相关的特征，并进行特征提取或转换，以便让模型能够更好地理解和利用数据的信息。

例如，股价预测案例中，需要选择与股价预测相关的特征，可能包括技术指标（如移动平均线、相对强弱指数）、市场情绪指标、季节性因素等。还可以引入外部数据，如宏观经济指标或行业相关数据来增加模型的解释能力。

（4）数据集划分：将数据集划分为训练集、验证集和测试集。训练集用于模型的参数学习，验证集用于模型的调优和选择，测试集用于评估模型的性能。数据集划分可以帮助模型有效地泛化到未见过的数据，避免过拟合和欠拟合问题。

例如，股价预测案例中，可以将整个数据集划分为训练集、验证集和测试集。通常，较早的数据用于训练模型，中间部分用于验证和调优，最后的数据用于评估模型的性能。

（5）选择模型：根据问题类型和数据特点，选择适当的机器学习模型。例如，分类问题可以使用逻辑回归、决策树、支持向量机等；回归问题可以使用线性回归、随机森林、神经网络等。

例如，股价预测案例中，需要选择适合时间序列预测的模型。例如，可以尝试基于统计的方法（如 ARIMA 模型）或基于机器学习的方法（如线性回归、决策树、随机森林、深度学习模型等）。

（6）模型训练：使用训练集对选定的模型进行训练，即通过学习数据来优化模型的参数或权重，使其能够对新样本进行准确预测。

例如，股价预测案例中，使用股票数据集中的训练集对选定的模型进行训练。在训练过程中，模型将学习股价和特征之间的关联性，优化模型参数以最小化预测误差。

（7）模型评估：使用验证集评估模型的性能和泛化能力。常见的评估指标包括准确率、精确率、召回率、F1 分数、均方误差等。

例如，股价预测案例中，使用验证集评估模型的性能并调整模型超参数。可以使用各种指标，如均方误差（MSE）、平均绝对误差（MAE）、R 平方等来评估模型的准确度和泛化能力。

（8）模型调优：根据模型在验证集上的表现进行调优，可以通过调整超参数、尝试不同的算法或模型结构来改进模型的性能。现实中，模型评估和模型调优可能需要反复交叉进行。

（9）模型测试：使用测试集评估经过调优的模型的最终性能，并对模型进行部署或应用到实际场景中。

例如，股价预测案例中，使用股票数据集中的测试集对经过调优的模型进行最终性能评估。通过与实际股票价格进行比较，判断模型是否能够在新数据上进行准确的预测。

（10）模型部署和应用：将训练好的模型部署到生产环境中，并进行新样本的实时预测或决策。

例如，股价预测案例中，将训练好的模型部署到实际环境中，并用于实时预测未来股价。现实中，通常还需要考虑用户交互问题，例如可以通过提供接口或基于 Web 的应用程序来实现模型的部署和应用。

（11）持续监测和改进：对模型的性能进行持续监测，并根据实际应用中的反馈和数据变化进行改进和更新。

例如，股价预测案例中，随着时间的推移，可根据市场变化和新数据对模型进行改进和更新。

请注意，这只是机器学习开发中的基本步骤，具体的流程可能会因项目的不同而有所调整和扩展。此外，每个步骤中也可能涉及更多的技术和方法，如交叉验证、模型融合、深度学习等，这些都取决于具体的任务和需求。

本书后面绝大多数例子中，并没有完全使用上面的步骤。例如，本书的案例通常已经给出处理好的数据集，因此，前面的（1）～（3）步可能都被省掉。再例如，本书绝大多数案例都是作者设计好的案例，并没有进行模型评估和模型调优。而在拆分数据集时，也通常只将数据集拆分成训练集和测试集两部分。本书案例都是为教学而设计，因此，（10）和（11）步都没有出现在教材中。

过于高估机器学习模型的能力是初学者最容易犯的错误。以股价预测问题为例，股价预测是一个复杂且具有挑战性的问题，无法仅通过机器学习模型和收盘价等数据来获得完美的预测结果。因此，在进行股价预测时，还应该结合其他因素，如基本面分析、技术分析和市场情绪分析等，以提高整体预测准确度。

1.2 机器学习发展简史

机器学习发展历程大致可以分为四个阶段，各个阶段里程碑事件简单总结如下。

1．人工智能的起点

人工智能始于 20 世纪 50 年代到 60 年代。在这个时期，人工智能和机器学习领域迈出了第一步，探索如何使机器能够模拟人类智能。其中的关键事件是 1956 年的达特茅斯会议，这次会议聚集了计算机科学、心理学以及神经生物学等领域的专家，讨论了机器如何实现智能的问题。这为后来的机器学习研究奠定了基础。这次会议被认为是人工智能和机器学习领域的起点。1958 年，感知机算法被提出，这是神经网络的早期形式。它可以将输入与权重相乘，并通过一个激活函数输出结果。

2．经典算法的诞生

经典人工智能算法诞生于 20 世纪 70 年代到 80 年代。在这个时期，一些经典的机器学习算法被提出，为解决分类和回归问题提供了重要方法。20 世纪 70 年代，ID3 算法引入了决策树的概念，成为解决分类问题的重要工具。而 1986 年，反向传播算法被提出，为神经网络的训练提供了理论基础，使神经网络的训练成为可能，并为神经网络的研究带来了新的热潮。

3．机器学习的突破

20 世纪 90 年代到 21 世纪初，机器学习领域取得了一些重大突破。1997 年，IBM 的"深蓝"战胜国际象棋世界冠军卡斯帕罗夫。"深蓝"是一个能够通过学习和优化来提高自己下棋水平的计算机系统，这标志着机器学习在游戏领域的突破。支持向量机算法被提出，成为分类和回归问题中性能优异的算法。2006 年，深度置信网络被提出，为深度学习的发展奠定了基础。

4．深度学习的崛起

2010 年至今，深度学习成为机器学习领域的重要关键词。2011 年，IBM 的"沃森"战胜《危险边缘》节目的冠军。2012 年，AlexNet 在 ImageNet 图像分类挑战赛中取得突破性成果，引领了深度学习在计算机视觉领域的应用。2016 年，谷歌的 AlphaGo 战胜围棋世界冠军李世石，进一步展示了深度强化学习在复杂博弈中的潜力。

1.3 机器学习相近概念简介

1.3.1 机器学习、深度学习和人工智能

人工智能（artificial intelligence，AI）是使计算机能够模拟智能行为的技术和方法。它的目标是让计算机具备类似于人脑的智能能力，可以进行思考、学习、理解和推理等。

机器学习（machine learning，ML）是人工智能领域的一个重要分支。它是通过使用统计学和算法等方法，使计算机能够从数据中学习，并根据学习到的知识做出预测和决策。机器学习主要通过训练模型来实现任务的自动化，而不需要显式地编写规则。

深度学习（deep learning，DL）是机器学习的一种特殊形式，它通过构建多层神经网络来模拟人脑的神经系统。深度学习的特点是可以在大规模数据集上进行端到端的训练，自动地学习输入和输出之间的复杂映射关系。深度学习在计算机视觉、自然语言处理、语音识别等领域取得了很多突破性成果。

因此，深度学习是机器学习的一种方法，而机器学习是实现人工智能的重要手段之一。深度学习的出现使得机器学习在许多领域取得了更好的表现，推动了人工智能技术的发展。

1.3.2 机器学习与数据挖掘

数据挖掘（data mining）是从大规模数据集中发现有用模式和规律的过程。它利用统计学知识和机器学习等人工智能算法和技术，从数据中提取隐藏的信息和有价值的知识。数据挖掘的目标是通过分析数据，发现潜在的规律、趋势和关联，从而为决策和预测提供支持。

机器学习是数据挖掘的核心方法之一。机器学习通过构建数学模型，并使用数据对模型进行训练，从而使计算机能够自动从数据中学习，并根据学习到的知识做出预测和决策。在数据挖掘中，机器学习算法被广泛应用于对数据进行分类、聚类、回归分析、异常检测等任务。

机器学习和数据挖掘是紧密相关的领域，它们之间存在着密切的关系。数据挖掘可以看作是更宽泛的概念，包括了多种技术和方法。机器学习是数据挖掘的重要组成部分。机器学习提供了丰富的算法和模型，可以帮助数据挖掘从海量数据中提取有意义的信息，并实现自动化的分析和决策。

1.3.3 机器学习与模式识别

模式识别是一种从数据中发现有用的模式或结构的过程，目标是根据已有的模式对新的输入进行分类、识别或预测。它是一种具有广泛应用的技术，可以应用于图像识别、语音识别、文本分类等多个领域。

机器学习是在给定的数据集上通过构建数学模型并自动调节模型参数来实现模式识别的一种方法。机器学习利用算法和统计学原理来让计算机能够自动地从已有的数据集中学习模式和规律，从而实现对未知数据的分类、识别和预测。可以根据具体的问题和数据类型选择不同的模型，如决策树、神经网络、支持向量机等。通过训练和调节这些模型的参

数，机器学习能够从数据中提取特征，并自动进行分类和预测。

机器学习和模式识别是密切相关的领域。机器学习是实现模式识别的一种重要方法。机器学习通过构建数学模型和使用数据进行训练，实现了对模式和规律的自动学习和提取，从而可以应用于各种模式识别的任务中。机器学习在图像识别、语音识别、自然语言处理等领域发挥着关键作用，推动了模式识别技术的发展和应用。

1.3.4 机器学习与数学建模

机器学习是通过构建数学模型，并使用数据对模型进行训练来实现对数据的学习和预测。这些数学模型可以是线性模型、非线性模型、概率模型等。数学建模是指使用数学语言和方法描述和表示现实世界的问题和现象，将其抽象成数学模型。在机器学习中，需要根据具体问题的特点和需求，选择合适的数学模型来建立机器学习算法。

数学建模为机器学习提供了数学理论和方法。例如，线性回归模型、逻辑回归模型、支持向量机等都基于统计学和优化理论，利用数学模型对数据进行建模和分析。数学建模还提供了模型评估和选择的准则，如误差分析、交叉验证等，用于评估和比较不同模型的性能和泛化能力。此外，数学建模还涉及数值计算和优化方法。机器学习中的许多问题都需要使用数值计算和优化算法来求解模型的参数和优化目标函数。数值计算和优化方法为机器学习提供了高效而可靠的计算工具。

1.4 机器学习典型应用领域

机器学习在各个领域都有广泛的应用。随着技术的进步和数据的增长，机器学习在未来将继续发挥重要作用，并推动各个行业创新与发展。下面对几个代表性领域的典型应用进行举例说明。

1.4.1 医疗保健领域

医学影像分析：机器学习可以处理医学影像数据，帮助医生进行疾病诊断和检测，如肿瘤检测、癌症筛查、心电图识别等，其中，心电图识别是指通过训练机器学习模型，自动分析心电图数据，辅助医生识别心律失常或心脏病变。

健康预测与监测：可以利用机器学习算法分析患者的健康数据，提供个性化的健康预测和监测，如心脏病风险预测、糖尿病管理等。

疾病预测：根据患者的基因组数据和临床症状，机器学习可以预测个体是否患有遗传性疾病，如乳腺癌、阿尔茨海默病等。

药物研发：机器学习可用于分析大量已知的化合物和药物信息，加速新药发现和设计过程。

1.4.2 金融领域

信用评分与风险管理：机器学习可用于评估个人或企业的信用风险，帮助金融机构制定风险管理策略。

投资与交易策略：机器学习可以分析金融市场数据，预测股票价格变化，辅助投资决策和交易策略的制定。

欺诈检测：机器学习可以通过分析用户的交易行为和模式，识别潜在的欺诈行为，帮助金融机构及时发现和防止欺诈活动。

高频交易：基于机器学习算法，可以分析市场数据，实时进行高频交易决策，提高交易效率和利润。

1.4.3 电子商务与新零售领域

推荐系统：机器学习可以分析用户的购买历史和偏好，为用户提供个性化的商品推荐，提高销售额和用户体验。

价格优化：机器学习可以根据市场需求和竞争情况进行动态定价，最大化利润和销售额。

图像识别：可以训练机器学习模型以自动识别商品图片中的物体、品牌和属性，便于准确分类和搜索。

智能客服：机器学习可以训练智能客服机器人，对用户的问题进行自动分类和回答，提供更快速和个性化的服务。

1.4.4 自然语言处理与语音识别领域

机器翻译：机器学习可以利用大量语料库数据，实现自动翻译和语义理解，如谷歌翻译和百度翻译。

语音助手：机器学习可以训练语音识别模型，帮助人们与语音助手进行对话交互，如Siri、Alexa等。

自动摘要与文本分类：机器学习可用于自动将一篇文章进行摘要生成或实现对文本进行分类和标注。

语音识别：借助机器学习技术，可以训练模型实现语音识别，将语音信息转换为文本，为语音助手和语音搜索提供支持。

1.4.5 物联网领域

智能家居：机器学习可用于智能家居系统的自动化控制，如智能温控、节能管理等。

工业预测与优化：机器学习可以分析传感器数据，预测设备故障，优化生产过程，提高生产效率和产品质量。

智能交通：通过机器学习分析交通流量和道路状况数据，提供交通拥堵预测和优化交通信号控制。

能源管理：机器学习可用于分析大量能源数据，优化能源消耗，降低能源成本，实现智能能源管理。

1.5 综合案例：机器学习开发环境配置和使用

1.5.1 案例概述

1．开发环境概述

配置机器学习的开发环境可以确保您具备所需的工具和库来进行模型训练、数据处理和实验。配置机器学习的开发环境主要涉及下面几个方面的内容。

（1）程序设计语言选择。目前，机器学习中最常用的程序设计语言是 Python。本书采用 Python 讲解。需要注意的是，机器学习本身并不限制所采用的程序设计语言。

（2）常用的库。需要根据具体任务需求，安装常用的库，如 NumPy、Pandas、Sklearn、TensorFlow、PyTorch 等。

（3）基础开发模式。Python 是一门解释型语言。理论上，可以使用任何文本编辑器（如 Windows 下的记事本，再如 Linux 下的 vi/vim）编写的程序源代码，并保存成脚本文件（扩展名一般为.py），然后用 Python 工具对脚本文件进行解释执行。

（4）集成开发环境。作为可选项，读者也可以选择一个适合自己习惯和需求的集成开发环境（IDE），如 PyCharm、Visual Studio Code、Spyder 等。这些 IDE 提供了便捷的代码编辑、调试和项目管理功能。Jupyter Notebook 是另一种在机器学习领域应用较为广泛的开发环境。这是一种交互式的开发环境，基于浏览器开发，与传统意义上的 IDE 存在较大的区别。

（5）其他。配置机器学习开发环境时，可能还要根据具体任务和库的要求进行进一步的设置。例如，如果使用 GPU（graphics processing unit，图形处理器）进行深度学习训练，可能需要安装相应的 GPU 驱动和 CUDA（compute unified device architecture，计算统一设备体系架构）工具包。

可以按照上述要求，逐项安装相应的软件和库，但这种方式并不友好。Python 中安装各种库的过程中，需要协调库之间的依赖关系，尽管 pip 等包管理工具会提供基本的依赖关系处理功能，但事实上，各类包和库的安装过程中最容易出错，稍有不慎就可能导致安装失败。

2．Anaconda 简介及版本选择

本案例中，采用 Python 发行版本的方式进行安装。Anaconda 是一个开源的 Python 发行版本，包含了 Conda、Python、Numpy、Pandas 等多个科学包及其依赖项。因为包含了大量的科学包，Anaconda 的下载文件比较大（超过 500MB）。如果需要节省带宽或存储空间，也可以使用 Miniconda 这个较小的发行版本，后期再根据需要自行增加其他所需要的包。建议初学者直接下载 Anaconda。通过安装 Anaconda，可以完成 Python、常见的机器学习开发相关库（NumPy、Pandas、Sklearn）、集成开发环境（Spyder、Jupyter Notebook）的安装。

读者可以进入 Anaconda 官网下载页面。如果 Anaconda 官网下载速度较慢，读者也可以通过搜索引擎查找国内机构或企业提供的已取得 Anaconda 授权的 Anaconda 镜像。Anaconda 支持 Windows、MacOS、Linux 三个常见类型操作系统。对于 Linux，还提供了 x86、Power8/9、ARM64 等不同版本的安装包。读者应该选择与自己操作系统相适应的版本。绝大多数读者的机器是 x86 架构，可选择 x86 字样的安装包。

本书使用如下版本的 Anaconda，可以满足本书绝大多数案例的运行和开发需求。对于其他个别需要增加额外库的情况，会在相应章节进行详细的说明，并给出解决方案。

（1）Windows 系统：Anaconda3-2023.09-0-Windows-x86_64.exe

（2）Linux 系统：Anaconda3-2023.09-0-Linux-x86_64.sh

建议读者，特别是初学者，使用与编者相同的版本。本书案例代码在上述 Windows 和 Linux 两个版本中均进行了测试验证。

1.5.2　Windows 版 Anaconda 安装和卸载

1．Anaconda 的安装

Anaconda 的安装较为简单，双击安装包即可打开欢迎安装页面，如图 1-1 所示。安装过程将依次进入 License Agreement 页面（见图 1-2）、Select Installation Type 页面（见图 1-3）、Choose Install Location 页面（见图 1-4）、Advanced Installation Options 页面（见图 1-5）、Installation Complete 页面（见图 1-6）、Jupyter Notebook 推荐页面（见图 1-7）和安装完成页面（见图 1-8）。除图 1-5 之外的所有安装页面，编者都采用默认值。只需要直接单击窗口右下方的"Next"或"I Agree"或"Install"按钮，不再需要更改其他选项。安装过程中出现图 1-5 所示 Advance Installation Options 页面时，注意勾选第 2 个选项"Add Anaconda3 to my PATH environment variable"。图 1-7 提及的 Jupyter Notebook 是一种受到广大开发人员和科研人员欢迎的开发工具，编者在 1.5.3 节中对其用法进行了简单介绍。安装完成时的页面如图 1-8 所示，此时读者可以去掉窗口中的两个选项。如果没去掉这两个选项，而直接单击"Finish"按钮，将弹出一个纯英文的页面，并打开 Anaconda Navigator 页面，有兴趣的读者可以自行了解。读者直接关掉这两个页面，并不会影响后续学习。

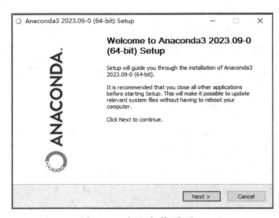

图 1-1　欢迎安装页面

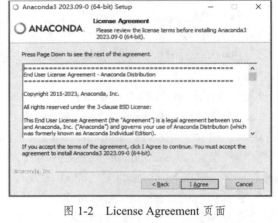

图 1-2　License Agreement 页面

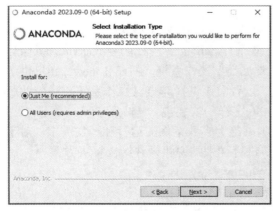

图 1-3　Select Installation Type 页面

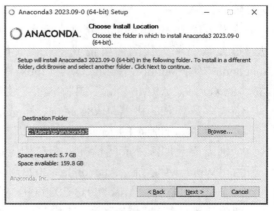

图 1-4　Choose Install Location 页面

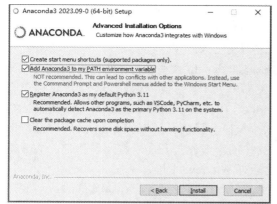

图 1-5　Advance Installation Options 页面

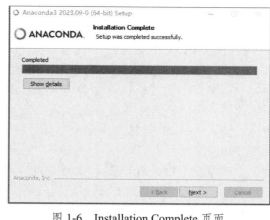

图 1-6　Installation Complete 页面

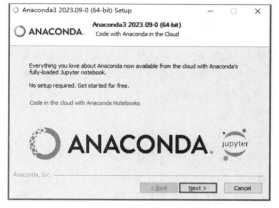

图 1-7　Jupyter Notebook 推荐页面

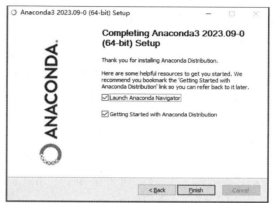

图 1-8　安装完成页面

2．Anaconda 的卸载

读者后续学习中还需要用到 Anaconda，因此不需要卸载 Anaconda，可以跳过。以 Windows 10 为例，读者单击计算机页面左下角的"开始"菜单图标，选择"设置"选项，在弹出的"Windows 设置"页面中选择"应用"，打开"应用与功能"页面。读者在该页面右侧搜索框内输入"Anaconda"可以搜索到一个应用。单击应用图标，选择"卸载"选项，按照提示操作。

1.5.3　代表性的开发模式实践

Python 程序开发和运行方式有很多，下面介绍 4 类常见的开发和运行方式。不同类型的开发和运行方式都有各自的优势和适用场景。对于每一类方法，本书又给出了多个不同的实例，读者可以根据自己的喜好和环境配置情况自由选择，不需要全部掌握。本书所有代码都未限定所采用的开发和运行方式，读者可以根据需要自行选择。

1．交互式

Python 是一种解释型语言，可以直接采用交互式方式运行。读者输入一行命令，系统将及时反馈执行结果。交互式运行方式非常适合于初学者。读者通过交互式的过程编写和运行代码，有利于理解每一行代码的含义和执行效果，并及时发现各类问题，加强学习效果。

本节介绍了几种不同的交互式运行方式实例，它们之间具有相互替代性。读者不需要掌握所有的实例方法，可以根据自己的喜好自行选择。

【实例 1-1】使用 Windows 命令提示符窗口进行交互式开发。

完成 Python 安装后，Python 所在的路径已经添加到 path 环境变量。此时可以直接在命令提示符窗口中输入 python 命令进入交互式开发环境。对于 Windows 早期版本，可以单击开始菜单→程序→附件→命令提示符。对于 Windows 10 用户，可以单击屏幕左下角第二个图标，输入"cmd"并按回车键来打开命令提示符窗口。目前，所有 Windows 用户都可以直接使用快捷键组合"Win+r"，输入"cmd"并按回车键，打开命令提示符窗口。Win 键就位于键盘左下角，Ctrl 键和 Alt 键之间，键上标有 Windows 图标。

命令提示符窗口默认显示为黑底白字，为便于出版印刷，编者已经将其修改成白底黑字（有兴趣的读者可以右击标题栏，在"属性"对话框中自行修改外观样式）。上述不同打开方式得到的页面标题栏内容并不完全相同，但不影响后续操作。窗口中最后一行文字的末尾位置会有光标在闪动，表示可以接受读者输入命令。在命令行里输入"python"命令，然后按回车键，将进入 Python 交互页面。执行效果如图 1-9 所示。此时，页面上将显示当前 Python 版本等提示信息，此时提示符样式将变成">>>"，表示读者可以在该提示符后输入 Python 代码，按回车键执行。如果此时失败，通常是因为环境变量设置未正确完成，可以按照 1.5.2 小节卸载重装，也可以手动设置环境变量。

本实例中，编者在">>>"提示符后输入如下代码：

```
print("Hello, zp!")
```

此行代码中的 print() 是 Python 内置函数，表示要求系统输出双引号中的字符串。注意代码中的括号和引号都应该在英文半角状态下输入。按回车键后，系统将返回执行结果，即显示接下来一行"Hello, zp!"信息。注意，此行内容之前没有提示符">>>"，因为它并不是用户输入的 Python 代码。与此同时，页面的最后一行将出现新的提示符">>>"，并有光标在该提示符后闪烁，表示可以继续接收用户输入的 Python 代码。执行效果如图 1-9 所示。

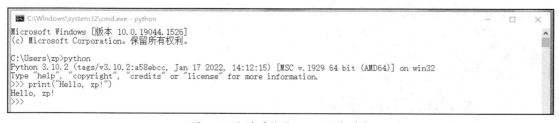

图 1-9 当前系统的 Shell 程序列表

【实例 1-2】使用 Anaconda 进行交互式开发。

如果读者使用 Anaconda 进行 Python 安装，那么 Anaconda 默认会提供两个命令行提示符入口。它们分别为"开始菜单→Anaconda3 (64-bit)→Anaconda Powershell Prompt (Anaconda3)"菜单项和"开始菜单→Anaconda3 (64-bit)→Anaconda Prompt (Anaconda3)"菜单项。对于初学者而言，两者差别不大。选择这两个入口中的任何一个，在命令行里输入"python"命令，然后按回车键，将进入 Python 交互式开发页面。在">>>"提示符后输入如下代码：

```
print("hello, zp!")
```

执行效果如图 1-10 所示。本实例所进入的 Python 交互方式，与之前【实例 1-1】页面效果较为类似。

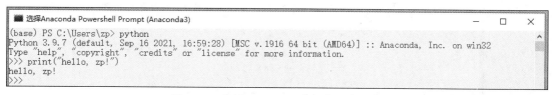

图 1-10　使用 Anaconda 进行交互式开发

【实例 1-3】退出交互式开发页面。

使用上述实例的任何一个方式进入 Python 交互式开发页面，都可以在"＞＞＞"提示符后输入如下代码退出 Python 交互式开发页面。

```
exit()
```

执行效果如图 1-11 所示。读者也可以使用更为简单的退出方式，即直接关闭该窗口。

```
C:\Windows\system32\cmd.exe                                    —    □    ×
Microsoft Windows [版本 10.0.19044.1526]
(c) Microsoft Corporation。保留所有权利。

C:\Users\zp>python
Python 3.10.2 (tags/v3.10.2:a58ebcc, Jan 17 2022, 14:12:15) [MSC v.1929 64 bit (AMD64)] on win32
Type "help", "copyright", "credits" or "license" for more information.
>>> print("hello, zp!")
hello, zp!
>>>
>>> exit()

C:\Users\zp>
```

图 1-11　退出 Python 交互式开发页面

2．脚本式

交互式方式下的程序代码默认不保存，执行完成后代码很容易丢失，难以再次运行。可以将编写的 Python 代码保存至以".py"为扩展名的文件中，方便多次运行。此类文件中包含了一系列预先编写好的 Python 代码片段，通常称为 Python 脚本、Python 源程序或者模块。读者可以通过引入 Python 解释器，在任何需要的时候重新执行 Python 脚本。

本节介绍了几种不同的脚本式运行方式实例，它们之间具有相互替代性。读者不需要掌握所有的实例方法，可以根据自己的喜好和 Python 软件安装情况，掌握其中一两种。

【实例 1-4】使用命令行提示符运行 Python 脚本。

Python 脚本本质上只是一个文本文件。读者可以用任何文本编辑器打开编辑，例如 Windows 系统自带的 notepad，或者程序开发人员常用的 notepad++，或者 Linux 系统中常用的 vi/vim、gedit 等。

在打开的文本编辑器中，输入如下代码：

```
1.  a=10
2.  b=20
3.  print("a is ", a, "b is ", b)
4.  print("the result of a+b is ", a+b) # 英文版本
5.  print("a+b 的运行结果是", a+b) # 中文版本
```

将该文件保存成 a.py，结果如图 1-12 所示。注意，许多文本编辑器（如 notepad）的默认格式是"文本文档(.txt)"，需要将保存类型修改为"所有文件"，否则得到的文件可能会变成 a.py.txt。

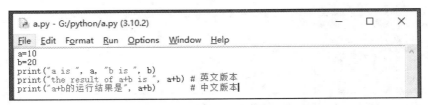

图 1-12　编写 Python 脚本程序

最后两行代码中，"#"后面的内容为注释，目的是帮助程序员理解代码内容。在实际代码执行过程中，Python 解释程序会忽略注释部分的内容。

最后一行代码中，编者故意使用了中文。读者务必注意的是，所有代码中，除了中文汉字本身外，其他所有字符的输入都应当在英文半角状态下输入，这也是初学者最容易犯错误的地方。读者可以尝试将上述代码中的某些字符（如括号、引号、逗号、字母等）更改成全角状态输入，然后重新运行，观察可能遇到的错误提示。

在 Windows 10 的命令提示符（打开方式见【实例 1-1】）窗口中，输入如下命令可以执行【实例 1-4】中保存的文件名为 a.py 的脚本。如果还没有创建脚本文件 a.py，则需要新建一个文本文件。在该文本文件中输入【实例 1-4】中的代码，并将其文件名及扩展名修改为 a.py。然后输入如下命令。

```
dir /B
python a.py
```

运行效果如图 1-13 所示。第 1 行的 dir 命令用于查看路径是否正确，确保待执行的脚本 a.py 位于当前目录下。如果读者确信当前目录下存在 a.py 文件，则可以省略第一行命令。如果当前路径下没有该 a.py 文件，则可以按照下一个实例的方法，进行路径切换。

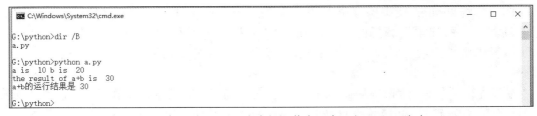

图 1-13　在 Windows 10 命令提示符窗口中运行 Python 脚本

【实例 1-5】使用 Anaconda 进行脚本式开发。

如果读者使用 Anaconda 进行 Python 安装，那么 Anaconda 默认会提供两个命令行提示符入口。它们分别为"开始菜单→Anaconda3 (64-bit)→Anaconda Powershell Prompt (Anaconda3)"菜单项和"开始菜单→Anaconda3 (64-bit)→Anaconda Prompt (Anaconda3)"菜单项。读者选择两个入口中的任何一个都可以打开命令行页面。

此时命令行的默认路径通常并不一定是 Python 脚本所在的路径。例如前述实例中使用的 a.py 文件位于 G:\python 之下，与命令行页面显示的默认路径并不相同。需要先切换到相应路径，因此输入如下指令。

```
G:
cd python
dir /B
python a.py
```

第 1 行命令用于切换盘符到 G 盘，第 2 行命令用于切换到指定文件夹。第 3 行的 dir 命令用于查看路径是否正确，确保待执行的脚本 a.py 位于当前目录下。如果读者确信当前目录下存在 a.py 文件，则可以省略第三行命令。输出效果如图 1-14 所示。

图 1-14　使用 Anaconda 进行脚本式开发

3．Jupyter Notebook

Jupyter Notebook 是一个开源的 Web 应用程序。它允许用户创建和共享包含实时代码、方程式、可视化和叙述性文本等在内的文档。用途包括：数据清理和转换、数值模拟、统计建模、数据可视化、机器学习等。Jupyter Notebook 是目前比较流行的开发方式之一，适用于复杂程度一般的项目。Jupyter Notebook 使用起来比较方便，但还是有一定的门槛。如果要做到熟练使用，需要记忆一定数量的快捷键和使用技巧。根据官网描述，Jupyter Notebook 未来可能要被 JupyterLab 替代。

如果读者使用 Anaconda 进行 Python 安装，那么 Anaconda 默认已经安装 Jupyter Notebook 工具。当然读者也可以根据需要自行安装 Jupyter Notebook 工具。

【实例 1-6】打开 Jupyter Notebook 页面。

读者通过"开始菜单→Anaconda3 (64-bit)→Jupyter Notebook (Anaconda3)"菜单项，可以打开 Jupyter Notebook 页面。效果如图 1-15 所示。

图 1-15　Jupyter Notebook 页面

【实例 1-7】使用 Jupyter Notebook 运行 Python 代码。

单击图 1-15 右侧的"New"，可以打开一个子菜单。读者选择子菜单中的第一个选项

"Python 3 (ipykernel)"，将新建一个 Untitled.ipynb 文件，并在一个新的网页中打开该文件。效果如图 1-16 所示。读者可以使用该默认文件名称 Untitled，也可以单击上方的 Untitled，将其修改成其他合适的文件名称。

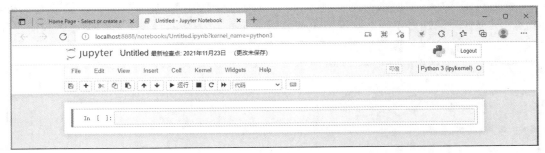

图 1-16　新建 Untitled.ipynb 文件

读者在图 1-16 "In [　]" 后面的单元格中输入代码，然后使用组合键 "Ctrl+Enter" 可以执行所输入的代码。本实例中使用了与前面实例相同的 Python 代码。执行效果如图 1-17 所示。

图 1-17　Jupyter Notebook

网络上关于 Jupyter Notebook 的学习资料较多，有兴趣的读者可以自行了解。限于篇幅，编者并不打算过多展开。

4．集成开发环境

集成开发环境（integrated development environment，IDE）是专门用于软件开发的程序。顾名思义，IDE 集成了专门为软件开发而设计的各类工具。这些工具通常包括一个专门为了处理代码的编辑器（如语法高亮、自动补全、代码格式化），以及构建、执行、调试工具等。大部分的集成开发环境兼容多种编程语言并且包含更多功能。集成开发环境一般适用于较大规模的软件项目开发和管理。

编者并不建议初学者使用集成开发环境进行 Python 学习。一般来说，绝大多数集成开发环境占用内存较大，需要时间去下载和安装，并且占用较多系统资源，运行速度较慢。使用复杂的集成开发环境运行教材上简单的教学案例，得不偿失。大多数集成开发环境都需要使用者花费较长时间学习，才能熟练掌握其使用技巧。这必然会大幅度提高初学者的学习门槛，也容易导致初学者产生困惑，分不清哪些是 Python 的内容，哪些是集成开发环境的内容。集成开发环境功能众多，对于大多数的功能，由于初学者没有较为深入的程序设计经验，即便仔细阅读相关资料，依然无法正确理解。建议初学者在有一定 Python 程序设计基础后，再根据自身职业发展目标，决定是否需要学习集成开发环境的使用。

常见 Python 集成开发环境有很多，其中代表性的包括 PyCharm、VSCode、Spyder、PyDev、Sublime Text 等。大多数集成开发环境都支持 Windows、Linux、MacOS 等不同操作系统。每一款集成开发环境都有自己的优缺点，编者并不打算对这些工具进行排名。存在即合理，有兴趣的读者可以通过网络了解它们的优势和不足，并结合自身的情况进行理性选择。理论上，在其他程序设计语言中比较常用的集成开发环境都可以配置成 Python 集成开发环境，事实上，许多其他语言的资深程序开发人员在使用 Python 进行开发时，特别是进行跨语言开发时，更愿意使用这类策略。

【实例 1-8】使用 Anaconda 内置 IDE 进行开发。

目前，Anaconda 内置 Spyder 作为其默认 IDE。Spyder 是一个用于科学计算的 Python 集成开发环境（IDE）。与其他常见的 IDE 类似，它结合了集成开发工具的高级编辑、分析、调试功能，以及数据探索、交互式执行和数据可视化功能。读者通过"开始菜单→Anaconda3 (64-bit)→Spyder (Anaconda3)"菜单项，可以打开 Spyder (Anaconda3)页面。

细心的读者会发现，Spyder 的启动过程要远远慢于之前介绍的三种方法。这恰恰可以说明，使用 IDE 进行 Python 开发，开发环境本身占用的资源也是非常多的。

Spyder 开发环境模型页面如图 1-18 所示。Spyder 集成开发环境窗口主要包含程序编辑区（屏幕左侧）、控制台窗格区（屏幕右下方）、帮助、变量、绘图和文件浏览区（屏幕右上方）等。读者也可以根据个人喜好，调整窗口布局样式。

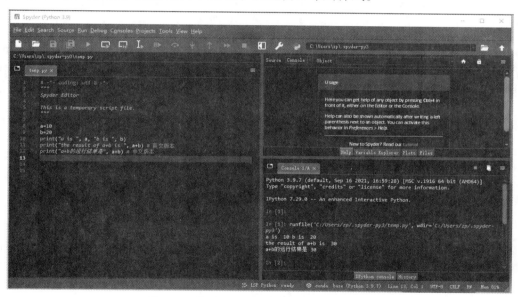

图 1-18　使用 Anaconda 内置 IDE 进行开发

启动 Spyder 集成开发环境窗口后，在程序编辑区默认打开的程序文件为"temp.py"。编者在该文件编辑区的末尾部分输入了与前面实例相同的几行代码。当然，读者也可以自行新建程序文件或者打开已有程序文件。新建或者打开程序文件的方法与常用 Windows 软件操作方式类似。如果要新建一个程序文件，既可以使用菜单栏 File→New file，也可以单击工具栏中的"New file"按钮。如果要打开已有的程序文件，既可以使用菜单栏的 File→Open，也可以使用工具栏中的"Open file"按钮，还可以直接使用快捷键"Ctrl+O"。

程序文件编辑完成后，读者可以单击工具栏上绿色向右的三角形按钮（"Run file"）执行该代码文件。读者也可以使用 Run→Run 菜单项，或者使用快捷键"F5"执行该代码文件。读者甚至还可以在编辑器中选择部分代码，然后使用右键菜单，单独执行所选定的代码片段。程序执行结果将显示在页面右下侧的控制台窗口区。如果程序有错误，则在控制台窗口区也会显示错误提示信息。

1.5.4　Linux 版 Anaconda 安装和使用

1．安装 Anaconda

在终端窗口中执行如下命令。

```
ls Anaconda3-2023.09-0-Linux-x86_64.sh -lh
bash Anaconda3-2023.09-0-Linux-x86_64.sh
```

执行效果如图 1-19 所示。第 1 条命令用于确认当前目录下存在所需要的安装文件，第 2 条命令开始 Anaconda 的安装过程。

```
zp@lab:~$ ls Anaconda3-2023.09-0-Linux-x86_64.sh -lh
-rw-r--r-- 1 zp zp 1.1G Feb 27 19:54 Anaconda3-2023.09-0-Linux-x86_64.sh
zp@lab:~$ bash Anaconda3-2023.09-0-Linux-x86_64.sh

Welcome to Anaconda3 2023.09-0

In order to continue the installation process, please review the license
agreement.
Please, press ENTER to continue
>>>
```

图 1-19　开始 Anaconda 安装

安装过程会暂停，提示读者输入回车键（Enter）。读者输入回车键后，将开始阅读 license。此时，读者既可以持续输入回车键，翻阅详细的 license 内容，也可以输入 q，直接跳到 license 末尾。阅读完毕，会提示是否接受 license 条款。注意，此时默认选项为"no"。手动输入"yes"，表示接受 license，执行效果如图 1-20 所示。否则将退出安装过程。

```
onda as source) and binary forms, with or without modification su
bject to the requirements set forth below, and;

Do you accept the license terms? [yes|no]
[no] >>> yes
```

图 1-20　手动输入"yes"

接下来，读者需要设置安装路径。安装程序会提供一个默认的安装路径。读者可以直接输入回车键，选择使用默认安装路径，并开始具体的安装过程。执行效果如图 1-21 所示。

```
Anaconda3 will now be installed into this location:
/home/zp/anaconda3

  - Press ENTER to confirm the location
  - Press CTRL-C to abort the installation
  - Or specify a different location below

[/home/zp/anaconda3] >>>
PREFIX=/home/zp/anaconda3
Unpacking payload ...
```

图 1-21　使用默认安装路径

安装最后一步，系统将提示"Do you wish the installer to initialize Anaconda3 by running conda init?"，提示读者，是否激活 conda 环境。编者选择输入"yes"，建议读者与本书保持一致。效果如图 1-22 所示。

```
installation finished.
Do you wish the installer to initialize Anaconda3
by running conda init? [yes|no]
[no] >>> yes
```

图 1-22　激活 conda 环境

如果读者安装过程中因为各种原因，导致安装过程非正常退出，或者安装过程中，由于选项设置错误，导致与本书的设置不一致，一种比较直接的纠正方法是在安装命令后添加"-u"，重新开始安装过程，即执行如下命令。

```
bash Anaconda3-2023.09-0-Linux-x86_64.sh -u
```

安装完成后，页面效果如图 1-23 所示。

```
no change    /home/zp/anaconda3/etc/profile.d/conda.csh
modified     /home/zp/.bashrc

==> For changes to take effect, close and re-open your current shell. <==

Thank you for installing Anaconda3!
zp@lab:~$
```

图 1-23　Anaconda3 安装完成

【实例 1-9】测试 Anaconda 安装是否成功。

安装完成后，读者应当关闭终端窗口，重新登录，以使更改生效。此时可以发现命令行提示符前面增加了"（base）"字样。效果如下所示。

```
(base) zp@lab:~$              #Ubuntu
(base) [zp@localhost ~]$      #CentOS
```

读者可以通过查看 conda 的版本信息，验证 Anaconda 是否安装成功。输入如下命令。

```
conda --version
```

返回正确的版本信息，则通常表示 Anaconda 安装成功。执行效果如图 1-24 所示。

```
(base) zp@lab:~$ conda --version
conda 23.7.4
```

图 1-24　测试 Anaconda 安装是否成功

2．Python 与 conda 环境

大多数 Linux 发行版自带 Python 开发环境，而需要使用的 Sklearn 等开发包是通过 Anaconda 安装的。需要通过 conda 工具激活默认的虚拟环境（base），以使用 Anaconda 中的 Python 和相关库。conda 是一个开源的包和环境管理器，可以用于在同一个机器上安装不同版本的软件包及其依赖，并能够在不同的环境之间切换。

【实例 1-10】自动激活或关闭默认 conda 环境。

默认的 conda 环境被激活后，命令行提示符前面增加了"（base）"字样。如果读者不喜欢自动激活默认 base 环境，可以执行如下命令关闭它。

```
(base) zp@lab:~$ conda config --set auto_activate_base false
```

如果已经关闭该模式，则可以执行下面这条命令重新开启。

```
zp@lab:~$ conda config --set auto_activate_base true
```

注意，上述两条命令执行后，都需要关闭终端窗口，并重新登录方可生效。

【实例1-11】激活或者退出默认的conda环境。

除了自动激活默认conda环境，输入如下命令，还可以手动激活。

```
[zp@localhost ~]$ conda activate
```

输入如下命令，可以退出当前的conda环境。

```
(base) [zp@localhost ~]$ conda deactivate
```

执行效果如图1-25所示。第二行"（base）"字样消失，表示base环境被关闭。

```
(base) zp@lab:~$ conda deactivate
zp@lab:~$ conda activate
(base) zp@lab:~$
```

图1-25　激活或退出conda环境

【实例1-12】使用系统自带的Python。

如果读者初始状态是已经激活了默认的虚拟环境（base），请使用conda deactivate退出，并确保命令行提示符前面的"（base）"字样消失。此时输入python命令进入Python交互模式。部分系统可能是python3，例如编者的Ubuntu系统中使用的不是python命令，而是python3命令。执行效果如图1-26所示。

```
(base) zp@lab:~$ conda deactivate
zp@lab:~$ python
Command 'python' not found, did you mean:
  command 'python3' from deb python3
  command 'python' from deb python-is-python3
zp@lab:~$ python3
Python 3.10.12 (main, Jun 11 2023, 05:26:28) [GCC 11.4.0] on linux
Type "help", "copyright", "credits" or "license" for more information.
>>> import sklearn
Traceback (most recent call last):
  File "<stdin>", line 1, in <module>
ModuleNotFoundError: No module named 'sklearn'
>>>
>>> exit()
zp@lab:~$
```

图1-26　使用系统自带的Python

本实例已经关闭默认base环境，此时使用的将是系统自带的Python。图1-26第7行表示编者Ubuntu系统自带的Python版本为3.10.12。进入Python交互模式后，将出现">>>"提示符。在该提示符后逐行输入Python代码，可观察输出结果。输入如下命令。

```
>>> import sklearn
```

该命令用于导入Sklearn。执行效果如图1-26中10～12行所示。该错误表明，系统默认的Python中并没有安装Sklearn。在">>>"提示符之后输入"exit()"，或者直接使用"Ctrl+D"组合键，可以退出Python交互页面。

【实例1-13】使用Anaconda中的Python。

为了使用Anaconda中的Python，需要激活默认的base虚拟环境。如果读者的命令行提示符前面没有出现"(base)"字样，应当先执行conda activate命令，然后执行python命令，以启动Anaconda中的Python。执行效果如图1-27所示。

```
zp@lab:~$ conda activate
(base) zp@lab:~$ python
Python 3.11.5 (main, Sep 11 2023, 13:54:46) [GCC 11.2.0] on linux
Type "help", "copyright", "credits" or "license" for more information.
>>> import sklearn
>>> sklearn.show_versions()
```

图 1-27 使用 Anaconda 中的 Python

图中显示该 Python 的版本为 3.11.5。此时 base 环境已被激活，使用的是 Anaconda 中的 Python。作为与上一个实例的对比，在 ">>>" 提示符后，输入如下命令以导入 Sklearn。

```
>>> import sklearn
```

此时并未提示上一个实例中类似的错误，表明 Sklearn 包导入成功。此时读者还可以继续在 ">>>" 提示符后输入如下命令查看 Sklearn 版本信息。

```
>>> sklearn.show_versions()
```

3．开发示例

Python 是一门解释性语言。既可以使用交互式方式运行 Python 程序，也可以使用脚本方式运行 Python 程序，还可以使用集成开发环境。根据上述两个实例，为了使用通过 Anaconda 进行安装的 Sklearn 进行机器学习开发，应当先确保激活 base 环境。

【实例 1-14】Python 交互式开发。

进入 Python 环境后，将出现 ">>>" 提示符。此时进入 Python 交互模式。读者可以在该提示符后逐行输入 Python 代码，并观察输出结果，进而直观地理解每一行代码的具体含义。交互模式非常适合 Python 初学者。读者继续在 Python 命令提示符 ">>>" 之后输入如下代码。

```
1.  >>> a=1
2.  >>> b=2.2
3.  >>> print(a+b)
4.  >>> c="The learned can see twice."
5.  >>> print(c)
```

执行效果如图 1-28 所示。本实例为 a、b、c 三个变量，分别赋予整数、浮点数和字符串类型的数据。然后通过 print() 函数予以输出。Python 的语法规则较为简单，有其他编程语言基础的读者很容易看懂后面各个实例的代码，因此本书不打算对语法细节予以展开。

```
>>> a=1
>>> b=2.2
>>> print(a+b)
3.2
>>> c="The learned can see twice."
>>> print(c)
The learned can see twice.
```

图 1-28 Python 交互式开发

【实例 1-15】Python 脚本式开发。

脚本式开发模式适用于代码量较多的场景。将上一个实例中的 Python 代码保存到一个以 ".py" 作为扩展名的文本文件中（如 zp.py），就得到了一个简单的 Python 源程序文件。然后在 python 命令后面接源程序文件名作为参数，解释执行该源程序文件。输入如下命令。

```
vi zp.py
cat zp.py
python zp.py
```

执行效果如图 1-29 所示。第 1 条命令创建一个 zp.py 文件，其中的 Python 代码与上一个实例相同。读者可以使用任何文本编辑器编写代码。例如，图形用户页面用户也可以使用 gedit 代替 vi。第 2 条命令查看所创建脚本内容。第 3 条命令执行该脚本。

```
(base) [zp@localhost ~]$ vi zp.py
(base) [zp@localhost ~]$ cat zp.py
a=1
b=2.2
print(a+b)
c="The learned can see twice."
print(c)
(base) [zp@localhost ~]$ python zp.py
3.2
The learned can see twice.
```

图 1-29　Python 脚本式开发

习题 1

1. 什么是机器学习？简要描述其主要目标和应用场景。
2. 解释监督学习和无监督学习的区别，并举出至少两个示例问题。
3. 举出至少两个回归问题和两个分类问题，以及相应的输入和输出。
4. 什么是训练集、验证集和测试集？为什么需要进行数据集划分？
5. 什么是聚类分析？举出至少两个示例问题，并描述如何使用聚类进行解决。

实训 1

1. 函数定义与调用：设计一个函数，接受两个参数，返回两个参数中较大的一个数。
2. 列表操作：设计一个函数，接受一个列表作为输入，返回所有偶数的平方组成的新列表。
3. 文件操作：设计一个函数，接受一个字符串作为输入，将该字符串写入名为 "output.txt" 的文件中。
4. NumPy：设计一个函数，接受一个一维 NumPy 数组作为输入，返回该数组中所有奇数的平方和。
5. Pandas：设计一个函数，接受一个包含学生成绩的 DataFrame 数据，并根据班级（Class）进行分组，计算每个班级的平均分和最高分。
6. 异常处理：设计一个函数，接受两个整数作为输入，计算它们的商。如果除数为零，则抛出一个自定义的异常 "ZeroDivisionError"。
7. 面向对象编程：设计一个简单的学生类，包含属性 name 和 age，以及方法 introduce，用于打印学生的姓名和年龄。

第 2 篇　监督学习篇

监督学习是指通过给算法提供有标签的训练数据来进行模型的训练，以预测新的输入样本的输出标签。监督学习一般用于解决分类问题和回归问题。分类问题和回归问题之间的主要区别在于输出的性质，前者输出离散类别标签，后者输出连续的数值。分类问题可以视为回归问题的特例。

本篇将介绍 K 近邻、决策树、线性模型、支持向量机、贝叶斯模型 5 种最具代表性的监督学习方法，它们既可以用于分类问题，也可以用于回归问题。

第 **2** 章 *K* 近邻

K 近邻算法是一种简单而有效的机器学习算法，可用于解决分类和回归问题。它根据样本的特征值在特征空间中寻找与该样本最近的 *K* 个邻居，并利用邻居的标签进行分类或者预测。本章将介绍 *K* 近邻基础及综合案例。

【启智增慧】

机器学习与社会主义核心价值观之"民主篇"

民主强调人民的参与和决策权，机器学习可以实现自动化决策，为民主决策提供新的可能性。政府部门利用机器学习技术分析大数据，制定更具针对性的政策，可增强政策的民主性。公共舆情分析利用机器学习技术帮助政府了解民意，可更好地回应社会关切。需要注意的是，机器学习算法可能受数据质量和偏差影响，导致决策结果不公平或歧视性，尤其是在涉及重要社会议题时。因此，需要在机器学习应用中加强对公平性和透明度的监管与控制，以确保机器学习的发展与民主理念相辅相成。

2.1 *K* 近邻概述

2.1.1 原理及图解

K 近邻（K-nearest neighbor，KNN）算法是一种基于实例的学习方法，它通过测量样本之间的距离来确定其相似性程度，以预测新样本的标签或值。其基本思想是：如果一个样本在特征空间中 *K* 个最相似（即距离最近）的样本中的大多数属于某个类别，则该样本也属于这个类别。该算法基于一个假设：与一个样本特征相似的样本往往具有相似的标签或值。

K 近邻算法的基本原理如下。

（1）数据集准备：收集训练样本数据，并标记每个训练样本的类别或值。确定特征选择，即确定对于问题解决而言最重要的特征。*K* 近邻算法依赖距离度量来确定邻居，因此特征的尺度可能会对结果产生重要影响。为了确保各个特征对距离度量的贡献相对均衡，通常需要对特征进行缩放，例如使用标准化或归一化等方法。特征缩放有利于避免某些特征对距离度量的主导影响。

（2）计算距离：使用距离度量方法（如欧氏距离、曼哈顿距离等）来计算新样本与训练样本之间的距离。也可以采用其他相似性度量方法，如相关系数。

（3）选择邻居：从训练集中选择离新样本最近的 *K* 个邻居。使用 *K* 近邻算法，需要指定

*K*值。*K*值代表着选择的邻居数量。*K*值的选择需要根据具体问题和数据集进行调优。*K*值过大会使模型变得简单，忽略了局部差异，容易受到噪声的影响；*K*值过小会使模型变得复杂，对局部噪声敏感，可能导致过拟合。选择适当的*K*值能够平衡偏差和方差，提高模型泛化能力。

（4）确定预测结果：对于分类问题，通过多数表决原则确定新样本的类别。即，将*K*个邻居中出现频率最高的类别作为预测结果。对于回归问题，通过计算*K*个邻居的平均值或加权平均值来确定新样本的预测值。

（5）预测结果评估：对于分类问题，可以使用准确率、精确率、召回率等指标来评估模型的性能。对于回归问题，可以使用均方误差（MSE）、平均绝对误差（MAE）等指标来评估模型的性能。

【实例 2-1】*K*近邻原理图解。

下面结合具体实例对*K*近邻原理进行可视化讲解。本实例用*K*近邻解决二分类问题。

```
1.  import numpy as np
2.  import matplotlib.pyplot as plt
3.  X = np.array([[1, 1], [1, 2], [1.5, 1.5], [1.7, 1.2], [2, 2],
4.                [2, 3], [2.5, 2.5], [2.8, 3.2], [3, 3.5], [3.3, 3]])
5.  y = np.array([0, 0, 0, 0, 1, 1, 1, 1, 1, 1])
```

本段代码主要用于准备数据集。准备了 10 个训练样本（第 3、4 行）。对于监督学习，每个训练样本的标签都是已知的（第 5 行）。本实例是分类问题，训练样本分为两类，标签分别为 0 和 1。

```
6.  plt.scatter(X[y == 0, 0], X[y == 0, 1], marker='s', label='0', color='blue')
7.  plt.scatter(X[y == 1, 0], X[y == 1, 1], marker='o', label='1', color='red')
```

为方便读者理解，绘制了样本的散点图（第 6、7 行），如图 2-1 所示。类别 0 的训练样本用蓝色实心正方形表示（共 4 个，位于左下角区域）。类别 1 的训练样本用红色实心圆圈表示（共 6 个，位于右上角区域）。

```
8.  test_samples = np.array([[2.7, 3],[1.8, 1.8]])
9.  plt.scatter(test_samples[:, 0], test_samples[:, 1], marker='x', color='green')
```

第 8 行准备了两个测试样本，第 9 行把它们叠加显示在前面的散点图中。为了避免混淆，将两个测试样本分别绘制在图 2-1（彩色图像可以通过人邮教育社区获取）中两个不同的子图上。测试样本用绿色的叉号（"×"）表示。

```
10. k = 3
11. for i, test_sample in enumerate(test_samples):
12.     distances = np.linalg.norm(X - test_sample, axis=1)
13.     nearest_indices = np.argsort(distances)[:k]
14.     nearest_samples = X[nearest_indices]
15.     if i == 0:
16.         marker = 'D'
17.     else:
18.         marker = 'P'
19.     plt.scatter(nearest_samples[:, 0], nearest_samples[:, 1], facecolors=
        'none', edgecolors='green', s=200, marker=marker)
20.     for j, index in enumerate(nearest_indices):
21.         plt.annotate(f'N{j+1}', (X[index, 0], X[index, 1]), textcoords=
            "offset points", xytext=(0,10), ha='center')
22. plt.xlabel('X1')
23. plt.ylabel('X2')
24. plt.legend()
25. plt.show()
```

本段代码计算每个测试样本的 k 个近邻。第 10 行指定 k 为 3，即为每个测试样本确定

3 个邻居。为保持代码紧凑，在本实例中，将"K 近邻算法的基本原理"的第 2 步"计算距离"和第 3 步"选择邻居"合并在同一个 for 循环中。第 12 行计算测试样本与各个训练样本的距离，此处采用欧氏距离。第 13、14 行找到距离最近的 k=3 个样本，作为测试样本的 3 个邻居。第 15～21 行用于将测试样本的 k=3 个邻居分别标示在图中。第 15～18 行用于在选定的 3 个邻居样本点上增加样式标记（分别为"D"和"P"）。第 19 行用于在邻居样本点上绘制指定的样式标记。例如，图 2-1（a）中，第 1 个测试样本的 3 个邻居样本点外层均有一个棱形框。第 20、21 行用于在选定的 3 个邻居样本点上增加标注，根据距离排序，分别标注为 N1、N2 和 N3。

为降低理解难度，第 4 步"确定预测结果"并没有包含在本实例代码中。可以根据前述原理手工计算。例如，图 2-1（a）中，3 个邻居的类别都是 1，因此该测试样本的类别预测结果为 1。图 2-1（b）中，3 个邻居中有两个的类别为 0，按照多数表决原则，可以将该测试样本类别预测为 0。第 5 步"预测结果评估"，将在 2.2 节中单独介绍。

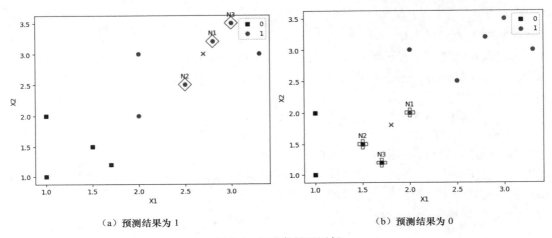

（a）预测结果为 1　　　　　　　　　　（b）预测结果为 0

图 2-1　K 近邻原理图解

K 近邻算法利用距离度量确定样本之间的相似性，并基于最近邻居的特征进行预测。K 近邻算法中的 K 值是一个重要参数，它决定了选择多少个最近邻居参与预测。较小的 K 值意味着模型更加敏感，容易受到噪声的影响；而较大的 K 值则可能导致模型偏差较大。此外，K 近邻算法没有显式的训练过程，预测时间复杂度较高，并且对于特征空间中的异常点比较敏感。K 近邻算法的特点是简单且易于理解，并且在一些简单的问题上表现良好。但也存在一些局限性，例如，对于大规模数据集计算距离较为耗时；K 值选择不当可能导致过拟合或欠拟合等。因此，在应用 K 近邻算法时，需要根据具体问题和数据集的特点进行调优和处理。除了 K 值之外，其他参数还包括距离度量方法、权重计算方法以及特征选择等。选择合适的距离度量方法和权重计算方法可以根据实际问题提高模型性能。同时，在特征选择阶段，选择合适的特征子集也可以对模型的性能产生影响。

2.1.2　距离度量

在 K 近邻算法中，选择合适的距离度量方法是非常重要的。常见的距离度量方法有欧氏距离（Euclidean distance）、曼哈顿距离（Manhattan distance）和余弦相似度（cosine similarity）。

1．欧氏距离

欧氏距离，也称为欧几里得距离，是最常用的距离度量方法之一。它通过计算向量空间中两个点之间的直线距离来衡量相似度。欧氏距离通常适用于计算二维或多维空间中的距离、数值型数据的相似性分析、聚类分析以及数学建模和机器学习模型中的特征工程等领域。

2．曼哈顿距离

曼哈顿距离，也叫"街区距离"或"城市街区距离"，是指在坐标系上，两个点的各坐标数值差的绝对值的和。曼哈顿距离适用于处理多维属性下的分类问题、非欧几里得空间下的距离度量以及数字信号处理领域的特征提取等场景。

3．余弦相似度

余弦相似度是度量向量之间相似性的一种常用方法。它衡量的是两个向量在方向上的相似程度，而不考虑其长度。余弦相似度适用于文本相似性计算、推荐系统中的用户兴趣匹配、图像处理领域的特征相似性比较以及音频处理领域的音频相似性比较等场景。

4．不同距离度量方法比较

图 2-2（a）是欧氏距离和曼哈顿距离的对比图。图 2-2（a）中连接左下角和右上角两点的有 4 条路径。图 2-2（a）中斜对角上的两点之间直线路径的长度是欧氏距离。读者可以将图中灰色部分想象成城市中纵横交错的街道，实质上这就是曼哈顿街道的抽象。尽管斜对角上两点之间直线路径是最短的，但不论是乘车还是步行，都无法经由这条路径从一点达到另一点。只能选择沿着街道走向的路径（例如，图中折线型的 3 条路径），这也是曼哈顿距离的由来。从计算角度理解，欧氏距离与平方相关，曼哈顿距离与绝对值相关。

图 2-2（b）为欧氏距离与余弦相似度的对比图。欧氏距离是 A、B 两点之间的直线距离，余弦相似度是它们夹角的余弦值。前者是真实在数值上的差异，后者是在方向与趋势上的差异。

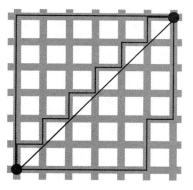 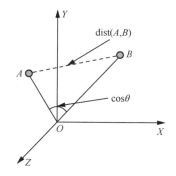

（a）欧氏距离和曼哈顿距离的对比图　　　（b）欧氏距离与余弦相似度的对比图

图 2-2　曼哈顿距离、余弦相似度和欧氏距离的对比

选择正确的距离度量方法取决于数据的特点和问题的需求。不同的使用场景需要选择不同的度量方式。一般而言，当特征空间中的特征维度相对较小、特征之间的关系比较简单时，欧氏距离通常表现得比较好。当特征维度较高、特征之间的关系比较复杂时，曼哈顿距离通常比欧氏距离更适合。当特征维度非常高时，计算欧氏距离或曼哈顿距离可能会变得困难。在这种情况下，余弦相似度通常比欧氏距离和曼哈顿距离更适合。对于连续性

的特征值，欧氏距离通常是一个不错的选择；对于离散型特征值或特征空间中存在较多噪声的情况，曼哈顿距离更合适。

距离度量还有很多其他方法，有兴趣的读者可以自行扩展。选择适合的距离度量方法取决于具体应用的特点和数据的特征。在实际中，也可以根据具体情况进行组合使用，甚至设计自定义的度量方法，以便更好地衡量数据之间的相似程度。

2.1.3 形式化描述

假设样本 x_i 是一个 m 维特征向量，表示为 $x_i = (x_{i1}, x_{i2}, \cdots, x_{im})$，其中 $i = 1, 2, \cdots, n$。

（1）样本 x_i 和 x_k 之间的距离计算

- 欧氏距离：$d(x_i, x_k) = \sqrt{\sum_{j=1}^{m} (x_{ij} - x_{kj})^2}$

- 曼哈顿距离：$d(x_i, x_k) = \sum_{j=1}^{m} |x_{ij} - x_{kj}|$

- 余弦相似度：$d(x_i, x_k) = \cos\theta = \dfrac{x_i \cdot x_k}{|x_i| \cdot |x_k|}$

其中，$x_i \cdot x_k$ 表示向量 x_i 和 x_k 的内积，$|x_i|$ 和 $|x_k|$ 分别表示向量 x_i 和 x_k 的范数（长度）。

（2）选择 K 个最近邻

假设样本与其对应的类别标记为 (x_i, y_i)，其中 y_i 是类别或输出值。根据距离选择 K 个最近邻，通常根据欧氏距离从小到大进行排序，表示为 $N_K(x)$。

$$N_K(x) = x_{(1)}, x_{(2)}, \cdots, x_{(k)}$$

（3）分类问题中的预测结果计算

分类问题通常采用投票表决（voting）的形式。通过选取 K 个最近邻中出现次数最多的类别作为预测结果，用 $y(x_{(i)})$ 表示样本 $x_{(i)}$ 的类别标记，则未知样本 x 的预测结果为：

$$y = \arg\max_c \sum_{i=1}^{K} I(y(x_{(i)}) = c)$$

其中，c 表示类别标记，$I(\cdot)$ 是指示函数。

（4）回归问题中的预测结果计算

回归问题通常采用平均值的方式计算预测结果。通过选取 K 个最近邻的输出值的平均值作为预测结果，表示为 $\overline{y}(x)$，则未知样本 x 的预测结果为：

$$\overline{y}(x) = \frac{1}{K} \sum_{i=1}^{K} y(x_{(i)})$$

2.1.4 优势和不足

K 近邻算法具有以下优势。

（1）简单易懂：K 近邻算法是一种直观且易于理解的算法，原理和实现较为简单。

（2）适用性广泛：K 近邻算法适用于分类和回归问题，并且对于离散型和连续型数据都可以有效处理。它不对数据分布做出任何假设，适用于各种数据类型和领域。

（3）非参数性质：K 近邻算法不对数据的分布进行任何假设，不强制拟合特定形状的模型，因此在处理复杂数据情况下更有优势。

（4）对异常值鲁棒性强：K 近邻算法对异常值具有一定的鲁棒性，因为它是基于距离进行选择，异常值的影响会被相对较远的邻居稀释。

（5）可在线学习：K 近邻算法支持在线学习，可以快速适应新数据或动态数据集的变化。

然而，K 近邻算法也存在如下不足之处。

（1）计算复杂度高：K 近邻算法需要计算新样本与所有训练样本之间的距离，并且在预测阶段需要找出 K 个最近邻居，因此在处理大规模数据集时计算复杂度较高。

（2）存储开销大：K 近邻算法通常需要将训练数据集存储在内存中或构建特定的数据结构，以便快速查询。对于大型数据集，需要较大的存储开销。

（3）对参数选择敏感：K 近邻算法的性能受 K 值的选择和距离度量方法的影响较大。不合理的 K 值或距离度量选择可能导致预测结果不准确。

（4）易受数据不平衡影响：K 近邻算法在不平衡数据集中容易受到多数类样本的影响，导致预测结果偏向于多数类，可能导致对少数类别的预测效果较差。解决方法包括使用加权 K 近邻算法，给予少数类样本更大的权重；或者进行数据重采样，如过采样少数类样本或欠采样多数类样本，以平衡数据集。

（5）维度灾难：当特征空间维度很高时，K 近邻算法的性能可能受到"维数诅咒"的影响，即样本稀疏性增加，数据变得更加稀疏和冗余，导致计算复杂度增加。在高维度空间中，样本之间的距离可能变得相对均匀，导致 K 近邻算法的性能下降，这被称为"维度灾难"。对于高维数据集，可以考虑使用降维技术如主成分分析等来减少维度，或者选择合适的特征选择方法来筛选重要的特征。

此外 K 近邻算法还存在一些变种，例如，加权 K 近邻算法考虑了邻居之间的距离权重，将距离较近的邻居的投票权重调高，距离较远的邻居权重调低。通过引入权重，加权 K 近邻算法可以更准确地进行分类，提高预测性能。

2.2　监督学习模型评价指标

监督学习主要包括分类和回归两类任务，它们的模型评价指标各不相同。需要注意的是，这里列出的各类评价指标不仅仅适用于 KNN，同样适用于后续章节的其他监督学习模型。为减少篇幅，后续章节的案例中，并不会在案例代码中同时使用本节给出的所有指标，有兴趣的读者可以参考本节实例代码，自行添加省略掉的部分指标计算代码。

2.2.1　分类模型评价指标

1．准确率

准确率（accuracy）是最常见的分类模型评价指标之一，它衡量模型正确分类样本的比例，即预测正确的样本占总样本数的比例。准确率适用于类别平衡的情况，即正负样本数量差异不大。公式如下：

$$accuracy = (TP + TN) / (TP + TN + FP + FN)$$

各个变量的含义如下：

（1）TP（true positive，真正例）表示被正确地预测为正例的样本数量。实际为正例，预测也为正例。

（2）FN（false negative，假负例）表示被错误地预测为负例的样本数量。实际为正例，预测为负例。

（3）FP（false positive，假正例）表示被错误地预测为正例的样本数量。实际为负例，预测为正例。

（4）TN（true negative，真负例）表示被正确地预测为负例的样本数量。实际为负例，预测也为负例。

2．精确率和召回率

精确率（precision）和召回率（recall）是基于样本预测结果的正负类别划分来衡量模型的分类效果。精确率和召回率适用于处理类别不平衡的情况，如垃圾邮件过滤或疾病检测。

精确率衡量在所有被模型预测为正类的样本中，有多少是真实的正类样本。它是指被模型正确预测为正类的样本数（TP）占所有被模型预测为正类的样本数（TP）和被模型错误预测为正类的样本数（FP）之和的比例。即真正例占所有被预测为正例的样本数的比例。公式如下：

$$precision = TP / (TP + FP)$$

召回率衡量在所有真实正类样本中，有多少被模型正确地预测为正类。它衡量的是模型对于正类样本的检测能力。它是指被模型正确预测为正类的样本数（TP）占所有真实正类样本数（TP）和被模型错误预测为负类的样本数（FN）之和的比例。即真正例占所有实际为正例的样本数的比例。公式如下：

$$recall = TP / (TP + FN)$$

精确率高表示模型在将样本预测为正类时的准确性较高，即模型更倾向于将负类样本正确地判定为负类。召回率高表示模型对于正类样本的检测能力强，即模型更倾向于将正类样本正确地判定为正类。

精确率和召回率之间存在一种权衡关系，提高精确率可能会降低召回率，反之亦然。因此，在分类问题中，可以通过调整预测阈值来平衡精确率和召回率的取值。较高的预测阈值会导致更严格的预测，从而提高精确率但降低召回率；较低的预测阈值会导致更宽松的预测，从而提高召回率但降低精确率。

3．F1 分数

F1 分数（F1 score）是精确率和召回率的调和平均值，综合考虑了两者的表现。F1 分数在类别不平衡的情况下很有用，它能够平衡精确率和召回率。

$$F1\ score = 2 \times (precision \times recall) / (precision + recall)$$

4．混淆矩阵

混淆矩阵（confusion matrix）是一个 $N \times N$ 的矩阵，其中 N 是类别数量。它列出了模型预测结果与真实标签之间的对应关系。通过混淆矩阵，可以计算出各种分类指标，如准确率、精确率和召回率等。图 2-3 是二分类问题中混淆矩阵的示意图。

5．ROC 曲线和 AUC 值

ROC（receiver operating characteristic）曲线能够绘制出不同阈值下模型的分类性能，并通过计算 AUC（area under the curve，曲线下面积）来度量模型在分类样本上的表现。如图 2-4 所示，ROC 曲线是以灵敏度（sensitivity，true positive rate，真正率）为纵轴，以 1-特异度（1-specificity，false positive rate，假正率）为横轴的曲线。ROC 曲线呈现了一个分类器在不同工作点下真正率和假正率之间的权衡关系。图 2-4 中对角线表示随机猜测，ROC

曲线在对角线之上说明分类器的性能优于随机猜测。

gt / pred	True	False
True	TP	FP
False	FN	TN

图 2-3　混淆矩阵

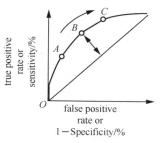

图 2-4　ROC 曲线

ROC 曲线提供了一个综合评估分类模型性能的工具，可以帮助理解模型的表现并选择合适的阈值或工作点。理论上，曲线越接近左上角（0,1）点，说明分类器的性能越好。实际使用 ROC 曲线时，首先，需要确定在分类问题中更关心的指标是真正率（召回率）还是假正率。然后，根据具体需求选择合适的工作点。这取决于问题的特点和应用场景。例如，如果你希望尽量减少误判，可能更关心降低假正率；如果你更注重检测到所有正类样本，可能更关心提高真正率。如果更关注真正率，可以选择位于曲线较高位置的点；如果更关注假正率，可以选择位于曲线较低位置的点。

AUC 值是 ROC 曲线下的面积。理论上，AUC 的取值范围在 0 到 1 之间，实际上，一般位于 0.5 到 1 之间。0.5 表示随机猜测（对应于图 2-4 中对角线），越接近 1 表示模型性能越好，AUC 计算公式如下：

$$\text{AUC} = \int (\text{TPR(FPR)})\, d\,\text{FPR}$$

其中，TPR（true positive rate）衡量的是分类器正确地将正例样本预测为正例的能力，也叫作灵敏度（sensitivity）或命中率（hit rate）。TPR 的计算公式如下：

$$\text{TPR} = \text{TP} / (\text{TP} + \text{FN})$$

FPR（false positive rate）衡量的是分类器将负例样本错误地预测为正例的能力。具体地说，FPR 是负例样本中被错误地预测为正例的比例。FPR 的计算公式如下：

$$\text{FPR} = \text{FP} / (\text{FP} + \text{TN})$$

对于二分类问题，TPR 和 FPR 是评估分类器性能的重要指标。通过计算 TPR 和 FPR 可以绘制 ROC 曲线，ROC 曲线可以帮助在模型的灵敏度和特异度之间做出权衡选择，并且可以使用 AUC 来度量分类器的性能。

ROC 曲线和 AUC 可以帮助选择最佳阈值，并提供一个全面的模型性能评估。本章暂时不需要使用 ROC 曲线和 AUC，因此不过多展开。

评价指标对于分类任务来说非常重要，能够帮助理解模型的分类效果和选择合适的阈值。根据具体业务需求和问题特点，选择合适的评价指标才能更好地衡量和优化模型的性能。有时准确率可能无法反映模型在类别不平衡情况下的表现，此时精确率、召回率和 F1 分数可能更加有用。

【实例 2-2】计算分类模型评价指标。

下面通过一个二分类问题的例子来计算各个评价指标的值。假设有以下一组真实值（y_true）和预测值（y_pred）：

```
真实值(y_true): [1, 0, 1, 1, 0, 1, 0, 1, 0, 0]
预测值(y_pred): [1, 0, 1, 0, 1, 0, 1, 1, 0, 1]
```

可以计算出以下样本数。

TP(true positive)：真实值为 1，预测值也为 1 的样本数。共有 3 个样本的真实值和预测值都为 1，因此 TP=3。

TN(true negative)：真实值为 0，预测值也为 0 的样本数。共有 2 个样本的真实值和预测值都为 0，因此 TN=2。

FP(false positive)：真实值为 0，但预测值为 1 的样本数。共有 3 个样本的真实值为 0，但预测值为 1，因此 FP=3。

FN(false negative)：真实值为 1，但预测值为 0 的样本数。共有 2 个样本的真实值为 1，但预测值为 0，因此 FN=2。

接下来构造混淆矩阵：

		predicted	
		0	1
true	0	TN=2	FP=3
	1	FN=2	TP=3

然后计算准确率、精确率、召回率和 F1 分数：

准确率（accuracy）：

```
accuracy = (TP + TN) / (TP + TN + FP + FN)
         = (3 + 2) / (3 + 2 + 3 + 2) = 0.5
```

精确率（precision）：

```
precision = TP / (TP + FP)
          = 3 / (3 + 3) = 0.5
```

召回率（recall）：

```
recall = TP / (TP + FN)
       = 3 / (3 + 2) = 0.6
```

F1 分数：

```
F1 = 2 * (precision * recall) / (precision + recall)
   = 2 * (0.5 * 0.6) / (0.5 + 0.6) = 0.5454545454545454
```

【实例 2-3】分类模型评价的 Python 实现。

本实例使用纯 Python 代码根据给定的真实值和预测值来构造混淆矩阵，并计算准确率、精确率、召回率和 F1 分数。

```
1.    def calculate_confusion_matrix(y_true, y_pred):
2.        tp = tn = fp = fn = 0
3.        for true, pred in zip(y_true, y_pred):
4.            if true == 1 and pred == 1:
5.                tp += 1
6.            elif true == 0 and pred == 0:
7.                tn += 1
8.            elif true == 0 and pred == 1:
9.                fp += 1
10.           elif true == 1 and pred == 0:
11.               fn += 1
12.       return tp, tn, fp, fn
```

本段代码定义混淆矩阵计算函数 calculate_confusion_matrix。

```
13. y_true = [1, 0, 1, 1, 0, 1, 0, 1, 0, 0]
14. y_pred = [1, 0, 1, 0, 1, 0, 1, 1, 0, 1]
15. tp, tn, fp, fn = calculate_confusion_matrix(y_true, y_pred)
16. accuracy = (tp + tn) / (tp + tn + fp + fn)
17. precision = tp / (tp + fp)
18. recall = tp / (tp + fn)
19. f1_score = 2 * (precision * recall) / (precision + recall)
```

本段代码计算混淆矩阵、准确率、精确率、召回率和 F1 分数。

```
20. print("混淆矩阵: ")
21. print(f"[[tn={tn} fp={fp}]")
22. print(f" [fn={fn} tp={tp}]]")
23. print("准确率 accuracy: ", accuracy)
24. print("精确率 precision: ", precision)
25. print("召回率 recall: ", recall)
26. print("F1 分数 f1_score: ", f1_score)
```

本段代码输出结果。本实例中用于计算的数据与【实例 2-2】一致。运行上述代码，将得到以下输出。

```
混淆矩阵:
[[tn=2 fp=3]
 [fn=2 tp=3]]
准确率 accuracy: 0.5
精确率 precision: 0.5
召回率 recall: 0.6
F1 分数 f1_score: 0.5454545454545454
```

【实例 2-4】分类模型评价的 Sklearn 版本。

本实例使用 Sklearn 库来计算混淆矩阵以及准确率、精确率、召回率和 F1 分数。

```
1. from sklearn.metrics import confusion_matrix, accuracy_score, \
2.                             precision_score, recall_score, f1_score
3. y_true = [1, 0, 1, 1, 0, 1, 0, 1, 0, 0]
4. y_pred = [1, 0, 1, 0, 1, 0, 1, 1, 0, 1]
5. cm = confusion_matrix(y_true, y_pred)
6. print("混淆矩阵: \n",cm)
7. accuracy = accuracy_score(y_true, y_pred)
8. print("准确率: ", accuracy)
9. precision = precision_score(y_true, y_pred)
10. print("精确率: ", precision)
11. recall = recall_score(y_true, y_pred)
12. print("召回率: ", recall)
13. f1 = f1_score(y_true, y_pred)
14. print("F1 分数: ", f1)
```

本实例中用于计算的数据与【实例 2-2】一致。运行上述代码，将得到以下输出。

```
混淆矩阵:
[[2 3]
 [2 3]]
准确率: 0.5
精确率: 0.5
召回率: 0.6
F1 分数: 0.5454545454545454
```

2.2.2 回归模型评价指标

（1）均方根误差

均方误差（mean square error，MSE）是指预测值与真实值之间差异的平方和的均值。

$$MSE = \frac{\sum(y\_true - y\_pred)^2}{n}$$

其中，n 表示样本数量，y_true 表示真实值，y_pred 表示模型预测值。

均方根误差（root mean square error，RMSE）是 MSE 的平方根。

$$RMSE = \sqrt{MSE}$$

（2）平均绝对误差

平均绝对误差（mean absolute error，MAE）是预测值与真实值之间差异的绝对值的均值。

$$MAE = \frac{\sum|y\_true - y\_pred|}{n}$$

（3）R2 分数

R2 分数，也称为决定系数（coefficient of determination，R2），用来衡量模型对观测值变异性的解释程度。为计算 R2 分数，需要先计算 SS_{res}（sum of squared residuals，残差平方和）和 SS_{tot}（total sum of squares，总平方和）。

SS_{res} 衡量的是模型预测值与真实值之间的差异。具体地，SS_{res} 是每个真实值的残差的平方和。SS_{res} 的计算公式如下：

$$SS_{res} = \sum(y\_true - y\_pred)^2$$

SS_{tot} 是真实值与其均值之间的差异的平方和。具体地，SS_{tot} 是每个真实值与真实值均值之差的平方和。SS_{tot} 的计算公式如下：

$$SS_{tot} = \sum(y\_true - y\_mean)^2$$

其中，y_mean 表示真实值的均值。

通过计算 SS_{res} 和 SS_{tot}，可以计算得到 R2 分数。R2 分数是指预测值相对于真实值的解释方差的比例，取值范围为 0 至 1。

$$R2 = 1 - \frac{SS_{res}}{SS_{tot}}$$

（4）解释方差

解释方差（explained variance）是指预测值与真实值之间的方差的比例。

$$explained\ variance = 1 - \frac{Var(y\_true - y\_pred)}{Var(y\_true)}$$

其中，Var 表示方差。

需要注意的是，以上指标仅为常用的评价指标，根据具体任务和需求，还可以使用其他定制的指标来评估模型的性能。同时，对于不同的领域和问题，可能会有一些特定的评价指标适用于衡量模型的性能。

【实例2-5】手动计算回归模型评价指标。

下面以一个回归任务为例，解释回归模型评价指标的具体使用。假设有一组真实值（y_true）和预测值（y_pred），如下所示：

```
真实值（y_true）: [300, 400, 500, 600, 700]
预测值（y_pred）: [350, 420, 490, 580, 680]
```

在回归任务中，常用的评价指标有均方误差、均方根误差、平均绝对误差和 R2 分数。

均方误差（MSE）：

```
MSE = ((300-350)**2 + (400-420)**2 +(500-490)**2+ (600-580)**2 + (700-680)**2 )/5
    = 760.0
```

均方根误差（RMSE）：

```
RMSE = 760.0**0.5 ≈ 27.568097504180443
```

平均绝对误差（MAE）：

```
MAE =(1/5) * (abs(300-350) + abs(400-420) +abs(500-490)
     + abs(600-580) + abs(700-680))
    = 24.0
```

R2 分数：计算 R2 分数的步骤包括计算残差、计算残差平方和、计算总平方和。手动计算 R2 分数，过程比较复杂，有兴趣的读者可以自行根据公式计算。可以使用 Sklearn 库中的 r2_score 函数进行计算，得到 R2 分数的值为 0.962。

【实例2-6】回归模型评价的 Python 实现。

以下是使用 Python 代码计算回归模型评价指标的实现。

```
1.  y_true = [300, 400, 500, 600, 700]
2.  y_pred = [350, 420, 490, 580, 680]
```

本段代码准备数据集。给出真实房价和预测房价，分别有 5 个样本。

```
3.  mse = sum((true - pred) ** 2 for true, pred in zip(y_true, y_pred)) / len(y_true)
4.  rmse = mse ** 0.5
5.  mae = sum(abs(true - pred) for true, pred in zip(y_true, y_pred)) / len(y_true)
6.  mean_y_true = sum(y_true) / len(y_true)
7.  ssr = sum((true - pred) ** 2 for true, pred in zip(y_true, y_pred))
8.  sst = sum((true - mean_y_true) ** 2 for true in y_true)
9.  r2 = 1 - (ssr / sst)
```

本段代码计算回归任务相关的 4 个评价指标。第 3 行代码计算均方误差（MSE）。第 4 行计算均方根误差（RMSE）。第 5 行计算平均绝对误差（MAE）。第 6~9 行计算 R2 分数。

```
10. print("均方误差（MSE):", mse)
11. print("均方根误差（RMSE):", rmse)
12. print("平均绝对误差（MAE):", mae)
13. print("决定系数（R2):", r2)
```

本段代码打印结果。运行以上代码，将会得到与【实例2-5】相同的结果：

```
均方误差（MSE）: 760.0
均方根误差（RMSE）: 27.568097504180443
平均绝对误差（MAE）: 24.0
决定系数（R2）: 0.962
```

【实例2-7】回归模型评价的 Sklearn 版本。

使用 Sklearn 提供的函数计算回归模型评价指标的示例代码：

```
1.  from sklearn.metrics import mean_squared_error, mean_absolute_error, r2_score
2.  y_true = [300, 400, 500, 600, 700]
3.  y_pred = [350, 420, 490, 580, 680]
```

本段代码准备数据集。真实值和预测值均与【实例2-6】相同。

```
4.  mse = mean_squared_error(y_true, y_pred)
5.  mae = mean_absolute_error(y_true, y_pred)
6.  r2 = r2_score(y_true, y_pred)
```

本段代码计算回归任务相关的 4 个评价指标。第 4 行计算均方误差。第 5 行计算平均绝对误差。第 6 行计算 R2 分数。

```
7.  print("均方误差（MSE）:", mse)
8.  print("平均绝对误差（MAE）:", mae)
9.  print("决定系数（R2）:", r2)
```

本段代码打印结果。运行以上代码，将会得到相应的评价指标值：

```
均方误差（MSE）: 760.0
平均绝对误差（MAE）: 24.0
决定系数（R2）: 0.962
```

2.3 综合案例：使用 K 近邻分类器预测鸢尾花类型

2.3.1 案例概述

本案例是一个分类问题。本案例使用的鸢尾花数据集，包含了 150 个样本，每个样本有 4 个特征：花萼（sepal）、花瓣（petal）的长度和宽度。每个样本都有一个标签，表示鸢尾花的类别：Setosa、Versicolor 或 Virginica。

根据第 1 章的知识，机器学习大致可以分为训练和预测两个阶段。训练阶段一般需要训练出一个模型，预测阶段中将使用这个模型预测某个新样本的输出。将这 150 个样本分为训练集和测试集，使用训练集进行模型的训练。未知鸢尾花可以从测试集中选取。对于测试集中的样本，通过比较预测结果和真实结果，大致可以判断这个算法预测的准确性。

假设有一个未知鸢尾花，它的花萼长度为 5.8cm，花萼宽度为 3.1cm，花瓣长度为 4.9cm，花瓣宽度为 1.7cm，需要预测它的类别。本小节使用 K 近邻算法来对该未知鸢尾花的类别进行分类。K 值设为 3。K 近邻算法比较特殊，没有常规意义上的训练过程。在 K 近邻算法中，训练阶段其实就是将样本数据集存储起来，用于计算新样本与训练样本之间的距离。在预测阶段，需要计算该未知鸢尾花与训练集中每个样本的距离。常用的距离度量方法有欧氏距离等。

假设计算得到最近的 3 个样本是 A、B 和 C。假设 A 和 B 属于 Setosa 类别，C 属于 Versicolor 类别。选择这 3 个邻居中出现频率最高的类别作为预测结果。在 K 值为 3 的情况下，Setosa 类别的频率最高，因此该未知鸢尾花被预测属于 Setosa 类别。

【实例2-8】鸢尾花数据集简要分析。

本实例对鸢尾花数据集进行简要分析，以帮助读者了解该数据集基本信息。

```
1.   import pandas as pd
2.   import seaborn as sns
3.   from sklearn.datasets import load_iris
4.   iris = load_iris()
5.   #print("数据集基本信息: ")
6.   #print(iris.DESCR)
7.   df = pd.DataFrame(data=iris.data, columns=iris.feature_names)
8.   df['target'] = iris.target
```

本段代码主要用于加载数据集。第 4 行代码使用 Sklearn 中的 load_iris 函数加载了鸢尾花数据集。第 5、6 行被注释掉的代码以英文形式详细介绍了数据集基本信息。第 7 行将数据集转换为一个 Pandas DataFrame。第 8 行将目标数据整合到前述 Pandas DataFrame 中，方便操作。

```
9.   print("数据框前 5 行: ")
10.  print(df.head())
```

第 9、10 行代码打印数据集的前 5 行。输出结果如图 2-5 所示。

	sepal length (cm)	sepal width (cm)	petal length (cm)	petal width (cm)	target
0	5.1	3.5	1.4	0.2	0
1	4.9	3.0	1.4	0.2	0
2	4.7	3.2	1.3	0.2	0
3	4.6	3.1	1.5	0.2	0
4	5.0	3.6	1.4	0.2	0

图 2-5　数据集的前 5 行

```
11.  print("数据框统计信息: ")
12.  print(df.describe())
```

第 11、12 行代码打印数据集的统计信息。输出结果如图 2-6 所示。

	sepal length (cm)	sepal width (cm)	petal length (cm)	petal width (cm)	target
count	150.000000	150.000000	150.000000	150.000000	150.000000
mean	5.843333	3.057333	3.758000	1.199333	1.000000
std	0.828066	0.435866	1.765298	0.762238	0.819232
min	4.300000	2.000000	1.000000	0.100000	0.000000
25%	5.100000	2.800000	1.600000	0.300000	0.000000
50%	5.800000	3.000000	4.350000	1.300000	1.000000
75%	6.400000	3.300000	5.100000	1.800000	2.000000
max	7.900000	4.400000	6.900000	2.500000	2.000000

图 2-6　数据集的统计信息

```
13.  sns.countplot(x='target', data=df)
```

第 13 行代码使用 Seaborn 库绘制了按目标变量的类别计数图（图 2-7）。x 参数指定了要绘制的变量，data 参数指定了数据集。这个函数会统计 df 数据集中 target 变量中每个类别的频数，并将结果可视化为一个柱状图。这个函数的输出结果是一个包含柱状图的 Matplotlib 图形对象。其中，x 轴表示变量的类别，y 轴表示变量的频数。根据图 2-7，可知 3 类样本的数量基本相同，均为 50。

```
14. sns.pairplot(df, hue='target')
```

第 14 行代码使用 Seaborn 库绘制了按目标变量的散点图矩阵。输出结果如图 2-8 所示（请查看彩色图像，彩色图像可以通过人邮教育社区获取。）。该函数用于绘制数据集中变量之间两两关系的散点图矩阵，并通过颜色编码标记不同类别（用 hue='target' 参数指定的变量）。具体来说，pairplot 函数会对数据集中的每对变量进行散点图绘制，同时考虑到不同类别（由 target 变量表示）的区分。如果数据集中有多个特征，这个函数将生成一个包含多个

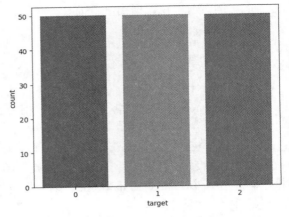

图 2-7　类别计数图

子图的散点图矩阵，其中每个子图展示了两个变量之间的关系。颜色编码则用来表示不同类别之间的区别。通过 sns.pairplot 输出的结果可以帮助观察数据集中不同变量之间的关系，并且在不同类别之间进行比较。例如，通过图 2-8 的各个子图不难发现，类别标签为 1 和 2 的两类样本存在一定的重叠，而类别标签为 0 的样本与其他两类样本存在明显边界。这种可视化方式可以帮助发现变量之间的模式、相关性以及不同类别之间的区别，从而更好地理解数据集并为进一步分析和建模做准备。

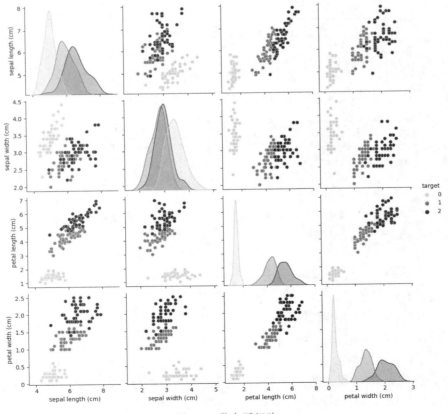

图 2-8　散点图矩阵

```
15.   iris_df = pd.DataFrame(data=iris.data, columns=iris.feature_names)
16.   iris_df['target'] = iris.target
17.   iris_df.to_csv('iris_dataset.csv', index=False)
```

本段代码将鸢尾花数据集转存为本地文件 iris_dataset.csv，以避免网络故障影响。

2.3.2　案例实现：Python 版

本案例代码主要由 4 个部分构成：数据加载函数、距离计算函数、K 近邻算法函数和主程序入口代码。

```
1.    import csv
2.    import math
3.    import random
4.    from collections import Counter
```

本段代码首先导入所需的模块（csv、math、random 和 Counter）。

```
5.    def load_dataset(filename):
6.        dataset = []
7.        with open(filename, 'r') as file:
8.            csv_reader = csv.reader(file)
9.            next(csv_reader)
10.           for row in csv_reader:
11.               sample = [float(value) for value in row[:-1]]
12.               label = int(row[-1])
13.               dataset.append((sample, label))
14.       return dataset
```

本段代码定义数据加载函数 load_dataset，用于从指定的 CSV 文件中加载数据集。第 5 行定义 load_dataset 函数，该函数接受一个文件名作为参数。第 6 行创建了一个空列表 dataset，用于存储数据集。第 7～13 行使用 Python 内置的 open 函数打开指定的 CSV 文件，并使用 csv 模块的 reader 函数读取该文件。第 9 行使用 next 函数跳过读取的第一行，因为第一行通常是标题，不包含实际数据。第 10～13 行使用 for 循环遍历读取的每一行数据。其中第 11 行将每行数据的前 n 列转换为 float 类型，作为样本（特征），并将其存储在一个名为 sample 的列表中。第 12 行将每行数据的最后一列转换为 int 类型，作为标签，即样本所属的类别，并将其存储在一个名为 label 的变量中。第 13 行将 sample 和 label 组成一个元组，存储在 dataset 列表中。第 14 行返回存储完整数据集的 dataset 列表。

```
15.   def euclidean_distance(point1, point2):
16.       squared_distance = 0
17.       for i in range(len(point1)):
18.           squared_distance += (point1[i] - point2[i]) ** 2
19.       distance = math.sqrt(squared_distance)
20.       return distance
```

本段代码定义了欧氏距离计算函数 euclidean_distance。欧氏距离的计算公式参考 2.1.3 小节。

```
21.   def k_nearest_neighbors(k, dataset, new_point):    # K近邻算法
22.       distances = []
23.       for sample, label in dataset:
24.           distance = euclidean_distance(sample, new_point)
25.           distances.append((distance, label))
26.       distances.sort()
27.       k_nearest = distances[:k]
28.       labels = [label for distance, label in k_nearest]
29.       vote_counts = Counter(labels)
```

```
30.       predicted_label = vote_counts.most_common(1)[0][0]
31.       return predicted_label
```

本段代码定义了 K 近邻算法函数 k_nearest_neighbors。该函数通过计算给定数据集中最近的 k 个样本，并根据这些最近邻样本的标签进行投票来预测新样本的标签。函数有 3 个参数，k 表示要考虑的最近邻样本的数量；dataset 包含训练样本和对应的标签，每个样本由一个特征向量和一个标签组成；new_point 表示要预测的新样本的特征向量。第 22 行创建一个空列表 distances，用于保存新样本与每个训练样本之间的距离。第 23 ~ 25 行遍历数据集中的每个样本，使用 euclidean_distance 函数计算该样本与新样本之间的欧氏距离，并将结果添加到 distances 列表中。第 26 行对距离列表 distances 进行排序。第 27 行从排序后的 distances 列表中选择前 k 个最近的距离，存储在 k_nearest 列表中。第 28 行从 k_nearest 列表中提取这 k 个最近邻样本的标签，并存储在 labels 列表中。第 29 行使用 Counter 类统计 labels 列表中每个类别的票数。第 30 行使用 most_common(1) 方法获取票数最多的类别，并提取其标签作为预测结果。

```
32. if __name__ == "__main__":
33.     dataset = load_dataset('iris_dataset.csv')
34.     random.seed("zp")
35.     random.shuffle(dataset)
36.     train_size = int(0.8 * len(dataset))
37.     train_set = dataset[:train_size]
38.     test_set = dataset[train_size:]
39.     correct_predictions = 0
40.     for sample, label in test_set:
41.         predicted_label = k_nearest_neighbors(3, train_set, sample)
42.         if predicted_label == label:
43.             correct_predictions += 1
44.     accuracy = correct_predictions / len(test_set)
45.     print(f"Accuracy: {accuracy}")
```

这段代码用于计算 K 近邻算法在鸢尾花数据集上的准确率。第 32 行中的 __name__ 用于表示当前模块的名称，当模块被直接运行时，其值为 "__main__"。这行代码判断当前模块是否为主程序入口。第 33 行调用 load_dataset 函数加载名为 iris_dataset.csv 的数据集。第 34 ~ 38 行将数据集拆分为训练集和测试集。第 34 行使用 random.seed("zp") 设置随机种子，保证随机结果的可重复性。第 35 行使用 random.shuffle(dataset) 随机打乱数据集的顺序。第 36 行计算训练集大小，这里取数据集的 80% 作为训练集。第 37、38 行根据计算出的训练集大小划分训练集和测试集。第 39 ~ 44 行：遍历测试集中的样本，对每个样本使用 k_nearest_neighbors 函数进行预测，并与真实标签进行比较，统计正确预测的数量。第 45 行计算准确率，准确率越高表示模型的预测能力越好。输出结果如下。

```
Accuracy: 0.9333333333333333
```

2.3.3　案例实现：Sklearn 版

下面使用 Sklearn 提供的 K 近邻算法重新完成鸢尾花分类任务。

```
1.  from sklearn.datasets import load_iris
2.  from sklearn.model_selection import train_test_split
3.  from sklearn.neighbors import KNeighborsClassifier
4.  from sklearn.metrics import accuracy_score
5.  iris = load_iris()
6.  X = iris.data
7.  y = iris.target
```

```
8.  X_train, X_test, y_train, y_test = train_test_split(X, y, test_size=0.2, random_
    state=22)
9.  model= KNeighborsClassifier(n_neighbors=3)
10. model.fit(X_train, y_train)
11. y_pred = model.predict(X_test)
12. accuracy = accuracy_score(y_test, y_pred)
13. print("准确率: ", accuracy)
```

本段代码使用了 Sklearn 库中的 KNeighborsClassifier 来实现 K 近邻算法。第 5~7 行加载鸢尾花数据集，并分离出特征数据 X 和目标数据 y。这里直接使用 Sklearn 提供的鸢尾花数据集接口，读者也可以使用类似于 2.3.2 小节的数据加载函数（第 5~14 行），从本地文件中加载数据。第 8 行将数据集拆分为训练集和测试集，该行代码完成与 2.3.2 小节第 34~38 行类似的功能。第 9 行创建 K 近邻分类器模型，代码中的 n_neighbors 参数用于设置 K 值，这里设置 K 值为 3，可以根据需要进行调整。通过调用 KNeighborsClassifier 的成员函数，对鸢尾花数据集进行训练（fit 函数，第 10 行）和预测（predict 函数，第 11 行）。第 12 行计算准确率。第 13 行打印出的准确率表示预测结果与真实标签的一致性程度，结果如下。

```
准确率: 0.9666666666666667
```

由于 2.3.3 小节代码使用的随机数种子和数据来源与 2.3.2 小节的不同，因此输出的准确率结果并不相同。对比 2.3.2 小节和 2.3.3 小节，读者不难发现，Sklearn 版本的代码更为简单，绝大多数核心功能都已经由 Sklearn 完成。随着学习的深入，读者还将会发现，不同类型机器学习算法的使用方式类似。

2.4 综合案例：使用 K 近邻回归器预测房价

2.4.1 案例概述

本案例是一个回归问题。本案例使用波士顿房价数据集，进行房价预测。波士顿房价数据集（Boston housing prices dataset）是一个常用的回归问题数据集，收集了 20 世纪 70 年代晚期波士顿各区域房屋相关信息以及对应房价的中位数，用于预测波士顿地区房屋的中位数价格。该数据集包含 506 个样本，每个样本包含 14 个数据。前 13 个数据为特征数据，主要描述了该样本对应区域房屋及其周围环境相关的各种属性，包括城镇人均犯罪率、住宅土地所占比例、城镇中非商业用地所占比例、是否靠近河流等。最后 1 个数据为该样本对应的目标数据，即该地区的房价中位数。

本案例利用 K 近邻算法进行波士顿房价预测，基本步骤如下。

（1）准备数据集：波士顿房价数据集包含 13 个特征数据和对应地区的房价中位数。

（2）计算距离：对于待预测的新样本，需要计算它与训练集中每个样本之间的距离。在 K 近邻算法中，通常使用欧氏距离来度量样本之间的相似性。

（3）选择最近的 K 个样本：根据计算得到的距离，选择与待预测样本最近的 K 个训练样本。

（4）进行分类或回归：对于分类问题，可以将这 K 个样本中出现次数最多的类别作为预测结果；对于回归问题，可以将这 K 个样本的输出值进行平均，作为预测结果。

（5）输出预测结果：将预测的结果返回给用户，完成预测过程。

【实例 2-9】波士顿房价数据集简要分析。

本案例中提供了两个数据文件，其中 boston.txt 文件包含了波士顿房价数据集和详细的描述信息，而 boston.housing.data 仅包含 boston.txt 文件的数据部分。本实例加载 boston.txt 文件，对波士顿房价数据集进行简要分析，以帮助读者了解该数据集基本信息。

```
1.  import pandas as pd
2.  import seaborn as sns
3.  df = pd.read_csv('data/ch02/boston.txt', skiprows=22, delimiter='\s+')
4.  feature_names = ['CRIM', 'ZN', 'INDUS', 'CHAS', 'NOX', 'RM', 'AGE', 'DIS',
5.                   'RAD', 'TAX', 'PTRATIO', 'B', 'LSTAT', 'MEDV']
6.  df.columns = feature_names
7.  target = df['MEDV']
8.  features = df.drop('MEDV', axis=1)
9.  print(df.head())
```

第 3 行，读取 boston.txt 文件，跳过前面的描述信息行。第 4、5 行，给出特征名称，各个特征的含义如表 2-1 所示。第 6 行，设置 DataFrame 的列名。第 7、8 行，分离出 data 和 target，前者为特征数据，后者为目标数据。第 9 行查看数据集前 5 个样本以初步了解数据集结构和内容。效果如图 2-9 所示。各列具体含义如表 2-1 所示。

	CRIM	ZN	INDUS	CHAS	NOX	RM	AGE	DIS	RAD	TAX	PTRATIO	B	LSTAT	MEDV
0	0.02731	0.0	7.07	0	0.469	6.421	78.9	4.9671	2	242.0	17.8	396.90	9.14	21.6
1	0.02729	0.0	7.07	0	0.469	7.185	61.1	4.9671	2	242.0	17.8	392.83	4.03	34.7
2	0.03237	0.0	2.18	0	0.458	6.998	45.8	6.0622	3	222.0	18.7	394.63	2.94	33.4
3	0.06905	0.0	2.18	0	0.458	7.147	54.2	6.0622	3	222.0	18.7	396.90	5.33	36.2
4	0.02985	0.0	2.18	0	0.458	6.430	58.7	6.0622	3	222.0	18.7	394.12	5.21	28.7

图 2-9 波士顿房价数据集的前 5 个样本

表 2-1 波士顿房价数据集特征含义

特征	含义
CRIM	城镇人均犯罪率
ZN	住宅用地所占比例
INDUS	城镇中非商业用地所占比例
CHAS	查尔斯河虚拟变量（如果域边界为河流，则为 1；否则为 0）
NOX	环保指数
RM	每栋住宅的平均房间数
AGE	1940 年以前建成的自住单位的比例
DIS	距离 5 个波士顿就业中心的加权距离
RAD	距离高速公路的便利指数
TAX	每一万美元的不动产税率
PTRATIO	城镇中的教师、学生比例
B	城镇中的黑人比例
LSTAT	地区中有多少房东属于低收入人群的比例

```
10. print(df.describe())
```

第 10 行，统计数据集中各个特征的描述性统计信息，主要包括均值、标准差、最小值、分位数、最大值等。效果如图 2-10 所示，限于篇幅，这里仅截取前 12 列。

	0	1	2	3	4	5	6	7	8	9	10	11	
count	506.000000	506.000000	506.000000	506.000000	506.000000	506.000000	506.000000	506.000000	506.000000	506.000000	506.000000	506.000000	506.00
mean	3.613524	11.363636	11.136779	0.069170	0.554695	6.284634	68.574901	3.795043	9.549407	408.237154	18.455534	356.674032	12.65
std	8.601545	23.322453	6.860353	0.253994	0.115878	0.702617	28.148861	2.105710	8.707259	168.537116	2.164946	91.294864	7.14
min	0.006320	0.000000	0.460000	0.000000	0.385000	3.561000	2.900000	1.129600	1.000000	187.000000	12.600000	0.320000	1.73
25%	0.082045	0.000000	5.190000	0.000000	0.449000	5.885500	45.025000	2.100175	4.000000	279.000000	17.400000	375.377500	6.95
50%	0.256510	0.000000	9.690000	0.000000	0.538000	6.208500	77.500000	3.207450	5.000000	330.000000	19.050000	391.440000	11.36
75%	3.677083	12.500000	18.100000	0.000000	0.624000	6.623500	94.075000	5.188425	24.000000	666.000000	20.200000	396.225000	16.95
max	88.976200	100.000000	27.740000	1.000000	0.871000	8.780000	100.000000	12.126500	24.000000	711.000000	22.000000	396.900000	37.97

图 2-10 数据集中各个特征的描述性统计信息

```
11.  corr_matrix = df.corr()
12.  sns.heatmap(corr_matrix, annot=False)
```

第 11、12 行，绘制特征之间的相关性热力图，效果如图 2-11 所示。图中颜色的浅深代表相关性大小。例如，斜对角线对应各个特征自相关系数，均为 1，此时颜色最浅。读者也可以设置 annot=True，以在热力图各个单元格中标注具体数值。

```
13.  sns.histplot(df['MEDV'], kde=True)
```

第 13 行，绘制房价的直方图，以了解房价分布情况。效果如图 2-12 所示。峰值位于 20 附近。50 附近有一个小峰，表明高房价区域的比例并不少。

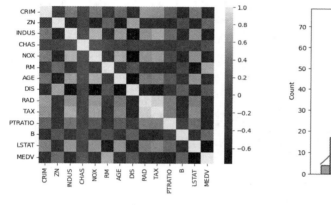

图 2-11 相关性热力图

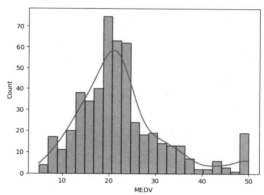

图 2-12 房价直方图

```
14.  sns.pairplot(df, x_vars=['CRIM', 'RM', 'AGE', 'DIS'], y_vars='MEDV', kind='scatter')
```

第 14 行，绘制部分特征与房价之间的关系散点图，以可视化的形式了解这些特征与房价的关系。由于特征数量较多，限于篇幅，这里仅挑选其中的 4 个特征。效果如图 2-13 所示。例如，通过第一个子图可以发现，犯罪率高的区域，房价普遍较低。

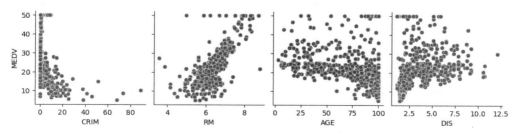

图 2-13 部分特征与房价的关系

2.4.2 案例实现：Python 版

本小节用 Python 版实现 K 近邻算法，用于波士顿房价预测。代码与 2.3.2 小节代码类似。

```
1.   import math
2.   mport random
3.   def euclidean_distance(point1, point2):
4.       squared_distance = 0
5.       for i in range(len(point1)):
6.           squared_distance += (point1[i] - point2[i]) ** 2
7.       distance = math.sqrt(squared_distance)
8.       return distance
```

本段代码主要定义函数 euclidean_distance，用于计算欧氏距离。这与 2.3.2 小节的第 15～20 行类似。

```
9.   def k_nearest_neighbors_regression(k, train_set, new_point):
10.      distances = []
11.      for sample in train_set:
12.          distance = euclidean_distance(sample[:-1], new_point[:-1])
13.          distances.append((distance, sample))
14.      distances.sort()                        # 按距离排序
15.      k_nearest = distances[:k]               # 取前 k 个最近的距离
16.      total_value = sum(sample[-1] for distance, sample in k_nearest)
17.      predicted_value = total_value / k        # 对回归问题，预测值为 k 个最近样本的平均值
18.      return predicted_value
```

本段代码定义 k_nearest_neighbors_regression 函数，这是用于回归问题的 K 近邻算法。该函数与 2.3.2 小节代码中的 k_nearest_neighbors 函数类似。差别在于，对于回归问题，将 K 个最近邻居的输出值求平均，作为预测结果。对于分类问题，统计每个类别的票数，并返回票数最多的类别，作为预测结果。

```
19.  def load_dataset(filename):
20.      dataset = []
21.      with open(filename, 'r') as file:
22.          for line in file:
23.              data = line.strip().split()
24.              sample = [float(value) for value in data]
25.              dataset.append(sample)
26.      return dataset
```

本段代码定义 load_dataset 函数，用于读取波士顿数据集。由于数据集格式不同，因此与 2.3.2 小节第 5～14 行的代码略有区别，但基本类似。

```
27.  def split_dataset(dataset, split_ratio):
28.      random.shuffle(dataset)
29.      train_size = int(len(dataset) * split_ratio)
30.      train_set = dataset[:train_size]
31.      test_set = dataset[train_size:]
32.      return train_set, test_set
```

本段代码定义了 split_dataset 函数，用来将数据集按照指定的比例划分为训练集和测试集，具体实现代码与 2.3.2 小节的代码类似。读者可以根据需要调整 split_ratio 参数来控制训练集和测试集的比例。第 28 行用于在数据集划分之前，打乱数据集顺序。

```
33.  if __name__ == "__main__":
34.      dataset = load_dataset('boston.housing.data')
35.      train_set, test_set = split_dataset(dataset, 0.8)
36.      random.seed("zp")
```

```
37.        new_point = random.choice(test_set)
38.        predicted_value = k_nearest_neighbors_regression(5, train_set, new_point)
39.        print("新测试样本:")
40.        print(new_point[:-1])
41.        print("预测房价:", predicted_value)
42.        print("真实房价:", new_point[-1])
```

本段代码，调用前述各个函数，完成测试。第 34 行加载数据集。第 35 行将数据集划分为训练集和测试集。第 36、37 行随机选择一个样本用于测试。第 38 行使用 K 近邻算法进行回归预测。第 40 行输出特征值，即输出 new_point 中除最后一个元素外的其他所有元素。第 41、42 行输出预测房价和真实房价。其中第 42 行表明真实房价存储在 new_point 中最后一个元素中。输出结果如下。

```
新测试样本:
[0.11432, 0.0, 8.56, 0.0, 0.52, 6.781, 71.3, 2.8561, 5.0, 384.0, 20.9, 395.58, 7.67]
预测房价: 20.259999999999998
真实房价: 26.5
```

2.4.3　案例实现：Sklearn 版

本小节使用 Sklearn 库重写波士顿房价预测案例代码，请确保已安装 Sklearn 库。

```
1.  import numpy as np
2.  import pandas as pd
3.  from sklearn.model_selection import train_test_split
4.  from sklearn.neighbors import KNeighborsRegressor
5.  from sklearn.metrics import mean_squared_error
6.  def load_dataset(filename):
7.      dataset = []
8.      with open(filename, 'r') as file:
9.          for line in file:
10.             data = line.strip().split()
11.             sample = [float(value) for value in data]
12.             dataset.append(sample)
13.     return dataset
14. data = load_dataset('boston.housing.data')
15. df = pd.DataFrame(data)
16. X_train, X_test, y_train, y_test = train_test_split(df.iloc[:, :-1], df.iloc[:, -1],
17.                                         test_size=0.2, random_state=42)
18. model = KNeighborsRegressor(n_neighbors=3)
19. model.fit(X_train, y_train)
20. y_pred = model.predict(X_test)
21. mse = mean_squared_error(y_test, y_pred)
22. print("均方误差（MSE）:", mse)
```

本段代码与 2.3.3 小节代码结构类似，主要差别在于数据加载、模型及评价指标。读者将会发现，即便是使用其他机器学习算法，Sklearn 版本的代码结构也是类似的，因此可以将这两个 Sklearn 版本代码作为代表性的 Sklearn 模板进行记忆。

第 6～14 行采用与 2.4.2 小节相同的 load_dataset 加载数据集。在早期的 Sklearn 中，可以直接使用 sklearn.datasets.load_boston 函数加载波士顿房价数据集。目前新版本的 Sklearn 中，load_boston 函数已经被移除。第 15 行将 data 转换成 DataFrame 以方便后续处理。第 16、17 行使用 train_test_split 函数将数据集划分为训练集和测试集。第 18 行使用 KNeighborsRegressor 类创建了一个 K 近邻回归模型，并设置 K 值为 3。第 19 行调用模型的成员函数 fit，使用训练集的特征和目标变量来拟合模型。第 20 行使用训练好的模型对测试集进行预测,对应成员函数为 predict。第 21 行使用 mean_squared_error 函数计算预测结果与真实结果之间的均方误差(MSE)。第 22 行输出结果如下。

```
均方误差(MSE):21.65955337690632
```

习题 2

1. 什么是 K 近邻算法?它是如何用于分类和回归问题的?
2. K 值在 K 近邻算法中起到什么作用?K 值选择过大和过小会有什么影响?
3. 在 K 近邻算法中,如何选择正确的距离度量方法?
4. K 近邻算法是否需要进行特征缩放?为什么?
5. 除了 K 值之外,还有哪些参数可以调整以改善 K 近邻算法的性能?
6. 当特征空间维度很高时,K 近邻算法的性能会受到什么影响?如何应对高维数据集?
7. K 近邻算法在处理不平衡数据集时可能面临什么问题?有什么解决方法?
8. 对于分类任务,如何使用加权 K 近邻算法来提高预测性能?

实训 2

1. 癌症诊断分类:使用威斯康星州乳腺肿瘤数据集,训练一个 K 近邻分类器,能够预测肿瘤是恶性还是良性。
2. 手写数字识别:使用 MNIST 手写数字数据集,利用 K 近邻算法对手写数字图像进行分类,将每个图像识别为 0 ~ 9 中的一个数字。
3. 糖尿病检测:使用 Pima 印第安人糖尿病数据,基于糖尿病患者的生理特征,训练 K 近邻分类器,预测患者是否患有糖尿病。
4. 医疗费用预测:加载医疗保险费用数据集,使用 K 近邻回归算法,基于该数据集包含的个人医疗相关信息进行医疗费用预测。
5. 汽车燃油效率预测:使用 Auto MPG 数据集,基于 K 近邻算法进行汽车燃油效率预测。

第3章 决策树

决策树算法是一种基于树形结构的机器学习算法，通过对数据集进行递归地划分和决策来进行分类或回归。它的主要优点包括易于理解和解释、能够处理离散和连续特征、对异常值具有鲁棒性以及可以处理大规模数据集。本章将介绍决策树基础及综合案例。

> 【启智增慧】
> ### 机器学习与社会主义核心价值观之 "文明篇"
> 　　通过机器学习技术可以更好地理解和传承文明的精髓，推动文明价值观在现代社会中的传播和实践。利用机器学习算法分析古籍文献，挖掘历史文化信息，促进文化遗产的保护和传承；通过智能语音识别技术开发文明礼仪教育应用，培养公民的文明素质；应用机器学习算法监测网络言论，引导网络文明行为，营造良好的网络文化环境。需要在机器学习应用中加强对算法的监督与调整，避免对文明价值观的误解或扭曲。

3.1 决策树概述

决策树算法通过一系列判断条件来构建一个树状结构，每个节点表示一个特征或属性，每个分支代表该特征可能的取值，而叶节点表示最终的分类结果或回归值。在分类问题中，决策树通过对特征进行划分来对样本进行分类。算法会根据某种准则，如信息增益、基尼系数等，选择最佳的特征作为当前节点的划分标准。然后，根据该特征的取值将样本分配到不同的子节点中，直到达到停止条件，即所有样本都属于同一类别或无法再分。在回归问题中，决策树的思想与分类问题类似，只是叶节点表示的是一个连续的数值。决策树具有易于理解和解释、能够处理离散和连续数据、能够处理多类别问题等优点。但也存在容易过拟合的问题，因此可以通过剪枝等方法来降低过拟合风险。

3.1.1 决策树图解

图 3-1 是决策树示例。该决策树基于鸢尾花数据集构造，用于对鸢尾花数据集中的样本进行类别划分。该决策树构造代码将在 3.4 节提供。决策树的每个节点都包含几个基本元素。其各自含义如下：

（1）特征名称：表示该节点使用哪个特征来进行判断。在决策树中，希望选择最能够用来区分不同类别的特征。例如，本示例中，决策树首先选择花瓣长度这个特征进行判断（图 3-1 中的根节点/第一个节点）。

（2）判断条件：表示该节点使用的特征和对应的阈值。例如，在图 3-1 中，根节点的判断条件为花瓣长度小于或等于 2.45cm。

（3）纯度衡量指标：表示该节点在划分时使用的指标。纯度是用来衡量节点内部样本类别纯净程度的指标。在分类问题中，通过划分节点来提高纯度，使得每个节点内包含尽可能多的同类别样本。常用的纯度衡量指标有基尼系数（Gini index，图 3-1 中简写为 gini）和信息增益（information gain），它们的详细信息将在 3.1.3 小节介绍。例如，在图 3-1 中，决策树使用了基尼系数来进行划分。

（4）样本数量（samples）：表示该节点中包含的样本数量。例如，在图 3-1 中，根节点中包含了 150 个样本。

（5）类别分布（value）：表示该节点中各个类别的数量。在二分类问题中，这通常只包含两个数字；在多分类问题中，可能会有更多数字。例如，在图 3-1 的根节点中，山鸢尾、变色鸢尾和维吉尼亚鸢尾分别为[50, 50, 50]。

（6）类别（class）：表示该节点所属的类别。对于叶节点，这个值就是该叶节点所包含的样本中占比最高的类别；对于非叶节点，这个值可能为 None，也可能为类别分布中占比最高的那个类别。例如，在图 3-1 的根节点中，山鸢尾、变色鸢尾和维吉尼亚鸢尾三类数量相同，都是 50，因此默认显示第一个类别，即山鸢尾。

这些术语通常都会显示在决策树节点上，以描述该节点的特征、判断条件、样本数量、类别分布和纯度等信息。了解这些术语可以帮助理解决策树算法，并从中推断出模型如何进行分类。

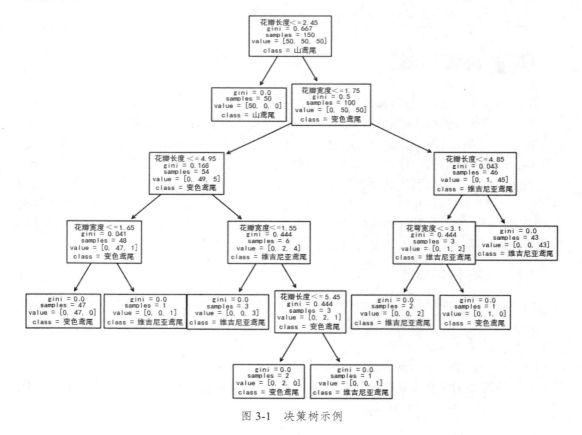

图 3-1　决策树示例

3.1.2　决策树构建

决策树通过对数据集进行递归划分，构建一棵树来进行决策。其基本原理如下。

1．最佳的划分特征选择

决策树的每个非叶节点都代表一个特征。在构建决策树时，首先会对所有可用的特征进行评估，选出最佳的划分特征。常用的特征选择方法有信息增益、基尼系数等。这些指标度量了使用该特征来划分数据集后所得到的纯度提升程度，并且越高表示该特征越适合用于划分数据集。划分特征的选择需要计算并使用纯度评估准则，通常选择具有最大值的特征作为最佳划分特征。在决策树构建过程中，通过选择基尼系数最小或信息增益最大的特征作为划分依据，来达到提高数据集纯度的目的。

2．数据集划分和划分点

一旦最佳划分特征被选择出来，接下来就是确定划分点。根据选定的特征，将数据集划分为不同的子集。每个子集对应于特征的一个取值或范围。对于离散特征，划分点是每个取值；对于连续特征，划分点是通过选择一个阈值来将特征的取值划分为两个区间。划分点的选择是基于某种策略，以最大化划分后子集的纯度。一般而言，划分点的选择应使划分后的子集中同一类别样本数尽可能多，不同类别的样本数尽可能少。策略可以是基于纯度评估准则，也可以是其他分裂标准。选择最佳划分特征的目的是找到最优的划分方案，而确定划分点则是具体实施该划分方案的步骤。

3．递归构建决策树

在每个子集中重复执行前面两个步骤，直到所有的子集都变得一致或者达到停止条件。一般而言，如果子集中的样本属于同一类别（对于分类问题）或具有相似的数值（对于回归问题），则停止划分，将该节点标记为叶节点。

4．预测和分类

当决策树构建完成后，可以使用它来进行预测和分类。对于一个给定的决策树模型，预测的过程如下：

（1）对于一个新样本，从根节点开始，根据划分特征的取值选择相应的子节点。

（2）重复上述步骤，直到到达叶节点，即可得到预测结果。

3.1.3　纯度测量

1．基尼系数和信息增益

决策树中用于衡量数据集纯度的指标主要包括基尼系数和信息增益。

（1）基尼系数

对于一个包含 K 个类别的分类问题，假设在节点 t 上，第 i 类样本的比例为 p_i，则基尼系数的计算公式为：

$$\text{Gini}(t) = 1 - \sum_{k=1}^{K} (p_i)^2$$

基尼系数越小，表示节点的纯度越高。如果一个节点完全纯净，则其中所有的实例都属于同一类别，这时基尼系数为 0；如果一个节点包含等量数量的标签或者实例，那么基尼系数最大。

在贫富差距研究中，基尼系数（也称为基尼系数指数）通常用于衡量收入或财富分配的不平等程度。决策树中的基尼系数和贫富差距中的基尼系数使用的数学原理是相同的，它们都基于基尼系数来度量不确定性或不平等程度，但它们的计算方法是不同的。贫富差距问题中，基尼系数的计算基于 Lorenz 曲线，有兴趣的读者可以自行了解。

（2）信息增益

信息增益是基于信息熵（entropy）的概念，是用于衡量数据集纯度的指标。信息熵是信息论中的一个概念，用于衡量随机变量的不确定性。在机器学习中，可以使用信息熵来衡量数据集或特征的不确定性和纯度。对于一个离散随机变量 X，其取值集合为 $\{x_1, x_2, \cdots, x_n\}$，概率分布为 $P(X=x_i)=p_i$，则信息熵的计算公式为：

$$H(X) = -\sum_{i=1}^{n} p_i \log_2(p_i)$$

信息熵越高，表示随机变量的不确定性越高，数据集的混乱程度越大，纯度较低；熵越低，表示数据集的纯度较高。当概率分布接近均匀分布时，信息熵达到最大值。以二分类为例，当数据集完全纯净时，即只包含一种类别的样本时，信息熵为 0。当数据集中两种类别的样本比例相等时，即 $p=0.5$，信息熵取得最大值 1。

在决策树算法中，使用信息熵来选择最佳的划分特征。计算每个特征的信息熵，并选择信息熵减少最大的特征作为划分点，可以使得划分后的子集纯度更高，从而提高决策树的分类性能。

对于一个包含 K 个类别的分类问题，先在节点 t 上计算信息熵 $H(t)$，然后计算节点 t 上针对特征 A 的信息熵 $H(t,A)$，则信息增益的计算公式为：

$$IG(t, A) = H(t) - H(t, A)$$

信息增益越大，表示该特征对于分类的贡献越大。

通常以基尼系数最小或者信息增益最大作为选择依据，需要注意的是，这两个指标都偏向于选择具有较多取值的特征，因此在实际使用中，可能需要结合具体问题和数据集的特点来选择合适的指标。

2．优劣比较

基尼系数和信息增益都是衡量数据集纯度的指标，用于在决策树算法中选择最佳特征进行划分。它们各自有优点和适用的使用场景。

（1）基尼系数

优点：基尼系数计算相对简单且高效，不涉及对数运算。对于大型数据集，在计算上比信息增益更快。基尼系数更注重数据集中的主要类别，在处理类别不平衡的数据集时表现较好。

缺点：对于二分类问题，基尼系数并不能提供比信息增益更多的信息。在处理连续特征时需要将其离散化，这可能导致一些信息损失。

适用场景：当处理类别不平衡的数据集时，基尼系数通常优于信息增益，并能更好地处理主要类别的划分。

（2）信息增益

优点：信息增益基于信息熵进行计算。信息熵的概率论基础更为稳定，可以更好地适应不同类型的数据集。对于数据集中的异常值和噪声更加敏感，可以提供更准确的纯度度量。在处理类别较为均衡的数据集时表现较好。

缺点：信息增益计算相对复杂，涉及对数运算，对大型数据集的计算可能会稍微慢一些。

对于类别不平衡的数据集，信息增益可能会受到小类别样本数量的影响，导致纯度估计不准确。

适用场景：当处理类别较为均衡的数据集时，信息增益可以提供更准确的纯度度量。在需要更敏感地对待异常值和噪声的情况下，信息增益可以提供更好的性能。

3.1.4　优势和不足

决策树算法具有以下优势。

（1）可解释性强：决策树模型能够生成一系列规则和条件，直观地解释特征和决策之间的关系，有助于决策的理解和可信度的提高。

（2）数据预处理简单：相比其他机器学习算法，决策树对数据的处理不敏感，可以处理缺失值和不平衡数据集，无须进行特征标准化等预处理操作。

（3）能够处理多类别问题：决策树算法天然支持多类别分类问题，不需要进行额外的调整或转换。

（4）训练和预测速度相对较快：决策树算法基于特征的离散分割方式，计算复杂度较低，训练和预测速度相对较快。

决策树算法也有一些不足之处。

（1）容易过拟合：在构建决策树时，可能会出现过拟合的情况，即树过于复杂而无法泛化到新的数据。决策树算法倾向于生成过于复杂的树结构，容易对训练数据过拟合，导致在新数据上的泛化性能较差。为了解决这个问题，可以通过剪枝技术来简化树的结构，缓解过拟合问题，提高泛化能力。

（2）对输入数据敏感：决策树算法对异常值敏感，并且可能会产生不稳定的结果。决策边界是由特征离散分割生成的，输入数据的小幅变化可能会导致不一样的决策结果，因此，决策树算法相对对输入数据的微小扰动较为敏感。

（3）无法捕捉复杂关系：决策树算法适合处理特征之间简单的线性或非线性关系，但对于特征之间存在复杂交互关系的问题，决策树模型的表现能力有限。

决策树算法适用于以下场景。

（1）特征具有明显的判别能力：决策树算法擅长处理特征具有明显判别能力的任务，可以通过特征的离散化进行划分和分类。

（2）可解释性要求高：决策树模型能够清晰地展示特征和决策之间的联系，适用于需要解释性和可理解性比较强的场景。

（3）数据预处理要求低：决策树算法对数据的预处理要求相对较低，能够处理缺失值和不平衡数据集，减少了特征工程的工作量。对缺失值具有鲁棒性，能够处理离散和连续特征。

（4）中小规模数据集：决策树算法在处理中小规模的数据集时表现较好，训练和预测速度相对较快，可以用于处理大型数据集。

需要注意的是，决策树算法在处理大规模高维数据集时，可能会面临效果不佳、计算复杂度高等问题。在实际应用中，可以根据具体问题的特点、数据集的规模和任务需求等因素来选择是否使用决策树算法。常常通过集成学习方法（如随机森林）对决策树进行改进和增强。

3.1.5　常见决策树算法

常见的决策树算法包括以下几种。

（1）ID3（iterative dichotomiser 3）：ID3算法是最早提出的决策树算法之一，它使用

信息增益作为特征选择的标准。ID3 算法每次选择能够使得信息增益最大的特征作为当前节点的划分特征，通过递归地构建决策树来进行分类。

（2）C4.5：C4.5 算法是 ID3 算法的改进版本，相比于 ID3 算法，C4.5 算法引入了信息增益比作为特征选择的标准，解决了 ID3 算法对具有较多取值的特征有偏好的问题。此外，C4.5 算法支持处理缺失值，在构建决策树时能够处理含有缺失值的样本。

（3）CART（classification and regression tree）：CART 算法既可以用于分类问题，也可用于回归问题。在分类问题中，CART 算法使用基尼系数作为特征选择的标准，以每次选择能够使基尼系数最小化的特征进行划分；在回归问题中，CART 算法使用平方误差最小化准则进行划分。

（4）CHAID（chi-squared automatic interaction detection）：CHAID 算法是一种基于卡方检验的决策树算法，适用于处理分类问题。CHAID 算法将每个特征的每个取值都视为一个分割点，通过卡方检验来确定能够显著降低不纯度的最佳分割点。

这些决策树算法在特征选择、节点划分规则、树的构建方式等方面略有不同，可以根据具体的问题和数据特点选择合适的算法。

3.2 综合案例：使用决策树分类器预测葡萄酒类别

3.2.1 案例概述

本案例是一个分类问题。将使用决策树对葡萄酒数据集进行分类，具体原理如下。

（1）数据准备：葡萄酒数据集是一个经典的数据集，可以直接调用 Sklearn 中的 load_wine 加载。葡萄酒数据集中包含一些关于葡萄酒的特征和对应的类别标签，Sklearn 自带的葡萄酒数据集版本，目前共 178 个样本。每个样本包括酒精含量（alcohol）、苹果酸含量（malic acid）等 13 个特征。样本标签包括三类，表示葡萄酒所属的类别。葡萄酒数据集已经变化出很多版本，不同版本的特征数、样本数会略有不同。

（2）最佳特征选择：根据决策树原理，需要选择一个合适的特征来进行数据集的划分。选择最佳特征的方法通常是计算信息增益、基尼系数或其他衡量指标。选择一个能够最好地将数据分成不同类别的特征进行划分。

（3）数据划分：根据选择的特征，将数据集划分为不同的子集。每个子集中的样本都具有相同的特征取值。例如，如果选择了酒精含量作为划分特征，那么数据集会被划分为不同酒精含量范围的子集。

（4）递归构建决策树：对于每个子集，可以继续选择新的特征进行划分，然后再次划分子集。这个过程会递归地进行下去，直到满足某个停止条件，例如达到树的最大深度或叶节点的纯度已经足够高。

（5）叶节点标签确定：当树的构建过程结束后，每个叶节点将被分配一个类别标签，表示该叶节点所代表的类别。通常情况下，根据该叶节点中的样本类别进行多数投票或使用其他决策规则来确定叶节点的类别标签。

（6）预测：使用生成的决策树对新的葡萄酒样本进行分类预测时，根据样本的特征值沿着决策树的路径向下遍历，直到到达叶节点并获取类别标签作为预测结果。

通过以上步骤，可以构建一个决策树模型，并使用该模型对葡萄酒数据集中的新样本进行分类。决策树的优势在于其可解释性强，直观易懂，并且能够处理具有离散和连续特征的数据。

【实例3-1】 葡萄酒数据集简要分析。

本实例对葡萄酒数据集进行简要分析，以帮助读者了解该数据集基本信息。

```
1.  from sklearn.datasets import load_wine
2.  from sklearn.datasets import load_wine
3.  import pandas as pd
4.  import matplotlib.pyplot as plt
5.  import seaborn as sns
6.  data = load_wine()
7.  df = pd.DataFrame(data.data, columns=data.feature_names)
8.  df['target'] = data.target
```

本段代码主要用于加载葡萄酒数据集。

```
9.  print("数据集包含的样本数和特征数: ", df.shape)
10. print("\n 数据集的特征信息: ")
11. print(df.info())
```

本段代码用于显示数据集的基本信息。输出结果如下。该数据集共有 178 个样本，每个样本包含 14 个字段，前 13 个为特征数据，最后 1 个为样本类别。各个特征含义如表 3-1 所示。

```
数据集包含的样本数和特征数:  (178, 14)
数据集的特征信息:
<class 'pandas.core.frame.DataFrame'>
RangeIndex: 178 entries, 0 to 177
Data columns (total 14 columns):
 #    Column                      Non-Null   Count    Dtype
---   ------                      -------------   -----
 0    alcohol                     178 non-null   float64
 1    malic_acid                  178 non-null   float64
 2    ash                         178 non-null   float64
 3    alcalinity_of_ash           178 non-null   float64
 4    magnesium                   178 non-null   float64
……（省略后续内容）
```

表 3-1 葡萄酒数据集特征含义

列名	特征	含义
alcohol	酒精	葡萄酒中的酒精含量
malic acid	苹果酸	苹果酸的含量
ash	灰分	葡萄酒中的无机物残留物的含量
alcalinity of ash	灰分的碱度	葡萄酒中灰分的碱性含量
magnesium	镁	葡萄酒中的镁含量
total phenols	总酚	葡萄酒中的总酚含量
flavanoids	类黄酮类化合物	葡萄酒中的类黄酮类化合物含量
nonflavanoid phenols	非类黄酮类酚类化合物	葡萄酒中的非类黄酮类酚类化合物含量
proanthocyanins	原花青素	葡萄酒中的原花青素含量
color intensity	色彩强度	葡萄酒的色彩强度
hue	色调	葡萄酒的色调
od280/od315 of diluted wines	稀释葡萄酒的吸光度比值	在波尔多葡萄酒研究所使用的光谱测试中测得的葡萄酒的光学密度

列名	特征	含义
proline	脯氨酸	葡萄酒中的脯氨酸含量
target	样本类别	葡萄酒类别，共 3 类

```
12. print("\n 数据集的前 5 个样本：")
13. print(df.head())
```

本段代码用于显示数据集的前 5 个样本。输出效果如图 3-2 所示。

	alcohol	malic_acid	ash	alcalinity_of_ash	magnesium	total_phenols	flavanoids	nonflavanoid_phenols	proanthocyanins	color_intensity	hue	od280/od315
0	14.23	1.71	2.43	15.6	127.0	2.80	3.06	0.28	2.29	5.64	1.04	
1	13.20	1.78	2.14	11.2	100.0	2.65	2.76	0.26	1.28	4.38	1.05	
2	13.16	2.36	2.67	18.6	101.0	2.80	3.24	0.30	2.81	5.68	1.03	
3	14.37	1.95	2.50	16.8	113.0	3.85	3.49	0.24	2.18	7.80	0.86	
4	13.24	2.59	2.87	21.0	118.0	2.80	2.69	0.39	1.82	4.32	1.04	

图 3-2　葡萄酒数据集前 5 个样本

```
14. print("\n 数据集的统计摘要：")
15. print(df.describe())
```

本段代码用于显示数据集的统计摘要。主要包括均值、标准差、最小值、分位数、最大值等。输出效果如图 3-3 所示。根据输出结果，可以大致了解各个变量的分布特征。

	alcohol	malic_acid	ash	alcalinity_of_ash	magnesium	total_phenols	flavanoids	nonflavanoid_phenols	proanthocyanins	color_intensity	
count	178.000000	178.000000	178.000000	178.000000	178.000000	178.000000	178.000000	178.000000	178.000000	178.000000	17;
mean	13.000618	2.336348	2.366517	19.494944	99.741573	2.295112	2.029270	0.361854	1.590899	5.058090	
std	0.811827	1.117146	0.274344	3.339564	14.282484	0.625851	0.998859	0.124453	0.572359	2.318286	
min	11.030000	0.740000	1.360000	10.600000	70.000000	0.980000	0.340000	0.130000	0.410000	1.280000	
25%	12.362500	1.602500	2.210000	17.200000	88.000000	1.742500	1.205000	0.270000	1.250000	3.220000	
50%	13.050000	1.865000	2.360000	19.500000	98.000000	2.355000	2.135000	0.437500	1.555000	4.690000	
75%	13.677500	3.082500	2.557500	21.500000	107.000000	2.800000	2.875000	0.437500	1.950000	6.200000	
max	14.830000	5.800000	3.230000	30.000000	162.000000	3.880000	5.080000	0.660000	3.580000	13.000000	

图 3-3　数据集的统计摘要

```
16. print("\n 目标变量的分布情况：")
17. print(df['target'].value_counts())
```

本段代码用于统计目标变量的分布情况。根据输出结果可知，类别 0、1、2 的样本数分别为 59、71、48。

```
18. plt.figure(figsize=(10, 8))
19. sns.heatmap(df.corr(), annot=True, cmap='coolwarm')
20. plt.show()
```

本段代码用于绘制热力图，用于分析不同特征之间的相关性。输出结果如图 3-4 所示。

```
21. plt.figure(figsize=(10, 8))
22. sns.boxplot(x='target', y='alcohol', data=df)
23. plt.xlabel("target")
24. plt.ylabel("alcohol")
25. plt.show()
```

本段代码用于绘制箱线图。限于篇幅，这里只绘制了不同类别（target）葡萄酒的酒精含量（alcohol）箱线图，有兴趣的读者可以将其替换成其他特征。输出效果如图 3-5 所示。

不难看出，类别 0 和类别 1 两种葡萄酒的酒精含量存在显著的差别。

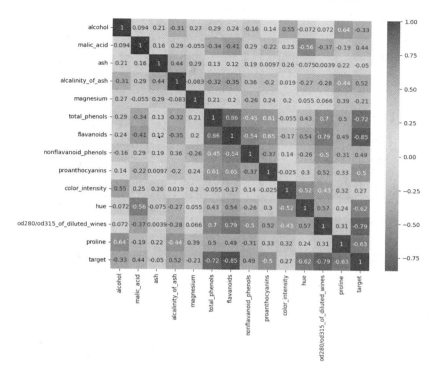

图 3-4　葡萄酒数据集特征相关性热力图

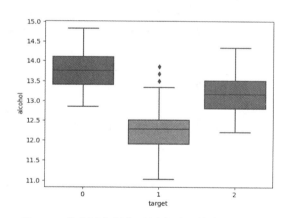

图 3-5　葡萄酒数据集不同类别酒精含量箱线图

```
26. fig, axs = plt.subplots(4, 3, figsize=(20, 20))
27. axs = axs.flatten()
28. for i in range(len(df.columns) - 2):
29.     sns.histplot(data=df, x=df.columns[i], kde=True, hue='target', ax=axs[i])
30. plt.show()
```

本段代码用于绘制直方图。每个子图对应一个特征。输出效果如图 3-6 所示。通过这些直方图，可以观察不同类别葡萄酒在每个特征维度上的分布情况。例如，根据第 1 行第 1 列子图，类别 0 和类别 1 的峰值位置具有较为明显的差异，而根据第 1 行第 3 列子图，三个类别样本分布几乎重叠。

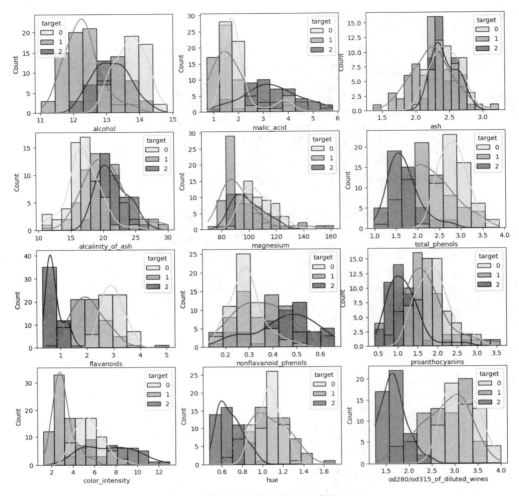

图 3-6　葡萄酒数据集特征分布直方图

3.2.2　案例实现：Python 版——基于基尼系数

1．决策树节点

DecisionNode 类用于表示决策树的节点。该类的属性包括 feature_index（表示节点分裂的特征的索引）、split_value（表示特征值分割的阈值）、left（表示左子树）、right（表示右子树）和 leaf（表示叶节点上的预测值）。

```
1.   class DecisionNode:
2.       def __init__(self, feature_index=None, split_value=None,
3.                    left=None, right=None, leaf=None):
4.           self.feature_index = feature_index
5.           self.split_value = split_value
6.           self.left = left
7.           self.right = right
8.           self.leaf = leaf
```

2．最佳划分特征和划分点

```
9.   import numpy as np
10.  def gini_index(labels):
```

```
11.        _, counts = np.unique(labels, return_counts=True)
12.        probabilities = counts / len(labels)
13.        gini = 1 - np.sum(probabilities ** 2)
14.        return gini
```

函数 gini_index（第 10～14 行代码）用于计算基尼系数。

```
15. def split_data(feature_index, split_value, features, labels):
16.        left_features = features[features[:, feature_index] <= split_value]
17.        left_labels = labels[features[:, feature_index] <= split_value]
18.        right_features = features[features[:, feature_index] > split_value]
19.        right_labels = labels[features[:, feature_index] > split_value]
20.        return left_features, left_labels, right_features, right_labels
```

函数 split_data（第 15～20 行代码）根据给定的 split_value 将特征（features）和标签（labels）分别划分为左右两个子集，分别对应于左右子树。

```
21. def find_best_split(features, labels):
22.        best_gini = np.inf
23.        best_feature_index = None
24.        best_split_value = None
25.        for feature_index in range(features.shape[1]):
26.            feature_values = features[:, feature_index]
27.            unique_values = np.unique(feature_values)
28.            for value in unique_values:
29.                left_features, left_labels, right_features, right_labels = \
30.                    split_data(feature_index, value, features, labels)
31.                gini = (len(left_labels) * gini_index(left_labels) +
32.                        len(right_labels) * gini_index(right_labels)) /
                           len(labels)
33.                if gini < best_gini:
34.                    best_gini = gini
35.                    best_feature_index = feature_index
36.                    best_split_value = value
37.        return best_feature_index, best_split_value
```

函数 find_best_split 用于计算最佳划分特征和划分点。该函数将调用函数 gini_index 和函数 split_data，完成最佳划分特征和划分点的选定。函数 find_best_split 中包含两重 for 循环。外层的 for 循环（第 25 行开始）遍历所有特征，内层 for 循环（第 28 行开始）遍历该特征所有值。内层 for 循环中的 if 语句（第 33 行开始）用于根据基尼系数，选择最佳划分特征和划分点。最后，函数 find_best_split 将返回最佳划分特征和划分点。

3. 构造决策树

构造决策树的过程，对应于机器学习中的训练过程。构造出的决策树，对应于机器学习中通过训练得到的模型。

```
38. def build_decision_tree(features, labels):
39.        if np.unique(labels).shape[0] == 1:
40.            return DecisionNode(leaf=labels[0])
41.        if features.shape[1] == 0:
42.            unique_labels, counts = np.unique(labels, return_counts=True)
43.            leaf = unique_labels[np.argmax(counts)]
44.            return DecisionNode(leaf=leaf)
45.        best_feature_index, best_split_value = find_best_split(features, labels)
46.        if gini_index(labels) == 0:
47.            unique_labels, counts = np.unique(labels, return_counts=True)
48.            leaf = unique_labels[np.argmax(counts)]
49.            return DecisionNode(leaf=leaf)
50.        left_features, left_labels, right_features, right_labels = \
51.            split_data(best_feature_index, best_split_value, features, labels)
52.        left = build_decision_tree(left_features, left_labels)
```

```
53.        right = build_decision_tree(right_features, right_labels)
54.        return DecisionNode(feature_index=best_feature_index,
55.                         split_value=best_split_value, left=left, right=right)
```

构造决策树通过函数 build_decision_tree 以递归调用的实现。该函数体中包含 3 条 if 语句，分别对应于该递归函数的 3 种不同的递归退出情况。第 1 条 if 语句（第 39、40 行代码），用于判断所有样本是否属于同一类别，如果是，则返回该类别作为叶节点。第 2 条 if 语句（第 41~44 行代码），用于判断是否还有特征可供划分，如果没有，则返回样本数量最多的类别作为叶节点。第 45 行代码，调用 find_best_split 函数，确定最佳划分特征和划分点。第 3 条 if 语句（第 46~49 行代码），计算基尼系数。如果最佳分割点的基尼指数没有降低，则返回样本数量最多的类别作为叶节点。第 50、51 行代码调用 split_data 函数，根据所确定的最佳划分特征和划分点，对数据集进行划分。第 52、53 行代码，以递归方式调用 build_decision_tree 函数两次，分别根据划分得到的左右子集，构造左右两棵决策子树。第 54、55 行代码，返回当前节点。

4. 决策树预测

决策树预测是通过 predict 函数实现的。该函数第 1 个参数为给定的新样本特征，第 2 个参数是第 3 步构造出的决策树。predict 函数也是通过递归的方式，根据条件遍历左右两棵子树完成预测。该函数 predict 由两条 if 语句构成。第 57、58 行代码，通过 if 语句给出递归退出条件。第 59~62 行代码，if-else 语句的两个分支分别以递归方式遍历左右子树。

```
56. def predict(sample, decision_tree):
57.     if decision_tree.leaf is not None:
58.         return decision_tree.leaf
59.     if sample[decision_tree.feature_index] <= decision_tree.split_value:
60.         return predict(sample, decision_tree.left)
61.     else:
62.         return predict(sample, decision_tree.right)
```

5. 效果测试

接下来，以葡萄酒数据集为例对上述代码进行测试。第 64 行代码使用 Sklearn 的 load_wine 函数，加载数据集。第 65~68 行代码分别从数据集中获取特征值、特征名称、标签值、类别名称并保存到相应的变量中。第 69 行代码调用 build_decision_tree 函数，构造决策树模型。第 70~74 行代码，以编号为 0 的样本为例，调用预测函数，并输出样本值、预测结果和真实标签。

```
63. from sklearn.datasets import load_wine
64. data = load_wine()
65. features = data.data
66. feature_names = data.feature_names
67. labels = data.target
68. class_names = data.target_names
69. decision_tree = build_decision_tree(features, labels)
70. sample = features[0]
71. prediction = predict(sample, decision_tree)
72. print('Sample:', sample)
73. print('Prediction:', class_names[prediction])
74. print('True labels:', class_names[labels[0]])
```

输出结果如下。

```
Sample: [1.423e+01 1.710e+00 2.430e+00 1.560e+01 1.270e+02 2.800e+00 3.060e+00
 2.800e-01 2.290e+00 5.640e+00 1.040e+00 3.920e+00 1.065e+03]
Prediction: class_0
True labels: class_0
```

本小节的代码旨在通过纯 Python 实现过程，展示决策树的实现细节。限于篇幅，编者并没有对代码进行优化。有兴趣的读者，可以自行优化完善。

3.2.3　案例实现：Python 版——基于信息增益

基于信息增益的决策树与基于基尼系数的决策树，整体上类似。要将基于基尼系数的决策树算法修改为基于信息增益的决策树算法，只需要按照如下方式，进行较小的修改。

1．定义信息增益函数

定义函数 information_gain 来计算信息增益，用以替换 3.2.2 小节代码中的 gini_index 函数。

```
1.  import numpy as np
2.  def information_gain(labels):
3.      _, counts = np.unique(labels, return_counts=True)
4.      probabilities = counts / len(labels)
5.      entropy = -np.sum(probabilities * np.log2(probabilities))
6.      return entropy
```

2．修改 find_best_split 函数，以适应信息增益方式

在 find_best_split 函数中，将计算基尼系数的部分替换为计算信息增益的部分。

```
7.  def find_best_split(features, labels):
8.      best_entropy = np.inf
9.      best_feature_index = None
10.     best_split_value = None
11.     for feature_index in range(features.shape[1]):
12.         feature_values = features[:, feature_index]
13.         unique_values = np.unique(feature_values)
14.         for value in unique_values:
15.             left_features, left_labels, right_features, right_labels = \
16.                 split_data(feature_index, value, features, labels)
17.             entropy = (len(left_labels) * information_gain(left_labels) +
18.                         len(right_labels) * information_gain(right_labels)) /
                            len(labels)
19.             if entropy < best_entropy:
20.                 best_entropy = entropy
21.                 best_feature_index = feature_index
22.                 best_split_value = value
23.     return best_feature_index, best_split_value
```

3．修改 build_decision_tree 函数，以适应信息增益方式

在 build_decision_tree 函数中，如果当前节点的信息增益为 0，则返回一个叶节点。

```
24. def build_decision_tree(features, labels):
25.     if np.unique(labels).shape[0] == 1:
26.         return DecisionNode(leaf=labels[0])
27.     if features.shape[1] == 0:
28.         unique_labels, counts = np.unique(labels, return_counts=True)
29.         leaf = unique_labels[np.argmax(counts)]
30.         return DecisionNode(leaf=leaf)
31.     best_feature_index, best_split_value = find_best_split(features, labels)
32.     if information_gain(labels) == 0:
33.         unique_labels, counts = np.unique(labels, return_counts=True)
34.         leaf = unique_labels[np.argmax(counts)]
35.         return DecisionNode(leaf=leaf)
36.     left_features, left_labels, right_features, right_labels = \
37.         split_data(best_feature_index, best_split_value, features, labels)
38.     left = build_decision_tree(left_features, left_labels)
39.     right = build_decision_tree(right_features, right_labels)
40.     return DecisionNode(feature_index=best_feature_index,
41.                 split_value=best_split_value, left=left, right=right)
```

3.2.4　案例实现：Sklearn 版

本小节，基于 Sklearn 库，使用决策树算法对葡萄酒数据集进行分类，代码如下。

```
1.   from sklearn.datasets import load_wine
2.   from sklearn.model_selection import train_test_split
3.   from sklearn.tree import DecisionTreeClassifier
4.   from sklearn.metrics import accuracy_score
5.   wine = load_wine()
6.   X_train, X_test, y_train, y_test = train_test_split(wine.data, wine.target,
     test_size=0.2, random_state=220)
7.   clf = DecisionTreeClassifier()
8.   clf.fit(X_train, y_train)
9.   y_pred = clf.predict(X_test)
10.  accuracy = accuracy_score(y_test, y_pred)
11.  print("准确率: ", accuracy)
```

本段代码与 2.3.3 小节的 Sklearn 版本代码结构类似，主要差别在于数据加载、模型及评价指标。正如之前提及的，Sklearn 版本的代码结构是类似的，可以选择其中一个作为代表性的 Sklearn 模板进行记忆。

第 5 行代码，使用 load_wine 函数加载葡萄酒数据集。第 6 行代码，使用 train_test_split 函数将数据集划分为训练集和测试集，其中 test_size 参数设置测试集的比例。第 7 行代码，创建一个决策树分类器实例 clf。第 8 行代码，使用训练集数据和标签调用 fit 方法训练模型。完成模型训练后，第 9 行代码，使用测试集数据调用 predict 方法进行预测，并将预测结果存储在 y_pred 中。第 10、11 行代码，使用 accuracy_score 函数计算预测准确率并输出结果。具体结果如下。

```
准确率: 0.9166666666666666
```

如果需要以图形化的形式查看所构建的决策树，可以使用如下代码。

```
12.  from sklearn.tree import plot_tree
13.  import matplotlib.pyplot as plt
14.  plt.figure(figsize=(20, 10))
15.  plot_tree(clf, filled=False, feature_names=wine.feature_names,
16.            class_names=wine.target_names, fontsize=12)
17.  plt.show()
```

输出结果如图 3-7 所示。

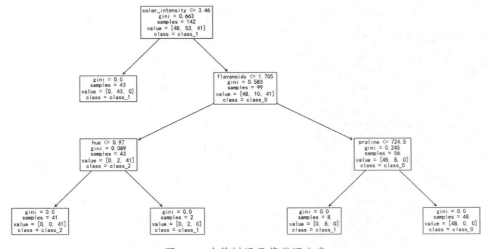

图 3-7　决策树用于葡萄酒分类

3.3 决策树剪枝

决策树剪枝是防止决策树过拟合的一种策略。过拟合可能导致决策树对训练数据过于敏感，而在未见过的数据上表现不佳。剪枝技术通过去除冗余节点来简化模型，减小决策树复杂度。

3.3.1 预剪枝和后剪枝

决策树剪枝有两种主要的方法：预剪枝（pre-pruning）和后剪枝（post-pruning）。预剪枝是在决策树构建过程中，在划分节点之前进行判断并停止划分。后剪枝是在决策树构建完成之后，对已经生成的决策树进行修剪。

1．预剪枝

预剪枝是在决策树构建过程中，在每个节点处进行剪枝判断，如果满足某些条件，则停止该分支的继续划分。常见的预剪枝策略包括：

（1）根据最大深度限制决策树的生长。

（2）设置节点上最小样本数的阈值，如果样本数小于阈值，则停止分裂。

（3）设置节点不纯度的阈值，如果不纯度低于阈值，则停止分裂。

（4）限制特征的最大数量，避免过多的特征参与决策树的生长。

2．后剪枝

后剪枝是在决策树构建完成之后，通过剪枝操作来减小决策树的复杂度。常见的后剪枝算法介绍如下。

（1）自底向上的代价复杂度剪枝（cost-complexity pruning）：使用代价复杂度作为评估标准，选择一系列不同复杂度的决策树，并计算验证数据上的误差。选择误差最小的决策树作为最终模型。

（2）悲观错误剪枝（pessimistic error pruning）：使用悲观错误估计来评估每个内部节点的分类精度，并进行剪枝。

预剪枝和后剪枝技术都有各自的优点和缺点。预剪枝是在构建过程中进行剪枝，可以减少计算成本，但可能会导致欠拟合。后剪枝通过完全构建决策树再进行剪枝，得到的决策树更容易包含训练数据的特性，但计算成本相对较高。

3.3.2 剪枝技术的实现

在 Sklearn 中，决策树的剪枝是通过设置相关参数来实现的，主要方法有以下几种。

（1）预剪枝（pre-pruning）：在决策树构建过程中，在模型训练之前就进行剪枝操作。预剪枝的常用参数如下。

- max_depth：限制决策树的最大深度。
- min_samples_split：限制分裂一个内部节点需要的最小样本数。
- min_samples_leaf：限制每个叶节点需要的最小样本数。
- max_leaf_nodes：限制决策树的最大叶节点数目。

（2）后剪枝（post-pruning）：在决策树构建完成后，通过剪掉一些子树来对决策树进行修剪。Sklearn 中采用的是代价复杂度剪枝算法（cost-complexity pruning）。其中，参数 ccp_alpha 用于控制剪枝强度的复杂度参数，较大的 ccp_alpha 值会导致更多的剪枝。

针对回归问题的决策树剪枝也可以使用类似的方法进行。需要注意的是，剪枝操作可能会导致模型预测性能下降，因此在决策树剪枝时需要根据具体情况进行权衡和调优。

3.4　综合案例：基于决策树剪枝的鸢尾花分类

3.4.1　案例概述

本案例是一个分类问题。案例中使用了鸢尾花数据集，该数据集已经在 2.3 节中进行了介绍。本案例将基于决策树及剪枝参数，对鸢尾花数据集进行分类。限于篇幅，直接使用 Sklearn 提供的决策树模型接口及剪枝参数，分别进行了后剪枝和预剪枝操作，并将其与未剪枝决策树进行比较。

3.4.2　案例实现：Sklearn 版

以下是使用 Sklearn 库实现决策树剪枝的简单示例代码。

```
1.   from sklearn.datasets import load_iris
2.   from sklearn.model_selection import train_test_split
3.   from sklearn.tree import DecisionTreeClassifier
```

本段代码主要用于导入相关库和模块。

```
4.   iris = load_iris()
5.   X = iris.data
6.   y = iris.target
7.   X_train, X_test, y_train, y_test = train_test_split(X, y, test_size=0.2,
     random_state=42)
```

本段代码主要用于完成数据准备。第 4～6 行代码，加载 Iris 数据集。第 7 行代码将其划分为训练集和测试集。

```
8.   dt = DecisionTreeClassifier(random_state=42)
9.   dt.fit(X_train, y_train)
```

第 8、9 行代码，使用 DecisionTreeClassifier 构建了一个基本的决策树模型，并对其进行训练，但并没有对该决策树进行剪枝操作。

```
10.  dt_cost_complexity = DecisionTreeClassifier(random_state=42, ccp_alpha=0.03)
11.  dt_cost_complexity.fit(X_train, y_train)
```

第 10、11 行代码，使用后剪枝技术构建并训练决策树。使用相同的训练集构建了决策树模型 dt_cost_complexity，并通过设置 ccp_alpha 参数为 0.03 进行后剪枝。ccp_alpha 控制了剪枝强度，值越大表示剪枝越强。

```
12.  dt_pre_pruning = DecisionTreeClassifier(max_depth=3, min_samples_split=5,
     min_samples_leaf=3, random_state=42)
13.  dt_pre_pruning.fit(X_train, y_train)
```

第 12、13 行代码，使用预剪枝技术构建并训练决策树。使用相同的训练集构建了另一个决策树模型 dt_pre_pruning，并通过设置 max_depth=3，min_samples_split=5 和 min_samples_leaf=3 进行预剪枝。

```
14.  print("决策树（未剪枝）准确率：", dt.score(X_test, y_test))
15.  print("决策树（后剪枝）准确率：", dt_cost_complexity.score(X_test, y_test))
16.  print("决策树（预剪枝）准确率：", dt_pre_pruning.score(X_test, y_test))
```

第 14～16 行代码,分别输出了未剪枝、后剪枝以及预剪枝决策树在测试集上的准确率,结果如下。

```
决策树（未剪枝）准确率: 1.0
决策树（后剪枝）准确率: 0.9666666666666667
决策树（预剪枝）准确率: 1.0
```

决策树算法在鸢尾花数据集的表现非常好。未剪枝决策树,在给定的测试集上准确率为1.0。经过剪枝的决策树通常可以降低过拟合的风险,提高模型的泛化能力。在大多数情况下,剪枝后的模型准确率可能略有下降。因此,需要根据实际需求调整剪枝参数以达到更好的效果。

可以通过下面代码,以图形化形式输出所创建的决策树。编者实践过程发现,即便是同样的代码和参数,在不同版本的 Sklearn 中,构造出的剪枝决策树及测试准确率也可能会有变化。

```
17.  from sklearn.tree import plot_tree
18.  import matplotlib.pyplot as plt
19.  plt.figure(figsize=(12, 8))
20.  plot_tree(dt, feature_names=iris.feature_names, class_names=iris.target_names
     .tolist(), filled=False)
21.  plt.show()
22.  plt.figure(figsize=(8, 6))
23.  plot_tree(dt_cost_complexity, feature_names=iris.feature_names,
24.            class_names=iris.target_names.tolist(), filled=False)
25.  plt.show()
26.  plt.figure(figsize=(10, 6))
27.  plot_tree(dt_pre_pruning, feature_names=iris.feature_names,
28.            class_names=iris.target_names.tolist(), filled=False)
29.  plt.show()
```

第 19～21 行代码,绘制未剪枝决策树,效果如图 3-1 所示。第 22～25 行代码,绘制后剪枝决策树。第 26～29 行代码,绘制预剪枝决策树。后剪枝决策树和预剪枝决策树分别如图 3-8 和图 3-9 所示。

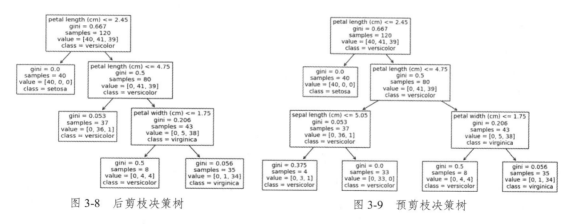

图 3-8　后剪枝决策树　　　　　　　　　图 3-9　预剪枝决策树

3.5 综合案例：使用决策树回归器预测汽车燃油效率

3.5.1 案例概述

本案例是一个回归问题。基于决策树对 Auto MPG 数据集进行回归问题演示。Auto MPG 数据集是一个经典的汽车燃油效率预测数据集,该数据集最初由美国 *Consumer Guide*

杂志收集并由美国统计局提供。可以从 UCI 机器学习库中下载该数据集。Auto MPG 数据集通常用于回归问题，即基于给定的汽车特征来预测其燃油效率。这个数据集已经成为机器学习算法性能测试和比较的常用基准数据集之一。

【实例 3-2】Auto MPG 数据集简要分析。

本实例对 Auto MPG 数据集进行简要分析，以帮助读者了解该数据集基本信息。

```
1.  import pandas as pd
2.  import numpy as np
3.  import matplotlib.pyplot as plt
4.  import seaborn as sns
5.  url = "auto-mpg.data"
6.  columns = ['mpg', 'cylinders', 'displacement', 'horsepower', 'weight',
    'acceleration', 'model_year', 'origin', 'car_name']
7.  auto_mpg_data = pd.read_csv(url, delim_whitespace=True, names=columns)
8.  print(auto_mpg_data.tail())
9.  auto_mpg_data.tail()
```

本段代码主要用于加载 Auto MPG 数据集，并查看数据集最后 5 行数据。输出如图 3-10 所示。

	mpg	cylinders	displacement	horsepower	weight	acceleration	model_year	origin	car_name
393	27.0	4	140.0	86.00	2790.0	15.6	82	1	ford mustang gl
394	44.0	4	97.0	52.00	2130.0	24.6	82	2	vw pickup
395	32.0	4	135.0	84.00	2295.0	11.6	82	1	dodge rampage
396	28.0	4	120.0	79.00	2625.0	18.6	82	1	ford ranger
397	31.0	4	119.0	82.00	2720.0	19.4	82	1	chevy s-10

图 3-10　Auto MPG 数据集最后 5 行数据

Auto MPG 数据集包含了不同汽车型号的性能数据，各列数据的具体含义如表 3-2 所示。

表 3-2　Auto MPG 数据集的特征含义

特征	含义
mpg	燃油效率（单位：mi/gal）
cylinders	气缸数
displacement	排量（单位：in^3）
horsepower	马力（单位：hp）
weight	质量（单位：lb）
acceleration	加速度（单位：mi/h^2）
model_year	型号年份（例如，70 代表 1970 年）
origin	制造国家（1 代表美国，2 代表欧洲，3 代表日本）
car_name	汽车品牌和型号

不同版本的 Auto MPG 数据集可能会略有变化。在机器学习案例中，该数据集一般用于演示燃油效率预测，因此，通常选择汽车的燃油效率（mpg），也就是每加仑行驶的英里数，作为目标变量。origin 属于类别型特征，一般需要进行编码转换。car_name 是字符串，在大部分算法演示过程中，会删除这一列数据。

```
10. selected_features = ['mpg', 'cylinders', 'displacement','horsepower','weight']
11. selected_data = auto_mpg_data[selected_features]
12. sns.pairplot(selected_data, diag_kind='kde')
13. plt.show()
```

本段代码主要绘制散点图矩阵。限于篇幅，第 10 行中，选择其中 5 列特征数据进行处理。输出结果如图 3-11 所示。

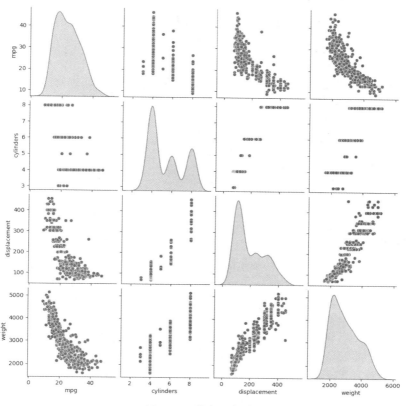

图 3-11　散点图矩阵

```
14.  selected_data = selected_data.replace('?', np.nan)
15.  correlation_matrix = selected_data.corr()
16.  plt.figure()
17.  sns.heatmap(correlation_matrix, annot=True, cmap='coolwarm', fmt=".2f")
18.  plt.title('Correlation Heatmap')
19.  plt.show()
```

本段代码主要计算变量间的相关性并绘制热力图。由于本数据集中存在部分用"？"表示的缺失数据，为避免计算错误，第 14 行将'?'替换为 NaN。输出结果如图 3-12 所示。通过可视化它们之间的关系，有助于分析特征之间的相关性，并确定哪些特征对燃油经济性能具有更大的影响。例如，排量（displacement）和汽缸数（cylinders）高度相关（0.95）。

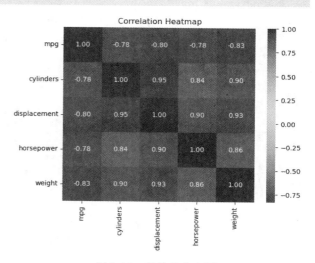

图 3-12　相关性热力图

3.5.2 案例实现：Python 版

在 3.2.2 小节中，已经使用 Python 构造决策树，解决了分类问题。本案例中，将直接以该决策树代码为基础，将其修改为解决回归问题的代码。

1．决策树节点

相对于分类问题，回归问题中 DecisionNode 类的定义需要略做修改，需要将 leaf 属性更改为 value，用于存储叶节点的值。

```
1.  class DecisionNode:
2.      def __init__(self, feature_index=None, split_value=None,
3.                   left=None, right=None, value=None):
4.          self.feature_index = feature_index
5.          self.split_value = split_value
6.          self.left = left
7.          self.right = right
8.          self.value = value
```

2．最佳划分特征和划分点

分类问题中，使用基尼系数或者信息增益，回归问题中需要修改为计算平方误差（mean squared error）。这通过 mean_squared_error 和 mse_index 两个函数实现。

```
9.   def mean_squared_error(labels):
10.      return np.var(labels)
11.  def mse_index(labels, left_labels, right_labels):
12.      left_mse = mean_squared_error(left_labels)
13.      right_mse = mean_squared_error(right_labels)
14.      total_samples = len(labels)
15.      mse = (len(left_labels) * left_mse + len(right_labels) * right_mse) /
         total_samples
16.      return mse
```

回归问题中，依然使用与分类问题相同的 split_data 函数。

```
17.  def split_data(feature_index, split_value, features, labels):
18.      left_features = features[features[:, feature_index] <= split_value]
19.      left_labels = labels[features[:, feature_index] <= split_value]
20.      right_features = features[features[:, feature_index] > split_value]
21.      right_labels = labels[features[:, feature_index] > split_value]
22.      return left_features, left_labels, right_features, right_labels
```

但是，find_best_split 函数需要进行修改，以便使用平方误差来评估最佳分割。

```
23.  def find_best_split(features, labels):
24.      best_mse = np.inf
25.      best_feature_index = None
26.      best_split_value = None
27.      for feature_index in range(features.shape[1]):
28.          feature_values = features[:, feature_index]
29.          unique_values = np.unique(feature_values)
30.          for value in unique_values:
31.              left_features, left_labels, right_features, right_labels = \
32.                  split_data(feature_index, value, features, labels)
33.              mse = mse_index(labels, left_labels, right_labels)
34.              if mse < best_mse:
35.                  best_mse = mse
36.                  best_feature_index = feature_index
37.                  best_split_value = value
38.      return best_feature_index, best_split_value
```

3．构造决策树

修改 build_decision_tree 函数中的终止条件。因为是回归问题，终止条件应为达到最大深度或叶节点样本数小于某个阈值。

```
39. def build_decision_tree(features, labels, max_depth=10, min_samples_leaf=5):
40.     if len(labels) <= min_samples_leaf or max_depth == 0:
41.         return DecisionNode(value=np.mean(labels))
42.     if features.shape[1] == 0:
43.         return DecisionNode(value=np.mean(labels))
44.     best_feature_index, best_split_value = find_best_split(features, labels)
45.     left_features, left_labels, right_features, right_labels = \
46.             split_data(best_feature_index, best_split_value, features, labels)
47.     left = build_decision_tree(left_features, left_labels,
48.                                     max_depth-1, min_samples_leaf)
49.     right = build_decision_tree(right_features, right_labels,
50.                                     max_depth-1, min_samples_leaf)
51.     return DecisionNode(feature_index=best_feature_index,
52.                         split_value=best_split_value, left=left, right=right)
```

4．决策树预测

修改 predict 函数，使其返回回归问题的预测值。

```
53. def predict(sample, decision_tree):
54.     if decision_tree.value is not None:
55.         return decision_tree.value
56.     if sample[decision_tree.feature_index] <= decision_tree.split_value:
57.         return predict(sample, decision_tree.left)
58.     else:
59.         return predict(sample, decision_tree.right)
```

5．效果测试

完成上述修改后，就可以使用决策树来预测汽车燃油效率了。

```
60. df = pd.read_csv('https://archive.ics.uci.edu/ml/machine-learning-databases/
    auto-mpg/auto-mpg.data-original',
61.                 delim_whitespace=True, header=None,
62.                 names=['mpg', 'cylinders', 'displacement',
63.                         'horsepower', 'weight', 'acceleration',
64.                         'model_year', 'origin', 'car_name'])
```

第 60 ~ 64 行代码加载 Auto MPG 数据集。使用 pd.read_csv 函数直接从 UCI 机器学习库中下载了数据集。delim_whitespace=True 表示数据集的列之间使用空格作为分隔符，header=None 表示数据集没有头部信息，names 参数用于指定每个列的名称。也可以将数据集文件下载到本地并相应地更改数据集加载的方式。

```
65. df.drop(columns=['car_name'], inplace=True)
66. df.dropna(inplace=True)
67. df['origin'] = df['origin'].astype('category').cat.codes
```

第 65 ~ 67 行代码对数据进行简单预处理。第 65 行代码使用 drop 函数删除数据集中的 car_name 列，因为在这个预测任务中，车名不是一个有用的特征。第 66 行代码使用 dropna 函数删除包含缺失值的行。第 67 行代码将 origin 列中的原始标签转换为数字编码，以便后续模型可以处理。

```
68. features = df.iloc[:, 1:].values
69. labels = df.iloc[:, 0].values
70. decision_tree = build_decision_tree(features, labels)
71. sample = features[0]
72. prediction = predict(sample, decision_tree)
```

```
73.  print('Sample:', sample)
74.  print('Prediction:', prediction)
75.  print('True labels:', labels[0])
```

第 68、69 行代码从数据集中提取特征数据和标签数据。使用 iloc 方法从数据集中提取特征矩阵 features 和标签矩阵 labels，其中 iloc[:, 1:]表示提取所有行的第 1 列之后的特征列，iloc[:, 0]表示提取所有行的第 0 列（即目标变量 mpg）作为标签。第 70 行代码构造决策树，第 71 ~ 75 行代码预测并输出第一个样本的汽车燃油效率。

3.5.3　案例实现：Sklearn 版

```
1.  import pandas as pd
2.  from sklearn.model_selection import train_test_split
3.  from sklearn.tree import DecisionTreeRegressor
4.  from sklearn.metrics import mean_squared_error
```

本段代码用于导入相关的库和模块。

```
5.  df = pd.read_csv('https://archive.ics.uci.edu/ml/machine-learning-databases/
auto-mpg/auto-mpg.data-original',
6.                       delim_whitespace=True, header=None,
7.                       names=['mpg', 'cylinders', 'displacement',
8.                              'horsepower', 'weight', 'acceleration',
9.                              'model_year', 'origin', 'car_name'])
10. df.drop(columns=['car_name'], inplace=True)
11. df.dropna(inplace=True)
12. df['origin'] = df['origin'].astype('category').cat.codes
13. features = df.iloc[:, 1:].values
14. labels = df.iloc[:, 0].values
```

第 5 ~ 14 行代码与 3.5.2 小节代码中第 60 ~ 69 行代码的完全相同。

```
15. X_train, X_test, y_train, y_test = train_test_split(features, labels, test_size=
0.2, random_state=42)
16. model = DecisionTreeRegressor()
17. model.fit(X_train, y_train)
18. y_pred = model.predict(X_test)
19. mse = mean_squared_error(y_test, y_pred)
20. print("均方误差(MSE):", mse)
```

第 15 行代码使用 train_test_split 函数将特征矩阵和标签矩阵划分为训练集和测试集。test_size=0.2 表示将 20%的数据用作测试集，random_state=42 表示设置随机种子以确保划分结果可重现。第 16 行代码，使用 DecisionTreeRegressor 创建一个决策树回归模型。第 17 行代码，在训练集上训练决策树模型。第 18 行代码，在测试集上进行预测得到 y_pred，即模型对测试集特征的输出结果。第 19 行代码，使用 mean_squared_error 函数计算预测结果 y_pred 与真实标签 y_test 之间的均方误差（MSE），衡量模型的预测精度。

习题 3

1. 什么是决策树算法？请列举其主要优点和缺点。
2. 简述如何通过信息增益选择决策树的节点划分特征。
3. 给定一个数据集，如何构建一个决策树模型？
4. 解释剪枝的概念，并描述预剪枝和后剪枝的区别。
5. 对于一个给定的决策树模型，如何进行预测？

6. 说明决策树算法对于离散特征和连续特征的处理方式有何不同。

实训 3

1. 请利用波士顿房价数据集，基于决策树算法进行房价预测。
2. 请在房价预测任务的基础上，利用决策树剪枝技术对模型进行优化，并对生成的模型结构及预测性能进行对比。
3. 请利用乳腺肿瘤数据集，基于决策树算法进行样本分类。
4. 请在前述乳腺肿瘤样本分类任务的基础上，利用决策树剪枝技术对模型进行优化，并对生成的模型结构及预测性能进行对比。

第4章 线性模型

线性模型被认为是统计学习中的经典方法之一。线性模型有许多优点，包括简单易懂、计算效率高以及在大规模数据集上的较好可扩展性。本章将介绍线性回归、逻辑回归、Softmax 回归等基础及综合案例。

【启智增慧】
机器学习与社会主义核心价值观之"和谐篇"

通过机器学习技术，可以实现社会各方面的数据分析与优化，为社会带来更加和谐的发展环境。例如，利用机器学习算法分析城市交通数据，优化交通流量，提高城市运行效率，促进城市交通的和谐发展；通过机器学习技术监测环境数据，预防自然灾害，维护人与自然的和谐关系；应用机器学习算法实现医疗资源的智能调配，提高医疗服务效率，促进医患关系的和谐发展。机器学习算法可能存在黑盒化和隐私泄露等风险，可能导致社会资源分配不公平或数据滥用问题，需要建立健全的监管机制。

4.1 线性回归

4.1.1 线性模型概述

机器学习中的线性模型是一类经典的统计学习方法，用于建立输入特征和输出变量之间的线性关系。线性模型的基本思想是假设输入特征与输出变量之间存在一个线性函数关系，并通过拟合训练数据来求解出模型的参数。线性模型可以应用于回归问题和分类问题。

（1）回归问题：线性回归模型通过拟合一个线性函数来预测连续型输出变量。通过最小化预测值与真实值之间的误差，可使用不同方法来求解模型参数，如最小二乘法、梯度下降法等。

（2）二分类问题：逻辑回归模型通过将线性函数结果映射到一个概率值（0 到 1 之间）并进行阈值分类来处理二分类问题。具体而言，逻辑回归模型可以通过拟合一个线性函数加上一个概率转换函数来预测二分类的概率。所采用的概率转换函数通常是 Sigmoid 函数，这是一类形如 "S" 的函数。具体实现时，一般采用 Logistic 函数。当输出变量 y 是二元的时，如判断邮件是否为垃圾邮件，可以使用逻辑回归模型。

（3）多分类问题：对于多于两个分类的问题，可以使用 Softmax 回归。它通过线性函数和 Softmax 函数将输入映射到各个类别的概率分布。Softmax 函数将输入向量的每个元素进行指数转换，并归一化后得到概率值。这使得每个类别的概率都在 0 到 1 之间，并且所有类别的概率之和等于 1。Softmax 函数在深度学习中经常用于多分类问题的输出层，如图像分类、自然语言处理等任务。它能够提供一组类别之间的概率分布，便于进行决策和预测。

线性模型还有很多变体和扩展，如岭回归、Lasso 回归、多项式回归等，这些扩展使得线性模型更加灵活和适用于不同类型的数据。然而，线性模型也有局限性，例如对非线性关系的拟合能力较弱。为了克服这些限制，可以结合特征工程、正则化方法或使用非线性模型来提高性能。

4.1.2 线性回归原理及图解

线性回归是一种用于建立自变量和因变量之间线性关系的统计模型，通过拟合最佳的线性函数来预测连续型因变量的值。在线性模型中，预测变量（输出变量）被假设为输入特征的线性组合。这里的线性组合形式是指自变量和参数之间按照线性方式进行组合，每个特征与对应的参数相乘后再求和得到预测值。模型参数即在训练过程中需要学习的参数，它们代表了自变量对目标变量的影响程度。线性模型可以表示为：

$$\hat{y} = h_\theta(x) = \theta_0 + \theta_1 x_1 + \theta_2 x_2 + \cdots + \theta_p x_p = \theta^{\mathrm{T}} x = \sum_{i=0}^{p} \theta_i x_i$$

其中，$h_\theta(x)$ 是模型的预测值；$x_1, x_2, \cdots, x_p$ 是输入特征；p 是特征数量；θ_0 为截距项。引入 $x_0 = 1$，也可以将 θ_0 作为截距项参数。$\theta = [\theta_0, \theta_1, \cdots, \theta_p]$ 是模型参数。如果线性回归模型的拟合直线通过原点，说明当自变量 x 为 0 时，因变量 y 也为 0，此时回归方程没有截距项。

上述表达式中，考虑的是多个自变量和一个因变量之间的关系，这是一个多元线性回归问题。在简单的一元线性回归问题中，只需要考虑一个自变量和一个因变量之间的关系，上述表达式可以退化成 $\hat{y} = h_\theta(x) = \theta_0 + \theta_1 x_1$。此时，为了帮助读者理解，可以直接在坐标系中，将其绘制出来，结果如图 4-1 所示。图中的 A、B、C 三点对应三个真实样本，需要拟合（训练）出一条误差最小的直线。

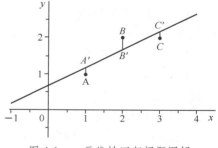

图 4-1　一元线性回归问题图解

线性回归是一种最基本的回归方法。对于一个包含 n 个样本和 p 个特征的数据集，线性回归的损失函数可以表示为：

$$J(\theta) = \frac{1}{2n} \sum_{i=1}^{n} (y^{(i)} - h_\theta(x^{(i)}))^2$$

其中，$J(\theta)$ 是损失函数；n 是样本数量；$y^{(i)}$ 是第 i 个样本的真实值；$h_\theta(x^{(i)})$ 是模型对第 i 个样本的预测值；θ 是模型参数，即前面提到的 $\theta_0, \theta_1, \cdots, \theta_p$。该损失函数由一个平方误差项组成，用于度量模型在训练集上的预测误差。优化目标通过调整模型参数 θ 使得损失函数最小化。

线性回归假设自变量和因变量之间存在线性关系，并且满足一些统计假设，如误差项服从正态分布。这些假设对模型适用性和结果可靠性有重要影响。线性回归模型的常见性能评估指标包括均方误差（MSE）、均方根误差（RMSE）、决定系数（R2）等。

线性关系尽管简单，但其实广泛存在。例如，物理学中的欧姆定律、牛顿第二定律等都是线性关系的典型实例。这类问题通常可以表述成 $y=kx$ 的形式，这是线性回归的最简单应用场景。线性回归也可以推广到多元线性回归的场景。此外借助多项式、基函数等方式，线性回归还可以用来解决非线性问题。

4.1.3 线性回归的变种

除了标准的线性回归外，还有一些变种模型，可以更好地适应不同的数据情况和任务需求。下面介绍几种常见的线性回归模型变种。

1．岭回归

岭回归（ridge regression）是在标准线性回归的基础上，加入 L2 正则化项，以缓解模型过拟合的问题。通过调节正则化参数使得权重向量的平方和尽可能小，以防止某些权重过大，对模型造成过度依赖。岭回归的损失函数可以表示为：

$$J(\theta) = \frac{1}{2n}\sum_{i=1}^{n}(y^{(i)} - h_\theta(x^{(i)}))^2 + \alpha\sum_{j=1}^{p}\theta_j^2$$

其中，α 是正则化参数，其他参数含义与标准线性回归相同。

岭回归的损失函数是在普通最小二乘法的基础上加上了正则化项。

岭回归的损失函数由两部分组成：

（1）普通最小二乘法的平方误差项，用于度量模型在训练集上的预测误差。

（2）L2 正则化项，由所有参数的平方和乘以正则化参数 α 构成，用于惩罚模型的复杂度。

通过调整 α 的取值，可以控制正则化项的影响程度。较大的 α 值可以增加正则化的强度，降低模型的复杂度，有助于减轻过拟合问题。

岭回归的目标是最小化损失函数，通过使用优化算法（如梯度下降法）来对参数进行迭代更新，以找到使得损失函数最小化的最佳参数 θ。

2．Lasso 回归

Lasso 回归（least absolute shrinkage and selection operator regression）在标准线性回归的基础上，加入 L1 正则化项，L1 惩罚会使得某些系数变为 0，因此 Lasso 算法可以进行特征选择，实现自动化的特征选择。Lasso 回归的损失函数是在普通最小二乘法的基础上加上了L1 正则化项。其损失函数可以表示为：

$$J(\theta) = \frac{1}{2n}\sum_{i=1}^{n}(y^{(i)} - h_\theta(x^{(i)}))^2 + \alpha\sum_{j=1}^{p}|\theta_j|$$

Lasso 回归的损失函数由两部分组成：

（1）普通最小二乘法的平方误差项，用于度量模型在训练集上的预测误差。

（2）L1 正则化项，由所有参数的绝对值之和乘以正则化参数 α 构成，用于促使模型参数稀疏化，即通过强制某些参数为零，实现特征选择和简化模型。

通过调整 α 的取值，可以控制正则化项的影响程度。较大的 α 值会增加正则化的强度，进而促使更多的参数为零，从而减少特征数量和模型复杂度。

Lasso 回归的目标是最小化损失函数，通过使用优化算法（如梯度下降法）来对参数进行迭代更新，以找到使得损失函数最小化的最佳参数 θ。同时，由于 L1 正则化的作用，部分参数可能会被稀疏化，从而实现特征选择的效果。

3．弹性网络

弹性网络（elastic net）是岭回归和 Lasso 回归的结合，即同时使用 L1 和 L2 正则化项，可以更好地平衡两者之间的优势，用于解决具有高度相关特征或大量特征的问题。当数据集中存在高度相关的特征时，弹性网络比 Lasso 更稳定。它的损失函数是在普通最小二乘法的基础上加上了 L1 和 L2 正则化项。其损失函数可以表示为：

$$J(\theta) = \frac{1}{2n} \sum_{i=1}^{n} (y^{(i)} - h_\theta(x^{(i)}))^2 + \alpha\rho \sum_{j=1}^{p} |\theta_j| + \frac{\alpha(1-\rho)}{2} \sum_{j=1}^{p} \theta_j^2$$

其中，α 是正则化参数，ρ 是 L1 正则化项在总正则化中的比例。

弹性网络的优化函数由三部分组成：

（1）普通最小二乘法的平方误差项，用于度量模型在训练集上的预测误差。

（2）L1 正则化项，由所有参数的绝对值之和乘以正则化参数 $\alpha\rho$ 构成，用于促使模型参数稀疏化，实现特征选择和简化模型。

（3）L2 正则化项，由所有参数的平方和乘以正则化参数 $\frac{\alpha(1-\rho)}{2}$ 构成，用于控制模型参数的平滑度。

通过调整 α 和 ρ 的取值，可以灵活控制 L1 和 L2 正则化项的影响程度。较大的 α 值会增加正则化的强度，从而促使更多的参数为零并降低模型复杂度，而 ρ 决定了 L1 和 L2 正则化项的相对重要性。

弹性网络的目标是最小化损失函数，通过使用优化算法（如梯度下降法）来对参数进行迭代更新，以找到使得损失函数最小化的最佳参数 θ。同时，弹性网络的结构允许通过 L1 正则化进行特征选择，并通过 L2 正则化控制模型复杂度。

4．核岭回归

核岭回归（kernel ridge regression）是一种基于核技巧的非线性回归方法。在标准的岭回归基础上，使用了核函数来进行非线性映射，将输入特征映射到高维空间。通过映射特征到高维空间并使用核函数来计算相似性，以应对特征之间复杂的非线性关系。核岭回归通过引入 L2 正则化项和核技巧，在非线性情况下提供了一种有效的回归方法，同时控制了模型的复杂度，避免过拟合的问题。此方法在处理文本、图像等非结构化数据时，可能会表现出色。

5．分段回归

一些数据集中存在不同特征区间的线性关系不同的情况，这时分段回归（piecewise regression）可以比标准的线性回归更恰当地描述数据。该方法将整个数据集分成若干个段，对每个段内的数据进行回归，以得到更准确的预测结果。

这些变种模型都是基于传统的线性回归模型演变而来，通过加入不同的正则化项和特征处理方法来提升模型的性能与适用范围。各个模型的具体实现可以看作一个优化问题，通过求解最小化损失函数的过程来求解权重向量。

4.1.4　线性回归的优势和不足

1．线性回归的优势

（1）简单而直观：线性回归是一种简单而直观的算法，易于理解和解释。

（2）计算效率高：线性回归的计算复杂度相对较低，可以处理大规模数据集。

（3）可解释性强：线性回归模型给出了特征与目标变量之间的线性关系，提供了对结果的解释。

2．线性回归的不足

（1）只能建模线性关系：线性回归只能捕捉到特征与目标变量之间的线性关系，不能处理非线性关系。不过通过多项式回归、基函数回归、特征转换等方式，线性模型也可以用于处理非线性问题。

（2）对异常值敏感：线性回归对异常值敏感，异常值可以显著影响模型的结果。

（3）过拟合风险：当输入特征过多或特征之间存在共线性时，线性回归容易出现过拟合。

过拟合（overfitting）和欠拟合（underfitting）是机器学习中常见的两种模型问题。过拟合指的是模型在训练数据上表现良好，但在测试数据上表现较差的情况。这种情况下，模型过度地"记住"了训练数据的噪声和特定的模式，导致对新数据的泛化能力较弱。过拟合常常出现在模型复杂度高、训练数据量少或特征过多的情况下。解决过拟合问题的方法包括增加训练数据，减少模型复杂度，正则化等。欠拟合则是指模型在训练数据集和测试数据集上都表现不佳的情况。这表示模型没有很好地捕捉到数据中的模式和结构，通常是因为模型过于简单或者特征提取不足。解决欠拟合问题的方法包括增加模型复杂度，增加特征数量，改进特征提取方法等。

对于一个多元线性回归模型，如果特征之间存在高度相关性，会出现多重共线性问题。多重共线性问题是统计分析中常见的问题。这会导致回归系数不稳定、可解释性降低，并可能影响模型的准确性。如果特征之间存在高度相关性，可以考虑合并或者删除其中一些特征，以减少共线性的影响。正则化方法、主成分分析法也是减少共线性的常用方法。

4.2 模型优化算法

优化算法的目标是最小化损失函数，使得模型的预测结果与真实标签尽可能接近。在模型训练过程中，优化算法起着至关重要的作用，它决定了如何更新模型的参数。不同的优化算法有不同的特点和工作原理，它们在模型训练中的表现也会有所不同。例如，梯度下降法是最经典和常用的优化算法之一，它通过计算损失函数对于模型参数的梯度，并沿着梯度的反方向更新参数，以逐步接近损失函数的最小值。而动量方法则在梯度下降的基础上引入了动量这个概念，可以加速收敛速度并减少振荡。

线性回归模型训练过程，需要求解如下优化问题：

$$\min J(\theta) = \frac{1}{2n} \sum_{i=1}^{n} (y^{(i)} - h_\theta(x^{(i)}))^2$$

优化目标是最小化损失函数，该损失函数使用了平方误差（即残差的平方和）作为度量，表示预测值与真实值之间的差异。通过调整权重向量和偏置项，使得损失最小化。线性回归模型的训练过程通常使用最小二乘法（least-mean-square，LMS）或梯度下降法（gradient descent）。

4.2.1 最小二乘法

最小二乘法是一种通过最小化残差平方和来拟合数据的方法。在线性回归中，需要寻找最优的参数值，使得预测值与真实值的残差平方和最小化。通过求解参数的偏导数，并将其设置为零，可以得到最优解的闭式解。然后，使用估计的参数来构建线性回归模型。

1．一元线性回归问题

下面以简单的一元线性回归为例进行公式推导，并解释公式和代码的对应关系。对于多元回归问题，公式会有所不同。限于篇幅，这里不做展开。

对于一元线性回归 $\hat{y} = \theta_0 + \theta_1 x$，最小二乘法的目标是最小化残差平方和。

$$\min_{\theta_0, \theta_1} J(\theta) = \sum_{i=1}^{n} (y^{(i)} - (\theta_0 + \theta_1 x^{(i)}))^2$$

其中，n 是数据点的数量，$x^{(i)}$ 和 $y^{(i)}$ 是第 i 个数据点的自变量和因变量，截距 θ_0 和斜率 θ_1 是待求解的模型参数。读者可以结合图 4-1，来理解上述表达式的含义。图中有 3 个点（$n=3$），其中 A、B、C 的纵坐标对应于方程中的 $y^{(i)}$，而 A'、B'、C' 的纵坐标分别对应于模型 $\theta_0 + \theta_1 x^{(i)}$ 的预测结果，目的是求解一个最佳的截距 θ_0 和斜率 θ_1，以使得残差平方和最小。为了解决该最优化问题，可以通过求解偏导数，令其为零，进而求解方程来实现。

根据最小化残差平方和的目标函数，对截距 θ_0 和斜率 θ_1 分别求一阶偏导数：

$$\frac{\partial J(\theta)}{\partial \theta_0} = -2 \sum_{i=1}^{n} (y^{(i)} - (\theta_0 + \theta_1 x^{(i)}))$$

$$\frac{\partial J(\theta)}{\partial \theta_1} = -2 \sum_{i=1}^{n} x^{(i)} (y^{(i)} - (\theta_0 + \theta_1 x^{(i)}))$$

然后求二阶偏导数：

$$\frac{\partial^2 J(\theta)}{\partial \theta_0^2} = 2 \sum_{i=1}^{n} 1 = 2n \geq 0$$

$$\frac{\partial^2 J(\theta)}{\partial \theta_1^2} = 2 \sum_{i=1}^{n} (x^{(i)})^2 \geq 0$$

因此，满足最小值条件。令一阶偏导数为零，并整理方程，可以得到以下方程组：

$$\sum_{i=1}^{n} y^{(i)} = n\theta_0 + \theta_1 \sum_{i=1}^{n} x^{(i)}$$

$$\sum_{i=1}^{n} x^{(i)} y^{(i)} = \theta_0 \sum_{i=1}^{n} x^{(i)} + \theta_1 \sum_{i=1}^{n} (x^{(i)})^2$$

引入辅助变量，$\bar{x} = \frac{1}{n} \sum_{i=1}^{n} x^{(i)}$，$\bar{y} = \frac{1}{n} \sum_{i=1}^{n} y^{(i)}$

$$\sum_{i=1}^{n} x^{(i)} \sum_{i=1}^{n} y^{(i)} = n\theta_0 \sum_{i=1}^{n} x^{(i)} + \theta_1 \sum_{i=1}^{n} x^{(i)} \sum_{i=1}^{n} x^{(i)}$$

$$n \sum_{i=1}^{n} x^{(i)} y^{(i)} = n\theta_0 \sum_{i=1}^{n} x^{(i)} + n\theta_1 \sum_{i=1}^{n} (x^{(i)})^2$$

$$\sum_{i=1}^{n} x^{(i)} \sum_{i=1}^{n} y^{(i)} - n \sum_{i=1}^{n} x^{(i)} y^{(i)} = \theta_1 \left(\sum_{i=1}^{n} x^{(i)} \sum_{i=1}^{n} x^{(i)} - n \sum_{i=1}^{n} (x^{(i)})^2 \right)$$

通过求解该方程组，即可得到最佳的截距 θ_0 和斜率 θ_1 的估计值。

通过求解最小二乘法的方程组，可以得到最佳截距 θ_0 和斜率 θ_1 的估计值的公式如下。

斜率 θ_1 的估计值：

$$\widehat{\theta_1} = \frac{\sum_{i=1}^{n}(x^{(i)} - \overline{x})(y^{(i)} - \overline{y})}{\sum_{i=1}^{n}(x^{(i)} - \overline{x})^2}$$

该公式的分子部分是自变量 x 和因变量 y 之间的协方差，分母部分是自变量 x 的方差。

截距 θ_0 的估计值：

$$\widehat{\theta_0} = \overline{y} - \widehat{\theta_1}\overline{x}$$

其中，n 是数据点的数量，$x^{(i)}$ 和 $y^{(i)}$ 是第 i 个数据点的自变量和因变量，$\overline{x}$ 和 $\overline{y}$ 分别表示自变量和因变量的均值。

2．最小二乘法的优势和不足

最小二乘法是一种常见的参数估计方法，在许多应用中都得到广泛使用。它的优势如下。

（1）简单直观：最小二乘法的原理简单易懂，容易实现和解释。

（2）全局最优解：在特定条件下，最小二乘法能够得到全局最优解，即找到使得拟合数据与实际数据之间的差异最小的参数。

（3）解析解存在：对于线性模型，最小二乘法的解析解可以直接求得，无须使用迭代的优化算法。

（4）数学性质良好：最小二乘法在统计学和数学上有严格的理论基础，包括误差分布的假设和最小方差的性质。

然而，该方法也存在如下不足。

（1）对异常值敏感：最小二乘法对异常值（即与其他数据明显不同的观测值）比较敏感，异常值可能会对拟合结果产生较大影响。

（2）数据要求：最小二乘法要求数据符合一定的假设，例如误差服从独立同分布的正态分布，当这些假设不满足时，使用最小二乘法可能会导致不准确的结果。

（3）过拟合风险：当模型复杂度过高或样本量较小时，最小二乘法容易出现过拟合现象，即在训练数据上表现良好，但在新数据上预测能力较差。

（4）仅适用于可微函数：最小二乘法要求所拟合的模型是可微函数，对于不可微函数，可能需要进行非线性变换或者采用其他优化方法。

4.2.2 梯度下降法及其变种

梯度下降法是一种迭代优化算法，通过不断更新参数来最小化损失函数。对于线性回归问题，损失函数可选为均方误差。梯度下降法的基本思想是根据损失函数的负梯度方向来调整参数，以逐步接近最优解。算法重复计算参数的更新步骤，直到达到收敛条件。

1．一元线性回归问题

以一元线性回归 $\hat{y} = \theta_0 + \theta_1 x$ 为例，损失函数的公式如下：

$$J(\theta) = \frac{1}{2n}\sum_{i=1}^{n}(y^{(i)} - (\theta_0 + \theta_1 x^{(i)}))^2$$

其中，$\hat{y}$ 是预测值，y 是真实值，n 是样本数量。

需要通过梯度下降法来迭代更新参数截距 θ_0 和斜率 θ_1，使得损失函数最小化。首先，可以求出损失函数关于 θ_0 和 θ_1 的偏导数，分别得到：

$$\frac{\partial J(\theta)}{\partial \theta_0} = \frac{1}{n} \sum_{i=1}^{n} (\hat{y}^{(i)} - y^{(i)})$$

$$\frac{\partial J(\theta)}{\partial \theta_1} = \frac{1}{n} \sum_{i=1}^{n} (\hat{y}^{(i)} - y^{(i)}) \cdot x^{(i)}$$

其中，$x^{(i)}$ 是输入样本特征。

然后，可以根据梯度下降法的公式来更新参数 θ_0 和 θ_1：

$$\theta_0 = \theta_0 - \text{learning\_rate} \cdot \frac{\partial J(\theta)}{\partial \theta_0}$$

$$\theta_1 = \theta_1 - \text{learning\_rate} \cdot \frac{\partial J(\theta)}{\partial \theta_1}$$

每次更新完参数之后，就可以使用新的参数来计算损失函数和梯度，并进行下一次迭代更新。这个过程会不断重复，直到达到收敛条件或者训练次数达到指定次数。

2. 梯度下降法的变种

梯度下降法是应用最广泛的优化算法之一。这是一种迭代优化算法，通过不断调整参数来最小化损失函数。梯度下降法还有许多重要的变种和扩展。

（1）批量梯度下降（batch gradient descent）：在每一次迭代中，使用所有训练样本来计算梯度和更新参数。批量梯度下降的计算量较大，但通常收敛速度较快。

（2）随机梯度下降（stochastic gradient descent）：在每一次迭代中，使用一个训练样本来计算梯度和更新参数。随机梯度下降的计算量较小，但收敛速度可能不稳定。

（3）小批量梯度下降（mini-batch gradient descent），它是批量梯度下降和随机梯度下降的折中方法，同时使用一部分样本来计算梯度。

（4）动量方法（momentum）：动量方法引入了动量这个概念，通过累积之前的梯度信息来决定参数更新的方向和步长，模拟了物体在惯性作用下的移动。它可以加速收敛速度并减少振荡。

（5）Adam 算法（adaptive moment estimation）：Adam 是一种自适应学习率的优化算法，结合了动量方法和 RMSProp 算法。它通过考虑历史梯度的一阶矩估计和二阶矩估计来调整自适应学习率，并使用动量项进行参数更新。

（6）Adagrad 算法（adaptive gradient algorithm）：Adagrad 也是一种自适应学习率的优化算法，它根据参数的历史梯度信息来调整学习率。它能够自适应地为稀疏特征提供较大的学习率，并为频繁出现的特征提供较小的学习率。

（7）RMSProp 算法（root mean square propagation）：RMSProp 是一种自适应学习率的优化算法，它类似于 Adagrad，但使用了衰减率来平衡梯度信息的历史和当前情况，以更好地适应优化过程。

4.2.3 模型优化实战

【实例 4-1】基于梯度下降法的线性回归模型优化。

本实例将构造一个简单的线性回归模型，并使用梯度下降算法来训练模型。请结合 4.2.2 小节的公式，理解本案例的代码。

```
1.   import numpy as np
2.   import matplotlib.pyplot as plt
3.   np.random.seed(0)
4.   X = np.linspace(0, 10, 50)
5.   Y = 2 * X + np.random.normal(0, 1, 50)
```

本段代码用于导入 numpy 和 matplotlib.pyplot 库，并准备数据。第 3 行调用 np.random.seed(0) 设置随机数种子，保证生成随机数的可重复性。第 4 行使用 np.linspace 函数生成了在 0 到 10 之间的等差数列作为自变量 X。第 5 行生成因变量 Y=2X 时，额外加入了服从正态分布的噪声。

```
6.   theta0 = 0
7.   theta1 = 0
8.   learning_rate = 0.01
9.   num_iterations = 100
10.  regression_lines = []
```

本段代码用于初始化模型参数 theta0 和 theta1，学习率 learning_rate、迭代次数 num_iterations 及存储每阶段的拟合直线参数的列表 regression_lines。

```
11.  for i in range(num_iterations):
12.      Y_pred = theta0 + theta1 * X
13.      gradient0 = (1/len(X)) * np.sum(Y_pred - Y)
14.      gradient1 = (1/len(X)) * np.dot((Y_pred - Y), X)
15.      theta0 = theta0 - learning_rate * gradient0
16.      theta1 = theta1 - learning_rate * gradient1
17.      regression_lines.append((theta0, theta1))
```

本段代码利用梯度下降法训练模型。for 循环中，将使用梯度下降法进行 num_iterations 轮训练。每轮训练中，第 12 行计算预测值 Y_pred，即基于当前模型参数计算得到的预测结果。第 13、14 行分别计算参数 theta0 和 theta1 的梯度，梯度的计算根据线性回归的损失函数得出。第 15、16 行根据学习率和梯度值，更新模型参数 theta0 和 theta1。第 17 行将当前阶段模型参数(theta0, theta1)添加到 regression_lines 列表中。

```
18.  plt.figure()
19.  plt.scatter(X, Y, label='Data')
20.  for line in regression_lines:
21.      Y_pred = line[0] + line[1] * X
22.      plt.plot(X, Y_pred)
23.  plt.xlabel('X')
24.  plt.ylabel('Y')
25.  plt.title('Regression Lines in Different Stages')
26.  plt.legend()
27.  plt.show()
28.  print('最终模型参数:')
29.  print('theta0:', theta0)
30.  print('theta1:', theta1)
```

本段代码绘制散点图和拟合直线。第 19 行使用 plt.scatter 函数绘制数据点。第 20 ~ 22 行遍历 regression_lines 列表，获取每阶段的参数计算预测值 Y_pred，使用 plt.plot 函数绘制相应的拟合直线。训练过程如图 4-2（a）所示，最下方的直线是第 1 轮训练后的结果。前面几轮训练收敛很快，由图 4-2（a）可知，不同阶段的拟合直线沿逆时针方向迅速往最优曲线靠近，特别是前几轮训练。第 10 轮结束时，误差已非常小。图 4-2（b）是根据 100 轮训练后的模型参数绘制的结果。第 28 ~ 30 行通过 print 函数输出了最终训练得到的参数值 theta0 和 theta1，输出结果如下。

```
最终模型参数：
theta0: 0.4144749365652321
theta1: 1.9234512027651454
```

根据第 5 行代码，真实的模型参数应当是 theta0=0，theta1=2，由于噪声的存在，拟合出来的模型参数与之存在一定偏差。根据图 4-2（b），该拟合曲线已经能较好地反映数据的变化趋势。

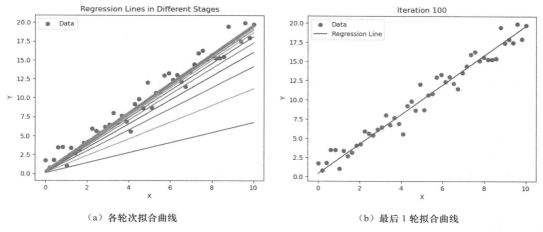

（a）各轮次拟合曲线　　　　　　　　　　　（b）最后 1 轮拟合曲线

图 4-2　线性回归模型训练实例

4.3　综合案例：基于线性回归的电气元件电阻测量

4.3.1　案例概述

本案例以欧姆定律为例，展示如何使用线性回归方法确定电气元件的电阻。根据欧姆定律，$V=IR$。其中 V 是以伏特（V）为单位的电压，R 是以欧姆（Ω）为单位的电阻，而 I 是以安培（A）为单位的电流。使用万用表测量不同电流值下电阻器上的压降并收集如表 4-1 所示数据。假设所有测量都具有同等精度。

表 4-1　欧姆定律实验数据

电流/A	电压/V
0.2	1.23
0.3	1.38
0.4	2.06
0.5	2.47
0.6	3.17
0.7	3.55
0.8	4.25

本案例中，将使用最小二乘法用一条直线拟合数据。其中 X 轴为电流 I，Y 轴为电压 U，待求系数是该元件的最佳电阻估计值（以 Ω 为单位）。最小二乘法是一种常用的线性回归方法，用于拟合数据点和确定最佳拟合直线的参数。它基于最小化实际观测值与预测值之

间的残差平方和来进行优化。最小二乘法的核心思想是，通过最小化残差平方和来找到最佳拟合直线，使得拟合结果尽可能地接近实际观测值。这种方法在解决线性回归问题时非常常见，并且在实践中被广泛应用。请结合 4.2.1 小节的内容，理解本案例的代码。

4.3.2 案例实现：Python 版

```
1.  import numpy as np
2.  import matplotlib.pyplot as plt
3.  current = np.array([0.2, 0.3, 0.4, 0.5, 0.6, 0.7, 0.8])
4.  voltage = np.array([1.18, 1.35, 2.02, 2.45, 3.15, 3.52, 4.22])
```

本段代码主要用于准备数据集。current 为电流值，voltage 为电压值。

```
5.  mean_current = np.mean(current)
6.  mean_voltage = np.mean(voltage)
7.  numerator = np.sum((current - mean_current) * (voltage - mean_voltage))
8.  denominator = np.sum((current - mean_current) ** 2)
9.  coef = numerator / denominator
10. intercept = mean_voltage - coef * mean_current
11. print("截距: ", intercept)
12. print("系数（电阻）: ", coef)
```

本段代码用于计算最小二乘法的系数（电阻）和截距。第 5、6 行计算自变量 current 和因变量 voltage 的均值。第 7、8 行计算了求解最小二乘法所需的分子和分母，分子 numerator 对应于 $\sum\limits_{i=1}^{n}(x_i - \overline{x})(y_i - \overline{y})$，分母 denominator 对应于 $\sum\limits_{i=1}^{n}(x_i - \overline{x})^2$。第 9 行计算系数估计值 coef。第 10 行计算截距估计值 intercept。输出结果如下。

```
截距: -0.049642857142857544
系数（电阻）: 5.210714285714286
```

由于内阻和测量误差的存在，截距并不为 0。

```
13. plt.scatter(current, voltage, color='blue', label='Data Points')
14. plt.plot(current, intercept + coef * current, color='red', label='Linear Regression')
15. plt.xlabel('Current (A)')
16. plt.ylabel('Voltage (V)')
17. plt.title('Scatter plot with Linear Regression')
18. plt.legend()
19. plt.grid(True)
20. plt.show()
```

本段代码用于绘制散点图和拟合直线，结果如图 4-3 所示。

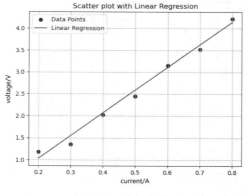

图 4-3　欧姆定律

4.3.3　案例实现：Sklearn 版

```
1.  import numpy as np
2.  import matplotlib.pyplot as plt
3.  from sklearn.linear_model import LinearRegression
4.  current = np.array([0.2, 0.3, 0.4, 0.5, 0.6, 0.7, 0.8]).reshape(-1, 1)
5.  voltage = np.array([1.23, 1.38, 2.06, 2.47, 3.17, 3.55, 4.25]).reshape(-1, 1)
```

本段代码用于导入必要的库，并准备数据集。numpy 用于数组操作，sklearn.linear_model 中的 LinearRegression 用于创建线性回归模型。第 4、5 行定义电流（current）和电压（voltage），并使用 reshape 函数转换为二维数组形式。此处为 n 行 1 列的数组，其中 n 是数据点的数量。

```
6.  model = LinearRegression()
7.  model.fit(current, voltage)
8.  intercept = model.intercept_[0]
9.  coef = model.coef_[0][0]
10. print("截距: ", intercept)
11. print("系数（电阻）: ", coef)
```

这段代码使用线性回归模型拟合了电流和电压数据。第 6 行创建 LinearRegression 的实例，即线性回归模型。第 7 行调用 fit 方法，将电流和电压数据传递给模型进行拟合，即训练模型，找到最佳的截距和系数（电阻）。第 8~11 行获取截距和系数（电阻），分别存储在 intercept 和 coef 变量中。输出结果如下：

```
截距: -0.049642857142857544
系数（电阻）: 5.210714285714286
```

该结果与 4.3.2 小节得到的结果相同。

```
12. plt.scatter(current, voltage, color='blue', label='Data Points')
13. plt.plot(current, lr_model.predict(current), color='red', label='Linear Regression')
14. plt.xlabel('Current (A)')
15. plt.ylabel('Voltage (V)')
16. plt.title('Scatter plot with Linear Regression')
17. plt.legend()
18. plt.grid(True)
19. plt.show()
```

这段代码用于绘制散点图和拟合直线，输出结果与图 4-3 类似。

4.4　逻辑回归

逻辑回归（Logistic 回归）是一种广义线性模型，通常用于二分类问题，用于预测一个样本属于两个类别中的哪一个。逻辑回归对线性回归模型的输出进行概率化改造，以便将其应用于解决分类问题。逻辑回归使用了一个特殊的激活函数（即 Logistic 函数），将线性模型的输出转化为概率的形式，进而基于阈值进行二分类。

4.4.1　Logistic 函数

Logistic 函数是一种常用的非线性函数，其形式如下：

$$f(x) = \frac{1}{1 + e^{-x}}$$

Logistic 函数常被称为 Sigmoid 函数，但实质上 Sigmoid 函数是 S 形曲线的统称。Logistic 函数将实数输入映射成 0 到 1 之间的输出。Logistic 函数曲线如图 4-4 所示，该曲线的绘制代码请参考【实例 4-2】。Logistic 函数具有以下特性：

- S 形曲线：Logistic 函数呈现出典型的 S 形曲线形状。
- 输出值范围：输出值范围在 0 到 1 之间，可以被解释为概率或可能性。
- 值域约束：当 x 趋于正无穷时，$f(x)$ 趋近于 1；当 x 趋于负无穷时，$f(x)$ 趋近于 0。

Logistic 函数在机器学习和统计学中具有广泛的应用。Logistic 函数常用作神经网络的激活函数，用于引入非线性关系以提升网络的表达能力。Logistic 函数还可以用于建模事件发生的概率，例如基于回归模型进行概率预测。

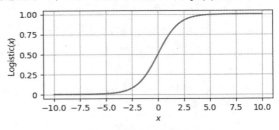

图 4-4　Logistic 函数曲线

【实例 4-2】Logistic 函数曲线。

```
1.  import numpy as np
2.  import matplotlib.pyplot as plt
3.  def logistic(x):
4.      return 1 / (1 + np.exp(-x))
5.  x = np.linspace(-10, 10, 100)
6.  y = logistic(x)
7.  plt.figure(figsize=(5,2))
8.  plt.plot(x, y)
9.  plt.xlabel('x')
10. plt.ylabel('logistic(x)')
11. #plt.title('logistic Function')
12. plt.grid(True)
13. plt.show()
```

第 3、4 行代码定义 Logistic 函数。第 5、6 行代码在区间[–10, 10]生成 100 个点作为 x 值，然后计算对应的 Logistic 函数值 y。第 7 ~ 13 行代码绘制 Logistic 函数曲线，输出结果如图 4-2 所示。

4.4.2　逻辑回归图解

【实例 4-3】逻辑回归图解。

```
1.  import numpy as np
2.  import matplotlib.pyplot as plt
3.  from sklearn.linear_model import LogisticRegression
4.  np.random.seed(22)
5.  class_0 = np.random.randn(20, 2) + [2, 2]
6.  class_1 = np.random.randn(20, 2) - [2, 2]
7.  X = np.vstack((class_0, class_1))
8.  y = np.hstack((np.zeros(len(class_0)), np.ones(len(class_1))))
```

本段代码用于准备数据集。第 5、6 行随机生成两个不同类别的样本集。每个类别样本数量均为 20。类别 class_0 的样本位于坐标[2,2]附近。类别 class_1 的样本位于坐标[–2, –2]附近。第 7 行将两类样本集坐标合并，得到 X。注意，本案例是一个分类问题，为此需要样本的类别标签。第 8 行创建标签 y，其中 class_0 中样本的类别标签为 0，class_1 中样本的类别标签为 1。

```
9.  model = LogisticRegression()
10. model.fit(X, y)
```

本段代码构造训练逻辑回归模型并训练。

```
11. plt.scatter(class_0[:, 0], class_0[:, 1], marker='o', color='red', label='Class 1')
12. plt.scatter(class_1[:, 0], class_1[:, 1], marker='s', color='blue', label=
    'Class 2')
13. xmin, xmax = plt.xlim()
14. coef = model.coef_[0]
15. intercept = model.intercept_
16. y_boundary = - (coef[0] * np.linspace(xmin, xmax, 100) + intercept) / coef[1]
17. plt.plot(np.linspace(xmin, xmax, 100), y_boundary, color='green', label=
    'Decision Boundary')
18. plt.legend()
19. plt.xlabel('X')
20. plt.ylabel('Y')
21. plt.show()
```

本段代码用于绘制散点图和分类曲线。第 11、12 行绘制两类样本的散点图。第 14、15 行获取模型参数。第 16、17 行绘制分类曲线。第 18～21 行添加图例标签，显示图形，结果如图 4-5 所示。

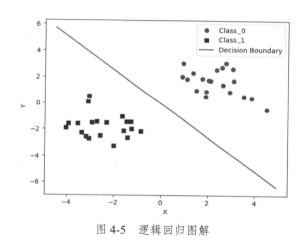

图 4-5　逻辑回归图解

4.5　综合案例：基于逻辑回归的收入级别预测

4.5.1　案例概述

本案例是一个二分类问题，演示了使用逻辑回归模型对成年人收入数据集进行分类预测的完整过程。本案例使用的是 Adult Census Income 数据集（adult.data）。这是一个常用的机器学习数据集，用于预测个人收入是否超过 50K 美元/年。该数据集一共有 15 个特征列，其中最后一个特征是目标变量 income，表示个人收入是否超过 50K 美元/年。表 4-2 是数据集各个特征含义。

表 4-2　数据集各个特征含义

名称	含义	说明
age	年龄	
workclass	工作类别	包括 Private, Self-emp-not-inc, Self-emp-inc, Federal-gov, Local-gov, State-gov, Without-pay, Never-worked 等

名称	含义	说明
fnlwgt	最终权重（Final weight）	代表样本在人口统计中的重要性，通常在实际分析中会被忽略
education	教育水平	包括 Bachelors, Some-college, 11th, HS-grad, Prof-school, Assoc-acdm, Assoc-voc, 9th, 7th-8th, 12th, Masters, 1st-4th, 10th, Doctorate, 5th-6th, Preschool 等
education-num	教育年限	受教育时间长短
marital-status	婚姻状况	包括 Married-civ-spouse, Divorced, Never-married, Separated, Widowed, Married-spouse-absent, Married-AF-spouse 等
occupation	职业	
relationship	家庭关系	包括 Wife, Own-child, Husband, Not-in-family, Other-relative, Unmarried 等
race	种族	包括 White, Asian-Pac-Islander, Amer-Indian-Eskimo, Other, Black 等
sex	性别	
capital-gain	资本收益	
capital-loss	资本损失	
hours-per-week	每周工作时长	
native-country	国籍	
income	收入水平	通常用作目标变量，表示收入是否超过 50K 美元/年

【实例 4-4】成年人收入数据集简要分析。

本实例对成年人收入数据集进行简要分析，以帮助读者了解该数据集基本信息。

```
1.  import pandas as pd
2.  url = 'data/ch04 线性模型/adult.data'
3.  header = ['age', 'workclass', 'fnlwgt', 'education',
4.             'education-num', 'marital-status', 'occupation',
5.             'relationship', 'race', 'sex', 'capital-gain',
6.             'capital-loss', 'hours-per-week', 'native-country', 'income']
7.  data_old = pd.read_csv(url, na_values=' ?')
8.  data_old.columns = header
```

第 3～6 行和第 8 行代码设置数据集各列名称。第 7 行代码加载数据集。本数据集中存在缺失值，数据集中的缺失值是以"?"形式表示的。第 7 行代码中 read_csv 函数通过参数 na_values=' ?'将数据集中的"?"替换为 Pandas 默认的缺失值表示方式 NaN。注意这里的问号前面有一个空格。

```
age                0
workclass       1836
fnlwgt             0
education          0
education-num      0
marital-status     0
occupation      1843
relationship       0
race               0
sex                0
capital-gain       0
capital-loss       0
hours-per-week     0
native-country   583
income             0
dtype: int64
```

图 4-6 每列中缺失值的
数量

```
9.  missing_count = data_old.isnull().sum()
10. print(missing_count)
```

第 9、10 行，计算每列中缺失值的数量。本段代码输出结果如图 4-6 所示。

根据输出结果，不难发现 workclass、occupation 和 native-country 三列存在缺失值。尽管数量较多，但相对于样本总数（30 162）而言，这个比例依然不高。

```
11. print(data_old.head())
```

第 11 行代码，查看数据集前 5 条记录。结果如图 4-7 所示。读者可以结合表 4-2，对各列数据具体情况有一个大致了解。最后一列用字符串形式描述收入范围，包括"<=50K"

和 ">50K"，接下来可以对此进行验证。

	age	workclass	fnlwgt	education	education-num	marital-status	occupation	relationship	race	sex	capital-gain	capital-loss	hours-per-week	native-country	income
0	39	State-gov	77516	Bachelors	13	Never-married	Adm-clerical	Not-in-family	White	Male	2174	0	40	United-States	<=50K
1	50	Self-emp-not-inc	83311	Bachelors	13	Married-civ-spouse	Exec-managerial	Husband	White	Male	0	0	13	United-States	<=50K
2	38	Private	215646	HS-grad	9	Divorced	Handlers-cleaners	Not-in-family	White	Male	0	0	40	United-States	<=50K
3	53	Private	234721	11th	7	Married-civ-spouse	Handlers-cleaners	Husband	Black	Male	0	0	40	United-States	<=50K
4	28	Private	338409	Bachelors	13	Married-civ-spouse	Prof-specialty	Wife	Black	Female	0	0	40	Cuba	<=50K

图 4-7　查看数据集前 5 条记录

```
12. income_counts = data_old['income'].value_counts()
13. print(income_counts)
```

第 12、13 行代码用于统计 income 列不同取值的样本数量。输出结果如图 4-8 所示。根据结果可知，"<=50K" 和 ">50K" 两类样本的数量差别较大，前者为 24 720 条，后者只有 7 841 条。数据类别的不均衡性，会对所训练模型性能产生较大影响。这属于高阶话题，鉴于本书定位，这里不做展开。

```
14. import matplotlib.pyplot as plt
15. income_counts.plot(kind='bar')
16. plt.xlabel('Income')
17. plt.ylabel('Count')
18. plt.title('Income Distribution')
19. plt.show()
```

第 14 ~ 19 行代码用于将 income 列统计结果以图形化的形式显示出来，结果如图 4-9 所示。

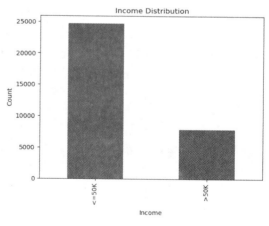

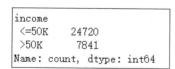

图 4-8　income 列不同取值的样本数量

图 4-9　income 列类别分布情况

```
20. print(data_old.describe())
```

第 20 行代码用于获得数据集的统计摘要信息，输出结果如图 4-10 所示。具体而言，该方法将为数据集中的数值型列生成统计汇总，包括均值、标准差、最小值、最大值以及四分位数等。注意，describe 方法只对数值型列进行统计分析，因此数据集中非数值型列并没有被处理。

	age	fnlwgt	education-num	capital-gain	capital-loss	hours-per-week
count	32561.000000	3.256100e+04	32561.000000	32561.000000	32561.000000	32561.000000
mean	38.581647	1.897784e+05	10.080679	1077.648844	87.303830	40.437456
std	13.640433	1.055500e+05	2.572720	7385.292085	402.960219	12.347429
min	17.000000	1.228500e+04	1.000000	0.000000	0.000000	1.000000
25%	28.000000	1.178270e+05	9.000000	0.000000	0.000000	40.000000
50%	37.000000	1.783560e+05	10.000000	0.000000	0.000000	40.000000
75%	48.000000	2.370510e+05	12.000000	0.000000	0.000000	45.000000
max	90.000000	1.484705e+06	16.000000	99999.000000	4356.000000	99.000000

图 4-10　数据集的统计摘要信息

　　通过上述分析，知道本数据集中存在缺失值和非数值型列，无法直接用于机器学习算法，需要进行数据预处理。由于缺失值样本的比例不高，因此打算直接删除这些存在缺失值的记录。大多数非数值型列是类别型数据，可以对其进行独热编码。数据预处理的数据分析、机器学习应用中重要前置环节，更多处理方法请参考本书第 11 章。

```
21.  import numpy as np
22.  def preprocess_data(data):
23.      data = data.dropna()
24.      cat_cols = ['workclass', 'education', 'marital-status',
25.                  'occupation', 'relationship', 'race', 'sex', 'native-country']
26.      cat_df = data[cat_cols]
27.      cat_1hot = pd.get_dummies(cat_df)
28.      data_new = pd.concat([cat_1hot, data[['age', 'fnlwgt', 'education-num',
29.                                            'capital-gain', 'capital-loss',
30.                                            'hours-per-week']]], axis=1)
31.      data_new['income'] = np.where(data['income'] == ' >50K', 1, 0)
32.      return data_new
```

　　本段代码用于定义数据预处理函数。第 23 行删除存在缺失值的记录。第 24、25 行挑选出类别型特征列。第 26 行中的 cat_df 是一个存储了分类特征的 DataFrame。第 27 行，使用 pd.get_dummies 函数对分类变量进行独热编码（One-Hot Encoding）。关于独热编码的具体效果请参考【实例 4-4】。第 28 ～ 30 行将编码处理过的分类变量和数值变量连接起来。第 31 行将目标变量 income 的值转换为二进制编码。

```
33.  data = preprocess_data(data_old)
34.  data.to_csv('data/ch04 线性模型/preprocessed_data.csv', index=False)
35.  data = pd.read_csv('data/ch04 线性模型/preprocessed_data.csv')
```

　　本段代码主要调用前述预处理函数完成数据预处理，然后将处理后的结果保存到新文件中，以方便后续使用。第 33 行进行数据预处理。第 34 行保存预处理后的数据。第 35 行重新加载保存的预处理结果文件。

```
36.  print(data.head())
```

　　第 36 行查看预处理后数据集的前 5 行，如图 4-11 所示。不难发现前几列数据都是新增列。例如以 workclass 开头的前 7 列对应的是原 "workclass" 列的独热编码结果。

```
37.  print(data.describe())
```

　　第 37 行查看预处理后数据集的基本统计信息。输出结果如图 4-12 所示。相对于第 20 行代码的输出结果，各列的 count 值有所变化。此外，还增加了一个 income 列。

```
38.  income_counts = data['income'].value_counts()
39.  print(income_counts)
```

	workclass_Federal-gov	workclass_Local-gov	workclass_Private	workclass_Self-emp-inc	workclass_Self-emp-not-inc	workclass_State-gov	workclass_Without-pay	education_10th	education_11th	education_12th	...	native-country_United-States	native-country_Vietnam	native-country_Yugoslavi
0	False	False	False	False	True	False	False	False	False	False	...	True	False	Fals
1	False	False	True	False	False	False	False	False	False	False	...	True	False	Fals
2	False	False	True	False	False	False	False	False	True	False	...	True	False	Fals
3	False	False	True	False	False	False	False	False	False	False	...	False	False	Fals
4	False	False	True	False	False	False	False	False	False	False	...	True	False	Fals

5 rows × 105 columns

图 4-11　预处理后的数据前 5 行

	age	fnlwgt	education-num	capital-gain	capital-loss	hours-per-week	income
count	30161.000000	3.016100e+04	30161.000000	30161.000000	30161.000000	30161.000000	30161.000000
mean	38.437883	1.897976e+05	10.121216	1091.971984	88.375419	40.931269	0.248931
std	13.134882	1.056527e+05	2.549983	7406.466659	404.304753	11.980182	0.432401
min	17.000000	1.376900e+04	1.000000	0.000000	0.000000	1.000000	0.000000
25%	28.000000	1.176280e+05	9.000000	0.000000	0.000000	40.000000	0.000000
50%	37.000000	1.784290e+05	10.000000	0.000000	0.000000	40.000000	0.000000
75%	47.000000	2.376300e+05	13.000000	0.000000	0.000000	45.000000	0.000000
max	90.000000	1.484705e+06	16.000000	99999.000000	4356.000000	99.000000	1.000000

图 4-12　预处理后数据集的统计信息

　　第 38、39 行代码，统计 income 列不同取值的样本数量。输出结果如图 4-13 所示。根据结果可知，数值由原来的 "<=50K" 和 ">50K" 变成 0 和 1。由于预处理过程中删除了存在缺失值的样本，两类样本的数量均发生了变化。

```
40. data.boxplot(column='education-num', by='income')
41. plt.xlabel('income')
42. plt.ylabel('education number')
43. plt.title('education number vs Income')
44. plt.show()
```

　　本段代码用于绘制不同教育年限人员的收入箱线图。输出结果如图 4-14 所示。限于篇幅，对本数据集的简要分析和预处理到此结束。

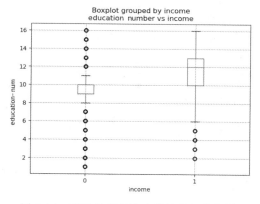

图 4-13　处理后 income 列不同取值的样本数量　　　图 4-14　不同教育年限人员的收入箱线图

【实例 4-5】独热编码实例。

```
1. import pandas as pd
2. cat_df = pd.DataFrame({'category': ['A', 'B', 'A', 'C', 'B']})
```

```
3.    encoded_df = pd.get_dummies(cat_df)
4.    print(cat_df,"\n\n",encoded_df)
```

第 2 行中，cat_df 是一个包含分类变量的 DataFrame，共 5 个样本，类别标签为 A、B、C 三种。第 3 行使用 get_dummies 进行独热编码。第 4 行输出编码结果，如图 4-15 所示。

```
   category
0     A
1     B
2     A
3     C
4     B

   category_A  category_B  category_C
0         1           0           0
1         0           1           0
2         1           0           0
3         0           0           1
4         0           1           0
```

图 4-15　独热编码实例

4.5.2　案例实现：Python 版

LogisticRegression 类实现了逻辑回归模型的核心功能。该类包含 1 个 init 函数和 3 个成员函数。

```
1.    import numpy as np
2.    import pandas as pd
3.    from sklearn.model_selection import train_test_split
4.    class LogisticRegression:
5.        def __init__(self, learning_rate=0.01, num_iterations=10000):
6.            self.learning_rate = learning_rate
7.            self.num_iterations = num_iterations
8.            self.weights = None
9.            self.bias = None
10.       def sigmoid(self, z):
11.           #return 1 / (1 + np.exp(-z))
12.           return np.expit(z) #避免溢出
```

本段代码主要用于定义构造函数和成员函数 sigmoid。若直接根据公式自行实现 sigmoid 函数功能，可能发生溢出警告。此时可以直接用 numpy 提供的 np.expit(z)或者 scipy.special.expit 替换，但较低版本的包可能不支持。

```
13.       def fit(self, X, y):
14.           num_samples, num_features = X.shape
15.           self.weights = np.zeros(num_features)
16.           self.bias = 0
17.           for _ in range(self.num_iterations):
18.               linear_model = np.dot(X, self.weights) + self.bias
19.               y_pred = self.sigmoid(linear_model)
20.               dw = (1 / num_samples) * np.dot(X.T, (y_pred - y))
21.               db = (1 / num_samples) * np.sum(y_pred - y)
22.               self.weights -= self.learning_rate * dw
23.               self.bias -= self.learning_rate * db
```

本段定义了成员函数 fit，用于实现模型训练。成员函数 fit 的核心就是通过梯度下降法来更新模型参数 weights 和 bias，使其能够更好地拟合训练数据。其中，dw 和 db 用于更新模型参数的梯度。dw 是权重（weights）的梯度，它是损失函数关于权重的偏导数，表示每个权重对损失函数的贡献程度。通过计算特征矩阵 X 转置后与预测误差（y_pred-y）的乘积再除以样本数，可以得到权重的梯度 dw。db 是偏差（bias）的梯度，它是损失函数关于偏差的偏导数，表示偏差对损失函数的贡献程度。通过计算预测误差（y_pred-y）的平均值，可以得到偏差的梯度 db。使用这两个梯度来更新权重和偏差，可以沿着损失函数下降最快的方向进行参数调整，以使模型的拟合能力逐渐提高。在梯度下降法中，更新参数的规则是减去学习率乘以对应的梯度。可以使权重和偏差逐步朝着最优值调整。

```
24.        def predict(self, X):
25.            linear_model = np.dot(X, self.weights) + self.bias
26.            y_pred = self.sigmoid(linear_model)
27.            y_pred_cls = np.where(y_pred > 0.5, 1, 0)
28.            return y_pred_cls
```

本段代码定义了成员函数 predict，用于实现模型预测功能。与 fit 函数类似，这个函数也调用了 self.sigmoid 函数，用以将 linear_model 转换成概率输出，进而实现分类的目的。

```
29. def preprocess_data(url):
30.        data = pd.read_csv(url, header=None)
31.        header = ['age', 'workclass', 'fnlwgt', 'education',
32.                  'education-num', 'marital-status', 'occupation',
33.                  'relationship', 'race', 'sex', 'capital-gain',
34.                  'capital-loss', 'hours-per-week', 'native-country', 'income']
35.        data.columns = header
36.        data = data[data['workclass'] != ' ?']
37.        data = data[data['occupation'] != ' ?']
38.        data = data[data['native-country'] != ' ?']
39.        cat_cols = ['workclass', 'education', 'marital-status',
40.                    'occupation', 'relationship', 'race', 'sex', 'native-country']
41.        cat_df = data[cat_cols]
42.        cat_1hot = pd.get_dummies(cat_df)
43.        data_new = pd.concat([cat_1hot, data[['age', 'fnlwgt', 'education-num',
44.                                              'capital-gain', 'capital-loss',
45.                                              'hours-per-week']]], axis=1)
46.        data_new['income'] = np.where(data['income'] == ' >50K', 1, 0)
47.        return data_new
```

本段代码定义预处理函数 preprocess_data。由于本案例使用的 adult.data 直接下载自网络，需要通过完成复杂的预处理。预处理函数中，第 30 行从指定地址加载数据集。第 31～35 行将列名赋值给数据集的列。第 36～38 行删除包含问题数据（'?'）的行。

```
48. def accuracy_score(y_true, y_pred):
49.        accuracy = np.sum(y_true == y_pred) / len(y_true)
50.        return accuracy
```

本段代码定义了精度计算函数 accuracy_score。

```
51. url = 'data/ch04/adult.data'
52. data = preprocess_data(url)
53. X = data.drop(columns=['income']).values
54. y = data['income'].values
55. X_train, X_test, y_train, y_test = train_test_split(X, y, test_size=0.2,
56.                                                     random_state=42)
57. model = LogisticRegression()
58. model.fit(X_train, y_train)
59. y_pred = model.predict(X_test)
60. accuracy = accuracy_score(y_test, y_pred)
61. print('模型准确率:', accuracy)
```

本段代码加载数据集，并调用前面的类和函数完成测试。第 51、52 行读取数据集并进行预处理。第 53、54 行提取特征变量和目标变量。特征变量存储在 X 中，它是除 income

列之外的所有列。目标变量存储在 y 中，对应于 income 列。第 55、56 行划分训练集和测试集。第 57、58 行创建一个逻辑回归模型实例 model，并使用 fit 方法在训练集上进行训练。第 59 行调用 predict 函数，使用训练好的模型对测试集进行预测，得到预测结果 y_pred。第 60、61 评估模型性能，并打印输出。结果如下：

```
模型准确率：0.7792143212332173
```

4.5.3　案例实现：Sklearn 版

```
1.   import numpy as np
2.   import pandas as pd
3.   from sklearn.model_selection import train_test_split
4.   from sklearn.linear_model import LogisticRegression
5.   from sklearn.metrics import accuracy_score
```

本段代码用于加载相关的库和模块。

```
6.   def preprocess_data(url):
7.       data = pd.read_csv(url, header=None)
8.       header = ['age', 'workclass', 'fnlwgt', 'education',
9.                 'education-num', 'marital-status', 'occupation',
10.                'relationship', 'race', 'sex', 'capital-gain',
11.                'capital-loss', 'hours-per-week', 'native-country', 'income']
12.      data.columns = header
13.      data = data[data['workclass'] != ' ?']
14.      data = data[data['occupation'] != ' ?']
15.      data = data[data['native-country'] != ' ?']
16.      cat_cols = ['workclass', 'education', 'marital-status',
17.                  'occupation', 'relationship', 'race', 'sex', 'native-country']
18.      cat_df = data[cat_cols]
19.      cat_1hot = pd.get_dummies(cat_df)
20.      data_new = pd.concat([cat_1hot, data[['age', 'fnlwgt', 'education-num',
21.                                             'capital-gain', 'capital-loss',
22.                                             'hours-per-week']]], axis=1)
23.      data_new['income'] = np.where(data['income'] == ' >50K', 1, 0)
24.      return data_new
```

本段代码定义了数据预处理函数。具体细节与 4.5.2 小节的 preprocess_data 函数基本相同。

```
25.  #url = 'http://archive.ics.uci.edu/ml/machine-learning-databases/adult/adult.data'
26.  url = 'data/ch04/adult.data'
27.  data = preprocess_data(url)
28.  X = data.drop(columns=['income']).values
29.  y = data['income'].values
30.  X_train, X_test, y_train, y_test = train_test_split(X, y, test_size=0.2,
31.                                                      random_state=42)
32.  model = LogisticRegression()
33.  model.fit(X_train, y_train)
34.  y_pred = model.predict(X_test)
35.  accuracy = accuracy_score(y_test, y_pred)
36.  print('模型准确率:', accuracy)
```

本段代码用于加载数据集完成测试。第 25～27 行加载数据集，并进行数据预处理。第 28、29 行提取特征变量和目标变量。第 30、31 行划分训练集和测试集。第 32、33 行创建并训练逻辑回归模型。第 34～36 行在测试集上进行预测，评估模型性能。输出结果如下：

```
模型准确率：0.7894911321067463
```

4.6 Softmax 回归

Softmax 回归通常用于多分类问题中。它使用 Softmax 函数作为激活函数，将一组实数映射到一个概率分布上，用于表示每个类别的概率。

4.6.1 Softmax 函数与 Softmax 回归

Softmax 函数是一种常用的数学函数，给定一组实数值 $z_1, z_2, \cdots, z_k$，Softmax 函数通过以下公式计算每个类别的概率：

$$P(y = j|z_1, z_2, \cdots, z_k) = \frac{\mathrm{e}^{z_j}}{\sum_{i=1}^{k} \mathrm{e}^{z_i}}$$

其中，j 表示类别的索引，k 表示总类别数。

Softmax 函数将输入向量的每个元素进行指数转换，并归一化后得到概率值。这使得每个类别的概率都在 0 到 1 之间，并且所有类别概率之和等于 1。Softmax 函数具有以下特性。

（1）非负性：Softmax 函数的输出概率值始终为非负数。

（2）归一化：Softmax 函数对输入进行归一化，确保所有类别概率之和为 1。

（3）平移不变性：对输入向量的每个元素同时加上一个常数，Softmax 函数的输出不变。

Softmax 函数在深度学习中经常用于多分类问题的输出层，如图像分类、自然语言处理等任务。它能够提供一组类别之间的概率分布，便于进行决策和预测。

4.6.2 二分类和多分类

Logistic 回归一般用于二分类问题。通过"1 对 1（One-vs-One）"和"1 对其他（One-vs-Rest）"方式，也可以将其应用于多分类问题。但是，这两种方法会产生无法分类的区域，该区域属于多个类。Logistic 多分类回归可通过设置与类数相同的判别函数来避免无法分类的情况。假定第 k 类判定函数为 $y\_k(x)$，对于输入样本 x，当 $i!=k$ 时，有 $y\_k(x)>y\_i(x)$，则样本 x 属于第 k 类。

Softmax 回归一般用于多分类问题。Softmax 回归进行的多分类，输出的类别是互斥的，不存在无法分类的区域，一个输入只能被归为一类。Softmax 回归类别数为 2 时，就相当于是 Logistic 回归模型。

对于多分类问题，是选择 Softmax 回归还是选择 k 个二元分类器实现多分类，主要取决于类别之间是否互斥。一般而言，如果每个样本只能属于一种类别，那么可以考虑使用 Softmax 回归。例如，如果设计音乐分类器，假定音乐样本只能属于古典音乐、乡村音乐、摇滚乐和爵士乐中的一种，那么可以考虑使用 Softmax 回归。而如果样本可能属于多种不同类别，例如，可能既属于影视金曲，又属于流行歌曲，那么可以考虑使用 k 个二元分类器实现多分类。建立 k 个独立的二元分类器，分别判断音乐是否属于指定类别。

4.7 综合案例：基于 Softmax 回归的手写字符分类

4.7.1 案例概述

MNIST 数据集是一个经典的机器学习数据集，用于手写数字识别任务。它包含了一系列以灰度图像形式呈现的手写数字样本，涵盖了数字 0 到 9。MNIST 数据集的应用非常广泛，它被用作机器学习算法性能评估和验证的基准数据集。许多经典的分类算法和深度学习模型都在 MNIST 数据集上进行训练和测试。MNIST 数据集大约包含 70 000 个样本。每个样本都是一个 28×28 像素的灰度图像，通过展开成一个长度为 784 的向量来表示。每个图像都有一个对应的标签，表示该图像所代表的真实数字。Sklearn 库提供的 fetch_openml 函数进行下载和加载，数据集大小接近 500M，也可以预先下载到本地。还有其他许多第三方库和工具也提供了方便加载和处理 MNIST 数据集的功能。

本案例将以 MNIST 数据集最常见的任务为例进行演示，将手写数字图像正确地分类为其相应的数字标签，这是一个典型的多分类问题。

【实例 4-6】将 MNIST 数据集保存成本地文件。

MNIST 数据集是一个常用的手写数字识别数据集，包含了大量的手写数字图片及其对应的标签。该数据集比较大，为方便后续处理，先通过 Sklearn 提供的下载接口将其下载到本地。

```
1.   import numpy as np
2.   from sklearn.datasets import fetch_openml
3.   mnist = fetch_openml('mnist_784')
4.   X = mnist.data
5.   y = mnist.target
6.   np.save('mnist_X.npy', X)
7.   np.save('mnist_y.npy', y)
```

第 3 行代码用于下载 MNIST 数据集。第 4、5 行代码用于将特征数据和标签数据分开，分别保存在 X 和 y 中。第 6、7 行代码，将特征数据和标签数据分别保存成本地文件。

【实例 4-7】MNIST 数据集简要分析。

下面是对 MNIST 数据集进行简要分析，以帮助读者了解该数据集的基本信息。

```
1.   import numpy as np
2.   X = np.load('mnist_X.npy', allow_pickle=True)
3.   y = np.load('mnist_y.npy', allow_pickle=True)
```

第 2、3 行代码，从本地文件中加载特征数据和标签数据，设置 allow_pickle 为 True。当 allow_pickle=True 时，np.load 函数允许加载包含 Python 对象（如列表、字典等）的.npy 文件。默认情况下，NumPy 不允许加载包含 Python 对象的.npy 文件，因为这可能会导致潜在的安全风险。但是，在某些情况下，如果用户明确知道加载的文件是安全的，并且需要加载其中的 Python 对象，可以将 allow_pickle=True 设置为 True。

```
4.   print("数据集大小: ", X.shape)
5.   print("标签数量: ", len(np.unique(y)))
```

第 4、5 行代码，查看数据集大小和特征信息，输出结果如下。

```
数据集大小:  (70000, 784)
标签数量:  10
```

第 4 行代码的输出结果表明，该数据集有 70 000 个样本。每个样本是一个长度为 784 的一维向量。这实际是一张 28×28 的二维灰度图片转换成一维向量后的结果。第 5 行代码的输出结果表明，该数据集样本有 10 个类别，分别对应数字 0 到 9。接下来，绘制一些数字样本的图片。

```
6.  import matplotlib.pyplot as plt
7.  plt.figure(figsize=(8, 3))
8.  for i in range(10):
9.      plt.subplot(2, 5, i+1)
10.     plt.imshow(X[i].reshape(28, 28), cmap='gray')
11.     plt.axis('off')
12.     plt.title(str(y[i]))
13. plt.show()
```

这段代码将绘制一个 2×5 的图片网格来展示数据集中的前 10 个手写数字图片。第 10 行代码，在绘制图片之前，通过 reshape(28,28)将原来的一维向量形式的图片 X[i]恢复成 28×28 的二维图片。第 12 行分别添加各个图片的 y 值作为子标题。通过观察绘制出的图片，读者可以了解数据集中手写数字的样式和多样性。输出结果如图 4-16 所示。

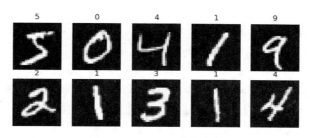

图 4-16　MNIST 样本实例

4.7.2　案例实现：Sklearn 版

```
1.  import numpy as np
2.  import matplotlib.pyplot as plt
3.  from sklearn.model_selection import train_test_split
4.  from sklearn.preprocessing import StandardScaler
5.  from sklearn.linear_model import LogisticRegression
6.  from sklearn.metrics import accuracy_score, classification_report
```

本段代码导入相关的库和模块。第 5 行导入 sklearn.linear_model.LogisticRegression，它既可以用于二分类，也可以用于多类别分类问题，包括 Softmax 回归。

```
7.  # 方法 1，在线下载
8.  #from sklearn.datasets import fetch_openml
9.  #mnist = fetch_openml('mnist_784')
10. #X = mnist.data
11. #y = mnist.target.astype(np.int)
12. #方法 2，离线加载
13. X = np.load('mnist_X.npy', allow_pickle=True)
14. y = np.load('mnist_y.npy', allow_pickle=True)
```

本段代码主要加载 MNIST 数据集。这里提供了在线下载和离线加载两种方法。MNIST 数据集大约 500M。网络可能不稳定，读者可以使用离线方法，提前加载数据集，使用 numpy 提供的 load 函数加载。

```
15. X_train, X_test, y_train, y_test = train_test_split(X_scaled, y, test_size=0.2,
    random_state=42)
16. model = LogisticRegression(multi_class='multinomial', solver='lbfgs', max_iter=1000)
17. model.fit(X_train, y_train)
```

本段代码主要进行 Softmax 回归模型构建及训练。第 15 行进行数据集划分，将其划分成训练集和测试集。第 16、17 行创建并训练 Softmax 回归模型。LogisticRegression 支持多类别分类问题。默认情况下，LogisticRegression 类使用一对其他（One-vs-Rest）策略来处理多类别分类。但是，如果将 multi_class 参数设置为'multinomial'，并选择合适的求解器（solver），则会使用 Softmax 回归进行多类别分类。在示例代码中，通过设置 multi_class='multinomial'以启用 Softmax 回归，并选择了 solver='lbfgs'求解器进行优化。您可以根据需要尝试不同的求解器，但要确保所选的求解器支持 Softmax 回归。

```
18. y_pred = model.predict(X_test)
19. accuracy = accuracy_score(y_test, y_pred)
20. print('模型准确率:', accuracy)
21. report = classification_report(y_test, y_pred)
22. print('分类指标报告: \n', report)
```

本段代码用于评估模型性能。第 18 行使用训练好的模型在测试集上进行预测。第 19 行评估模型准确率。第 21 行的 classification_report 是一个常用的用于评估分类模型性能的函数，一般在机器学习中使用。它提供了一系列关于分类结果的指标，以便更全面地评估模型的性能和准确度。classification_report 函数通常接受两个参数：真实的标签（y_true）和模型预测的标签（y_pred）。它会对比这两个标签集，并计算出以下指标。

（1）precision（精确率）：指在所有预测为正类别的样本中，实际为正类别的样本占的比例。其计算方式是 TP/(TP+FP)，其中 TP 表示真实为正类别且被模型正确预测为正类别的样本数，FP 表示实际为负类别但被模型错误地预测为正类别的样本数。

（2）recall（召回率）：指在所有实际为正类别的样本中，被模型正确预测为正类别的样本占的比例。其计算方式是 TP/(TP+FN)，其中 TP 表示真实为正类别且被模型正确预测为正类别的样本数，FN 表示实际为正类别但被模型错误地预测为负类别的样本数。

（3）F1-score：综合考虑了 precision 和 recall 的指标。F1-score 是 precision 和 recall 的调和平均值，其计算方式是 2×(precision×recall)/(precision+recall)。

（4）support（支持度）：指每个类别在数据集中出现的次数。对于二分类问题，支持度可以表示各类别的样本数量。

（5）macro avg 和 weighted avg 是 classification_report 函数在展示各类别指标之外，还会计算和展示的两种额外的平均指标。macro avg 表示各个类别的指标值取平均数得到的结果。weighted avg 则表示各个类别的指标值按照各自支持度（即样本数量）加权平均得到的结果。macro avg 和 weighted avg 可以帮助更全面地了解模型的分类性能。在数据集中各个类别的支持度相差较大时，weighted avg 会比 macro avg 更能反映模型在整个数据集上的表现。

classification_report 函数会将上述指标以表格形式展示出来，在每个类别上分别计算并显示这些指标的值。可以根据输出结果更全面地了解模型在各个类别上的性能表现。通常情况下，希望这些指标的值越高越好。输出结果如图 4-17 所示。

```
模型准确率: 0.9161428571428571
分类指标报告:
                precision  recall  f1-score  support

           0      0.96      0.96     0.96      1343
           1      0.95      0.97     0.96      1600
           2      0.91      0.89     0.90      1380
           3      0.89      0.90     0.89      1433
           4      0.92      0.92     0.92      1295
           5      0.89      0.86     0.88      1273
           6      0.94      0.95     0.94      1396
           7      0.93      0.94     0.93      1503
           8      0.89      0.87     0.88      1357
           9      0.89      0.90     0.90      1420

    accuracy                        0.92     14000
   macro avg      0.92      0.91     0.91     14000
weighted avg      0.92      0.92     0.92     14000
```

图 4-17　基于 Softmax 回归的手写数字识别指标

习题 4

1. 什么是线性回归?
2. 对于一个多元线性回归模型,如果特征之间存在高度相关性,会出现什么问题?
3. 如何评估线性回归模型的性能?
4. 在线性回归中,过拟合和欠拟合分别指什么?
5. 如果线性回归模型的拟合直线通过原点$(0, 0)$,那么回归方程的截距项为多少?
6. 逻辑回归用于解决什么类型的问题?
7. 逻辑回归是一种线性模型吗?
8. 逻辑回归的输出范围是什么?
9. Softmax 回归与逻辑回归的主要区别是什么?
10. Softmax 回归模型中的激活函数是什么?

实训 4

1. 线性回归:使用 space-shuttle 数据集,预测在 31℃的情况下,飞行中经历热损坏的 O 形密封圈数量。

2. 逻辑回归:Seeds 数据集包含了三个不同种类的小麦种子的特征数据,共有 7 个特征。请训练逻辑回归模型来预测小麦种子属于哪一类。

3. Softmax 回归:使用鸢尾花数据集构建一个 Softmax 回归模型,以预测鸢尾花的品种。

4. 手写数字识别:使用 MNIST 数据集构建 Softmax 回归模型,进行手写数字识别。

第5章 支持向量机

支持向量机是一种强大的机器学习算法，在许多实际问题中都有着广泛的应用。它可以用于分类、回归、异常检测和特征提取等不同任务。例如，可以用来建立回归模型，预测连续目标变量。在异常检测中，可用于识别偏离正常模式的异常样本。本章将介绍支持向量机基础知识及综合案例。

【启智增慧】

机器学习与社会主义核心价值观之"自由篇"

机器学习可以为个体和社会带来更多的自由空间和便利。例如，个性化推荐系统为用户提供更符合个人需求的商品或信息，增加了个体选择的自由度；智能语音助手让人们更便捷地获取信息，进行交流，拓展了人们的交流自由；医疗影像诊断可以帮助医生更准确地诊断疾病，提高了患者的就医质量。但需要注意算法歧视、大数据杀熟等可能影响自由公平的问题，还应当确保个人信息安全，避免损害个体自由和权益。

5.1 问题引入

支持向量机（support vector machine，SVM）是一种常用的监督学习算法，用于解决分类和回归问题。其工作原理是找到一个最优的超平面（或曲面），将不同类别的数据点分隔开来，并尽可能使支持向量与超平面的距离最大化。

5.1.1 从逻辑回归说起

逻辑回归使用 Logistic 函数将线性模型的输出转化为概率的形式，进而基于阈值进行二分类。逻辑回归模型可以形式化为如下函数。

$$h_{w,b}(x) = g(w^{\mathrm{T}}x + b) = \frac{1}{1 + \mathrm{e}^{-(w^{\mathrm{T}}x+b)}}$$

其中，x 是 n 维特征向量，函数 g 就是 Logistic 函数。Logistic 回归模型的输出结果，可以被理解成样本 x 属于 $y=1$ 的概率。

$$\begin{cases} P(y=1 \mid x;w,b) = h_{w,b}(x) \\ P(y=0 \mid x;w,b) = 1 - h_{w,b}(x) \end{cases}$$

当需要判别一个新来的特征属于哪个类时，只需要求解 $h_{w,b}(x)$，$h_{w,b}(x) > 0.5$，则样本

x 属于 $y=1$ 的类，反之属于 $y=0$ 类。

仔细观察 $h_{w,b}(\boldsymbol{x})$ 及 Logistic 函数图形（见图 4-4），不难发现 $h_{w,b}(\boldsymbol{x})$ 其实只跟 $\boldsymbol{w}^{\mathrm{T}}\boldsymbol{x}+b$ 有关，Logistic 函数只不过是用来将 $\boldsymbol{w}^{\mathrm{T}}\boldsymbol{x}+b$ 的结果映射到 0 到 1 之间，真实的类别决定权还在 $\boldsymbol{w}^{\mathrm{T}}\boldsymbol{x}+b$。当 $\boldsymbol{w}^{\mathrm{T}}\boldsymbol{x}+b>0$，$h_{w,b}(\boldsymbol{x})>0.5$，可以判定 $\boldsymbol{x}$ 属于 $y=1$ 类。当 $\boldsymbol{w}^{\mathrm{T}}\boldsymbol{x}+b<0$，$h_{w,b}(\boldsymbol{x})<0.5$，可以判定 $\boldsymbol{x}$ 属于 $y=0$ 类。

逻辑回归的目的就是通过训练过程，学习到最佳参数$(\boldsymbol{w},b)$，使得对于正例样本（$y=1$），$\boldsymbol{w}^{\mathrm{T}}\boldsymbol{x}+b\gg 0$，对于负例样本（$y=0$），$\boldsymbol{w}^{\mathrm{T}}\boldsymbol{x}+b\ll 0$。而 $\boldsymbol{w}^{\mathrm{T}}\boldsymbol{x}+b=0$ 被称为决策边界（decision boundary）。以图 5-1 为例，斜对角上的直线就是决策边界。那么问题来了，图 5-1（a）中绘制了两条直线，到底哪一条最好呢？

逻辑回归强调所有点尽可能地远离决策边界。逻辑回归训练过程中，试图在全部训练样本上整体达到这个目标。逻辑回归在训练过程中，同等程度地对待所有点，以获取一个最优的决策边界。这样做的结果是，可能需要使得一部分点靠近中间线来换取另外一部分点更加远离中间线。为了更好地理解这个问题，考虑图 5-1（b）中用菱形标注的 4 个点。假定并不知道它们的类别标签，只知道它们来自于两个类别（class0 和 class1）。可以较为肯定地判断编号为 2 和 4 的点分别属于两个不同的类别。然而对于靠近边界区域的编号为 1 和 3 的点，其实还是不太确定它们的类别。逻辑回归在训练过程中，同等程度地对待所有点，而实际上，各个训练样本（图 5-1 中的点）的重要程度是不一样的，更应该关心靠近中间分割线的样本（如 1、3），让它们尽可能地远离中间线，而不是在所有样本上达到最优。

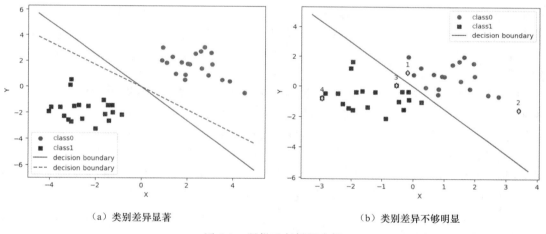

（a）类别差异显著　　　　　　　　　　　（b）类别差异不够明显

图 5-1　逻辑回归问题分析

直观地理解，支持向量机和逻辑回归的核心差异在于，逻辑回归过于关注全局，它通过调整中间线使远离边界区域的样本（如 2、4）能够更加远离，但这其实是以靠近边界区域的样本（如 1、3）更加靠近决策边界为代价的。而支持向量机更关注局部关键区域，它不关心已经确定远离的样本（如 2、4），而更关心边界区域的样本（如 1、3）。

为了描述方便，在介绍支持向量机过程中，需要在逻辑回归的基础上做一点小的改动。在逻辑回归中，使用 $y=0$ 和 $y=1$ 来表示两种不同类别。在支持向量机中，将 $y=0$ 修改为 $y=-1$，也就是使用 $y=-1$ 和 $y=1$ 来表示两种不同类别。这种表述只是一种数学表达上的变化，本质上是一样的。

5.1.2 SVM 图解

支持向量机的基本思想是通过在特征空间中构建一个超平面,将不同类别的样本分开,使得两侧与超平面的间隔最大化。支持向量机有以下几个重要概念。下面结合图 5-2 进行介绍。图 5-2 的绘制代码在【实例 5-1】中给出。

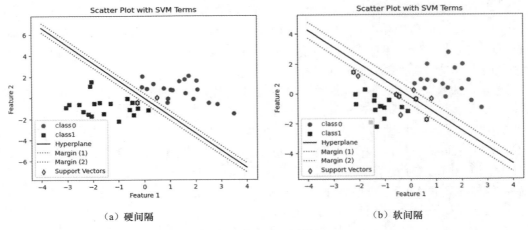

（a）硬间隔　　　　　　　　　　　　　　（b）软间隔

图 5-2　SVM 图解

（1）超平面:对于线性分类器而言,其决策边界是特征空间中的超平面,超平面由权重向量和偏置项确定,其方程是 $w^{\mathrm{T}}x + b = 0$。其中, w 是超平面的权重向量（法向量）, x 是输入特征向量, b 是超平面的偏置项。符号 T 表示向量的转置。对于二维空间,超平面是一条直线（图 5-2 斜对角上的实线）。它将特征空间分为两个区域,每个区域代表一个类别。

（2）支持向量:支持向量是距离决策边界最近的训练样本点,如图 5-2 中靠近斜对角虚线两侧的菱形样本点。支持向量决定了超平面的位置和方向,它们在模型训练中扮演着关键的角色,影响决策边界的位置和模型的性能。支持向量的数量越少,模型的复杂度就越低。

（3）决策边界:在支持向量机中,决策边界是通过找到距离最远的支持向量构成的超平面或曲面。决策边界将不同类别的样本分隔开来,使得同类样本尽可能聚集在一起,并与其他类别的样本远离。决策边界的位置和形状直接影响了模型的性能和泛化能力。

（4）函数间隔与几何间隔:函数间隔（functional margin）指的是超平面到最近的支持向量之间的距离。函数间隔代表了特征是正例还是反例的确信度。

SVM 的目标是找到一个分隔超平面,可以将两个类别的样本正确地分隔开来,并且具有最大的间隔。用超平面的法向量 w 和截距 b 来表示这个超平面。定义超平面到任意样本点 x_i 的函数间隔为:

$$\gamma_i = y_i(w^{\mathrm{T}}x_i + b)$$

然而,函数间隔并不适合直接用作最大化间隔值。理论上,对于同一个超平面,通过等比例地缩放 w 的长度和 b 的值,可以使得 $w^{\mathrm{T}}x_i + b$ 的值任意大,亦即函数间隔 $\hat{\gamma_i}$ 可以在超平面保持不变的情况下任意大。为此,引入几何间隔（geometrical margin）,它是函数间隔归一化结果,定义如下:

$$\hat{\gamma}_i = \frac{\gamma_i}{|\boldsymbol{w}|} = y_i\left[\left(\frac{\boldsymbol{w}}{|\boldsymbol{w}|}\right)^{\mathrm{T}}\boldsymbol{x}_i + \frac{b}{|\boldsymbol{w}|}\right]$$

（5）硬间隔和软间隔：硬间隔是指在支持向量机中严格要求所有训练样本都位于决策边界之外，而软间隔允许一定数量的样本位于决策边界之内，以容忍噪声和异常值的影响。软间隔具有一定的鲁棒性和泛化能力，能够处理部分线性不可分的问题。图 5-2（a）是一个线性可分问题。斜对角虚线对应三个平行的超平面。从几何角度而言，间隔为两端的两个超平面间距离的一半。使得这个间隔最大的超平面，所对应的分类器称为硬间隔 SVM 分类器。如图 5-2（b）所示，现实中，由于数据中存在噪声和异常点，问题通常是线性不可分的，允许在间隔计算过程中出现少量计算误差，此时的分类器称为软间隔 SVM 分类器。

【实例 5-1】SVM 图解。

```
1.  import numpy as np
2.  import matplotlib.pyplot as plt
3.  from sklearn.svm import SVC
4.  np.random.seed(0)
5.  X1 = np.random.randn(20, 2) + [0.51, 0.51]
6.  X2 = np.random.randn(20, 2) - [0.51, 0.51]
7.  X = np.concatenate((X1, X2), axis=0)
8.  y = np.concatenate((np.ones(20), -np.ones(20)), axis=0)
```

本段代码用于准备数据集。第 5、6 行生成两个类别的随机样本集。第 7、8 行合并 X1 和 X2，并设置样本标签，得到训练集。第 8 行用于设置 X 中各个样本的标签值，其中 X1 中样本的标签值被设为 1，X2 中样本的标签值被设为 –1。

```
9.  model = SVC(kernel='linear', C=10)
10. model.fit(X, y)
11. w = model.coef_[0]
12. b = model.intercept_
13. sv = model.support_vectors_
```

本段代码用于构建并训练 SVM 模型。关于 SVM 原理将在 5.2 节详细介绍。本实例是一个分类问题，因此第 9 行使用的是 SVC。第 10 行进行模型训练。第 11、12 行获取超平面参数。第 13 行获取支持向量。

```
14. plt.scatter(X1[:, 0], X1[:, 1], marker='o', color='red', label='Class  0')
15. plt.scatter(X2[:, 0], X2[:, 1], marker='s', color='blue', label='Class  1')
16. plt.xlabel('Feature 1')
17. plt.ylabel('Feature 2')
18. plt.title('Scatter Plot with SVM Terms')
```

本段代码用于绘制训练样本的散点图并添加标签和标题。

```
19. x_axis = np.linspace(-4, 4, num=100)
20. y_axis = (-b - w[0]*x_axis) / w[1]
21. margin_pos = y_axis + 1/np.linalg.norm(w)
22. margin_neg = y_axis - 1/np.linalg.norm(w)
23. plt.plot(x_axis, y_axis, color='black', label='Hyperplane')
24. plt.plot(x_axis, margin_pos, color='green', linestyle=':', label='Margin (1)')
25. plt.plot(x_axis, margin_neg, color='green', linestyle=':', label='Margin (2)')
26. plt.scatter(sv[:, 0], sv[:, 1], marker='d', color='yellow', edgecolors=
    'black', linewidths=1, label='Support Vectors')
27. plt.legend()
28. plt.show()
```

本段代码绘制超平面、间隔和支持向量。第 19、20 行计算超平面，第 21、22 行计算间隔，第 23 ~ 25 行绘制超平面和间隔示意图，第 26 行绘制支持向量的散点图。输出结果如图 5-2（b）所示。

5.2 SVM 原理简介

5.2.1 形式化描述

1. 线性可分情形

先从相对简单的线性可分情形开始介绍 SVM 的原理。在 5.1.2 小节中，定义了单个样本点的函数间隔。现在需要定义全局样本上的函数间隔，简称全局函数间隔。

$$\gamma = \min_{i=1,2,\cdots,m} \gamma_i$$

该函数间隔定义了在训练样本上分类正例和负例确信度最小那个样本的函数间隔。这里的间隔仅表示超平面到样本点的距离，不考虑超平面的位置。

为了得到几何间隔，同样还需要对函数间隔进行归一化处理。假设有一个训练集，其中包含 m 个样本，其中 x_i 是样本特征，y_i 是样本的类别标签，其中正例为 1，负例为 –1。对于给定的训练集，SVM 的目标是找到能够最大化几何间隔的超平面。即求解如下优化问题：

$$\max_{w,b} \frac{\gamma}{|w|} \quad \text{s.t.} \quad y_i(w^{\mathrm{T}} x_i + b) \geqslant \gamma, \ \forall i = 1, 2, \cdots, m$$

注意每一个约束式实际就是一个训练样本。这些约束条件确保了训练样本距离超平面至少有一个间隔 γ。

然而，在实际求解优化问题时，直接使用几何间隔会导致优化问题的复杂度增加。因此，希望能够简化上述优化问题的表达形式。为此，取 $\hat{\gamma} = 1$，其物理意义是将全局的函数间隔定义为 1，也即将离超平面最近的点的距离定义为 $\frac{1}{|w|}$。

$$\max_{w,b} \frac{1}{|w|} \quad \text{s.t.} \quad y_i(w^{\mathrm{T}} x_i + b) \geqslant 1, \ \forall i = 1, 2, \cdots, m$$

为了数学上的方便，可以将目标函数改写为最小化 $\frac{|w|^2}{2}$。由于求 $\frac{1}{|w|}$ 的最大值相当于求 $\frac{|w|^2}{2}$ 的最小值，因此这种变化是等价的。改写后结果为：

$$\min_{w,b} \frac{1}{2}|w|^2 \quad \text{s.t.} \quad y_i(w^{\mathrm{T}} x_i + b) \geqslant 1, \ \forall i = 1, 2, \cdots, m$$

因为目标函数是二次的，约束条件是线性的，所以它是一个凸二次规划问题。这个问题可以用现成的 QP（quadratic programming）优化包进行求解。然而，这种直接求解方法的计算复杂性太高。后面将介绍其他解法。

2. 线性不可分情形

现实中的分类问题通常是线性不可分的。之前讨论的情况都是建立在样本线性可分的假设上。在线性可分情况下，支持向量机可以直接构建一个线性决策边界，完全分隔不同类别的样本。在线性不可分情况下，可以尝试引入核函数，将线性不可分的问题映射到高维空间，以实现更好的分类效果。通过使用核函数来将特征映射到高维，这样很可能就可分了。然而，这仍然不能 100% 保证可分。需要将模型进行调整，引入软间隔和松弛变量来容忍一定程度的分类错误，以保证在不可分的情况下，也能够尽可能地找出分隔超平面。

需要允许在间隔计算中出现少许误差，允许一些点游离并在模型中违背限制条件（函数间隔大于 1）。为此，引入一个松弛变量 ξ 来处理样本点处于间隔边界内部或分类错误的情况。得到新的模型如下（也称软间隔）：

$$\min_{w,b} \frac{1}{2} |w|^2 + C \sum_{i=1}^{m} \xi_i \quad \text{s.t.} \quad y_i(w^{\mathrm{T}} x_i + b) \geq 1 - \xi_i, \xi_i \geq 0, \forall i = 1, 2, \cdots, m$$

其中，C 是正则化参数，代表离群点的权重，用于平衡间隔的大小和分类误差的惩罚。

引入非负参数 ξ_i 后（称为松弛变量），就允许某些样本点的函数间隔小于 1，即在最大间隔区间里面，或者函数间隔是负数，即样本点在对方的区域中。而放松限制条件后，需要重新调整目标函数，以对离群点进行惩罚，目标函数后面加上的 $C \sum_{i=1}^{m} \xi_i$ 就表示离群点越多，目标函数值越大，而要求的是尽可能小的目标函数值，因此产生惩罚。

5.2.2　求解优化问题

1．拉格朗日对偶法

先从 5.2.1 小节的线性可分情形开始分析。由于这个优化问题的特殊性，可以使用拉格朗日乘子法来求解这个优化问题，得到对偶问题的形式。通过求解对偶问题，可以得到最优的超平面参数，从而实现对样本的分类。通过拉格朗日对偶性（Lagrange duality）变换到对偶变量（dual variable）的优化问题，即通过求解与原问题等价的对偶问题（dual problem）得到原始问题的最优解，这就是线性可分情形下支持向量机的对偶算法。这样做的优点在于：一是对偶问题往往更容易求解；二是可以自然地引入核函数，进而推广到非线性分类问题。

首先，构造拉格朗日函数如下：

$$L(w,b,\alpha) = \frac{1}{2} |w|^2 - \sum_{i=1}^{m} \alpha_i [y_i(w^{\mathrm{T}} x_i + b) - 1]$$

其中，α_i 是拉格朗日乘子（Lagrange multiplier）。

在 5.2.1 小节中，针对线性不可分情形，引入了松弛变量 ξ，并进行了模型修改。模型修改后，拉格朗日函数也要修改如下：

$$L(w,b,\xi,\alpha,\beta) = \frac{1}{2} |w|^2 + C \sum_{i=1}^{m} \xi_i - \sum_{i=1}^{m} \alpha_i [y_i(w^{\mathrm{T}} x_i + b) - 1 + \xi_i] - \sum_{i=1}^{m} \beta_i \xi_i$$

这里的 α, β 都是拉格朗日乘子。

通过拉格朗日函数，5.2.1 小节中线性不可分情形优化问题变换成如下问题：

$$\min_{w,b} \max_{\alpha} L(w,b,\alpha)$$

如果直接求解，不容易。为此将其转化成其对偶问题。

$$\max_{\alpha} \min_{w,b} L(w,b,\alpha)$$

相对于原问题只是更换了 min 和 max 的顺序，而一般更换顺序的结果是 max min(X) ≤

min max(X)，此处取等号。

然后，通过对拉格朗日函数进行优化，找到使其最小化的变量值和使其最大化的乘子值。

目标是找到使拉格朗日函数最小化的 w, b, ξ，以及最大化对应的拉格朗日乘子 α 和 β。首先，处理内层的 min 优化问题。为了求解该优化问题，固定乘子 α, β，并对变量 w, b, ξ 分别求偏导数，令它们分别等于零，得到一系列方程。

对 w 求偏导数：

$$\frac{\partial L}{\partial w} = w - \sum_{i=1}^{m} \alpha_i y_i x_i = 0 \Rightarrow w = \sum_{i=1}^{m} \alpha_i y_i x_i$$

对 b 求偏导数：

$$\frac{\partial L}{\partial b} = -\sum_{i=1}^{m} \alpha_i y_i = 0 \Rightarrow \sum_{i=1}^{m} \alpha_i y_i = 0$$

对 ξ 求偏导数：

$$\frac{\partial L}{\partial \xi_i} = C - \alpha_i - \beta_i = 0 \Rightarrow \alpha_i + \beta_i = C$$

将以上结果代入拉格朗日函数中，进行化简，最后可以得到如下优化问题。

$$\max_{\alpha} \sum_{i=1}^{m} \alpha_i - \frac{1}{2} \sum_{i=1}^{m} \sum_{j=1}^{m} \alpha_i \alpha_j y_i y_j < x_i, x_j >$$

$$\text{s.t. } \sum_{i=1}^{m} \alpha_i y_i = 0, 0 \leqslant \alpha_i \leqslant C, \forall i = 1, 2, \cdots, m$$

注意到，求解内层优化问题的化简过程中，ξ 和 β 均已消失。

通过变更优化目标中的正负符号，可以将 max 问题转换成 min 问题，即：

$$\min_{\alpha} \frac{1}{2} \sum_{i=1}^{m} \sum_{j=1}^{m} \alpha_i \alpha_j y_i y_j \langle x_i, x_j \rangle - \sum_{i=1}^{m} \alpha_i$$

$$\text{s.t. } \sum_{i=1}^{m} \alpha_i y_i = 0, \quad 0 \leqslant \alpha_i \leqslant C, \forall i = 1, 2, \cdots, m$$

通过求解对偶问题，可以得到最优的拉格朗日乘子 alpha 的取值。

2．SMO 算法

在求解对偶问题时，需要使用优化算法（如 SMO 算法）来求解最大化问题的解，得到最优的拉格朗日乘子 α 的取值。

SMO（sequential minimal optimization）算法是一种用于求解支持向量机（SVM）的优化算法。SMO 算法于 1998 年被提出，并成为最快的二次规划优化算法，特别针对线性 SVM 和数据稀疏时性能更优。它的主要思想是将大优化问题分解为多个小优化子问题，通过迭代地选择并更新两个变量的方式来逐步求解。

SMO 的原理和实现过程比较复杂，本书不打算过多展开，有兴趣的读者可以参考论文 "Sequential Minimal Optimization: A Fast Algorithm for Training Support Vector Machines"。下面简要介绍 SMO 算法的基本步骤。

（1）初始化：选择合适的误差容忍度 epsilon 和惩罚参数 C，初始化 alpha 向量和偏置

b 为 0。

（2）选择两个不同的 alpha 值进行优化：在每次迭代中，选择两个不同的 alpha 值，通过选择违反 KKT（Karush-Kuhn-Tucker）条件的 alpha 对来进行优化。这是 SMO 算法的核心部分。KKT 条件是最优化问题的一组必要条件。根据 KKT 条件，如果 x 是该最优化问题的解，则存在拉格朗日乘子向量满足一系列条件，有兴趣的读者可以自行阅读相关资料。

（3）固定其他的 alpha 值：在优化过程中，固定其他的 alpha 值，将它们看作常数。

（4）通过求解二次规划问题更新所选 alpha 值：将两个选中的 alpha 值对应的样本作为输入，通过求解二次规划问题来更新这两个 alpha 值。求解这个二次规划问题可以使用解析方法或者数值优化方法。

（5）更新阈值 b：在每次迭代中，根据更新后的 alpha 值，计算新的阈值 b。

（6）终止条件：重复执行上述步骤直到满足终止条件，例如达到最大迭代次数或满足收敛条件。

SMO 算法的优点在于每次迭代只需要针对两个 alpha 进行优化，大大减小了计算复杂度。它在优化问题的过程中一次只考虑两个参数，使得优化问题的规模变小。

3．预测过程

最后，可以使用这些拉格朗日乘子值计算超平面的参数，从而实现对样本的分类。具体而言，求解出最优的 alpha 向量后，可以使用与支持向量对应的 alpha 值来计算权重向量 w 和截距 b。

$$w = \sum \alpha_i y_i \boldsymbol{x}_i$$
$$b = y_k - \sum \alpha_i y_i \langle \boldsymbol{x}_i, \boldsymbol{x}_k \rangle$$

其中，y_k 是支持向量 $\boldsymbol{x}_k$ 的类别标签，它作为一个支持向量满足 $0 < \alpha_k < C$。这样，就可以得到一个线性 SVM 模型，用于二分类问题。在预测时，只需要根据训练好的超平面将新样本分为两类即可。使用 $\boldsymbol{w}^{\mathrm{T}} \boldsymbol{x} + b$ 来判断，如果值大于或等于 1，那么是正类，小于或等于 -1 是负类。

但实际上，现在有了 α_i，不需要求出 w，根据公式

$$\boldsymbol{w}^{\mathrm{T}} \boldsymbol{x} + b = \left(\sum_{i=1}^{m} \alpha_i y_i \boldsymbol{x}_i \right)^{\mathrm{T}} \boldsymbol{x} + b = \sum_{i=1}^{m} \alpha_i y_i \langle \boldsymbol{x}_i, \boldsymbol{x} \rangle + b$$

只需将新输入样本和训练数据中的所有样本做内积和即可。其实，并不需要与所有样本都做运算，那样太耗时。根据 KKT 条件，只有支持向量的 $\alpha_i > 0$，其他情况 $\alpha_i = 0$。因此，只需求新加入的样本和支持向量的内积，然后运算即可。

5.2.3　核函数

核函数是支持向量机中的一种技术，用于将数据从低维特征空间映射到高维特征空间。它的作用是通过非线性转换将数据在原始特征空间中无法分隔的情况转换为在高维特征空间中可以被线性分隔的情况。核函数的优势是可以处理非线性问题，提高模型的灵活性和泛化能力。

1．从内积到核函数

前面的公式中，直接在线性空间进行推导计算。而现实中的问题通常是非线性的，这

时可以借助核函数，将数据映射到高维空间，以处理非线性问题。

在上一小节的优化方程中（5.2.2 小节第 1 部分的最后一个公式），存在 $\langle \boldsymbol{x}_i, \boldsymbol{x}_j \rangle$ 的内积计算项，这是直接以原始特征 $\boldsymbol{x}$ 作为计算基础。可以在原始特征进行一次特征映射 $\phi(\boldsymbol{x})$，然后将得到的特征映射后的特征应用于 SVM 分类。为此，可以定义核函数（kernel）$K(\boldsymbol{x}, \boldsymbol{y}) = \phi(\boldsymbol{x})^{\mathrm{T}} \phi(\boldsymbol{y})$，将前面公式中的原始特征内积从 $\langle \boldsymbol{x}_i, \boldsymbol{x}_j \rangle$ 映射到 $\langle \phi(\boldsymbol{x}_i), \phi(\boldsymbol{x}_j) \rangle$。通过计算的内积，可以联想到余弦相似度，向量 $\boldsymbol{x}$ 和 $\boldsymbol{y}$ 的夹角越小，核函数值越大，反之越小。核函数值可以理解成 $\phi(\boldsymbol{x})$ 和 $\phi(\boldsymbol{y})$ 的相似度。

再看另外一个非常著名的核函数 $K(\boldsymbol{x}, \boldsymbol{y}) = \exp\left(-\dfrac{\|\boldsymbol{x} - \boldsymbol{y}\|^2}{2\sigma^2}\right)$。如果 $\boldsymbol{x}$ 和 $\boldsymbol{y}$ 很接近（$\|\boldsymbol{x} - \boldsymbol{y}\| \approx 0$），那么该核函数值为 1；如果 $\boldsymbol{x}$ 和 $\boldsymbol{y}$ 相差很大（$\|\boldsymbol{x} - \boldsymbol{y}\| \gg 0$），那么核函数值约等于 0。由于这个函数类似于高斯分布，因此称为高斯核函数，也叫作径向基函数（radial basis function，RBF），它能够把原始特征映射到无穷维。在 Sklearn 的 SVC 中，默认的核函数就是高斯核函数。如果不指定 kernel 参数，它会自动使用高斯核函数进行分类。

既然高斯核函数能够比较 $\boldsymbol{x}$ 和 $\boldsymbol{y}$ 的相似度，并映射到 0 到 1，回想 Logistic 回归中的 Sigmoid 函数，它也可以实现类似目的，因此，也存在类似的 Sigmoid 核函数（也称为 Logistic 核函数）。类似于逻辑回归中的 Sigmoid 函数，Sigmoid 核函数的特点是将输入样本映射到一个取值范围在[0, 1]之间的特征空间。使用 Sigmoid 核函数的 SVM 可以更适应于处理具有概率性质的问题。然而，Sigmoid 核函数的性能可能受到数据分布的影响，并且对核函数参数的选择相对敏感。在 Sklearn 中，SVC 类中的参数 kernel 可以设置为 sigmoid 以使用 Sigmoid 核函数。

核函数不仅仅用在 SVM 中，其他许多机器学习算法也都用到了核函数。

2．常见的核函数

SVM（支持向量机）通过引入核函数来处理非线性问题，将数据从低维特征空间映射到高维特征空间。以下是几种常见的核函数。

（1）线性核函数（linear kernel）：线性核函数是最简单的核函数，直接在原始特征空间中进行内积运算，即 $K(\boldsymbol{x}, \boldsymbol{y}) = \boldsymbol{x}^{\mathrm{T}} \boldsymbol{y}$。它适用于线性可分的问题。在 Sklearn 的 SVM 中，使用 kernel='linear'指定。

（2）多项式核函数（polynomial kernel）：多项式核函数通过引入多项式特征进行非线性映射，常用形式为 $K(\boldsymbol{x}, \boldsymbol{y}) = (a\boldsymbol{x}^{\mathrm{T}} \boldsymbol{y} + c)^d$，其中 a 和 c 是用户定义的常数，d 是多项式的阶数。多项式核函数可以处理一定复杂度的非线性问题。在 Sklearn 的 SVM 中，使用 kernel='poly'指定。还可以通过 degree 参数设置多项式的阶数。

（3）高斯核函数（Gaussian kernel）：高斯核函数（也称为径向基函数）是一种常用的非线性核函数，形式为 $K(\boldsymbol{x}, \boldsymbol{y}) = \exp(-\|\boldsymbol{x} - \boldsymbol{y}\|^2 /(2\sigma^2))$，其中 σ 是用户定义的参数。高斯核函数可以将样本映射到无限维的特征空间，具有较强的拟合能力。在 Sklearn 的 SVM 中，使用 kernel='rbf'指定。还可以通过 gamma 参数设置高斯核函数的宽度。

（4）Sigmoid 核函数：Sigmoid 核函数形式为 $K(\boldsymbol{x}, \boldsymbol{y}) = \tanh(a\boldsymbol{x}^{\mathrm{T}} \boldsymbol{y} + c)$，其中 a 和 c 是用户定义的常数。Sigmoid 核函数可以将数据映射到一个双曲正切函数的范围内，适用于二分类问题。在 Sklearn 的 SVM 中，使用 kernel='sigmoid'指定。还可以通过 gamma 参数进行调节。

除了上述核函数，还有其他一些常用的核函数，如拉普拉斯核函数、指数核函数等。

在选择核函数时，需要考虑问题的特性、数据的分布以及核函数的参数调节等因素。通常可以通过交叉验证等方法来选择最适合的核函数。

3．预测过程的计算

对于 SVM 模型，其预测结果可以通过超平面方程 $\boldsymbol{w}^\mathrm{T}\boldsymbol{x}+b=0$ 来计算。超平面方程的意义是将特征空间划分为两个部分，其上方为一个类别，下方为另一个类别。具体来说，对于一个输入样本 $\boldsymbol{x}$，计算其到超平面的距离，得到的值为：

$$\text{distance} = \frac{|\boldsymbol{w}^\mathrm{T}\boldsymbol{x}+b|}{|\boldsymbol{w}|_2}$$

其中，$|\boldsymbol{w}|_2$ 表示参数向量 $\boldsymbol{w}$ 的二范数。

由于 SVM 模型是一个最大间隔分类器，即在满足一定的约束条件下，最大化分类间隔，因此超平面方程的分类效果非常好。具体地，如果对于一个输入样本 $\boldsymbol{x}$，其到超平面的距离 distance 大于或等于 1，则说明该样本属于正确分类区域，即其属于正类（对应超平面上方）；如果 distance 小于或等于–1，则说明该样本属于错误分类区域，即其属于负类（对应超平面下方）。而如果–1<distance<1，则说明该样本处于分类超平面与最近的样本之间，被称为"间隔边缘样本"。这些样本对模型的训练非常重要，是 SVM 模型的支持向量。

因此，可以根据输入样本到超平面的距离来判断其属于哪个类别。如果 distance 大于或等于 1，则该样本属于正类；如果 distance 小于或等于–1，则该样本属于负类。而如果–1<distance<1，则需要进行进一步的决策，例如将其判定为未知类别或者随机分配一个类别等。

如果使用了核函数后，$\boldsymbol{w}^\mathrm{T}\boldsymbol{x}+b$ 就变成了 $\boldsymbol{w}^\mathrm{T}\phi(\boldsymbol{x})+b$，是否先要找到 $\phi(\boldsymbol{x})$，然后再进行预测？要知道，很多时候 $\phi(\boldsymbol{x})$ 的表达式并不容易得到。

结合之前的公式 $\boldsymbol{w}=\sum_{i=1}^{m}\alpha_i y_i \boldsymbol{x}_i$，可以得到

$$\boldsymbol{w}^\mathrm{T}\boldsymbol{x}+b = \left(\sum_{i=1}^{m}\alpha_i y_i \boldsymbol{x}_i\right)^\mathrm{T}\boldsymbol{x}+b = \sum_{i=1}^{m}\alpha_i y_i <\boldsymbol{x}_i,\boldsymbol{x}>+b$$

使用核函数后，只需将 $<\boldsymbol{x}_i,\boldsymbol{x}>$ 替换成 $k(\boldsymbol{x}_i,\boldsymbol{x})$ 即可，然后计算上述表达式的值。

5.2.4　代表性参数

1．alpha 参数

在 SVM 中，alpha 参数指的是拉格朗日乘子，它在对偶问题中起到了重要作用。SVM 通过解决一个凸优化问题来找到最佳的超平面以进行分类。这个优化问题涉及最大化间隔和同时使训练样本满足约束条件（例如，样本之间的间隔应大于或等于 1）。为了解决这个问题，SVM 使用了拉格朗日对偶性（Lagrange duality）。

拉格朗日对偶性允许将原始的凸优化问题转化为一个对偶问题，该对偶问题更容易求解。在对偶问题中，引入拉格朗日乘子 alpha 来表示约束条件。具体来说，每个训练样本对应一个 alpha 值，可以将它们组成一个向量来表示整个训练集的 alpha 参数。alpha 参数在 SVM 中具有以下重要用途。

（1）与支持向量相关：训练过程中，那些落在间隔边界上的样本点被称为支持向量，它们对应的 alpha 值非零。在计算超平面时，只有这些支持向量会被考虑，因此 alpha 参数

帮助确定了支持向量的重要性。

（2）决定超平面的位置和宽度：通过在超平面的计算中使用 alpha 参数，可以调整超平面的位置和宽度。具体来说，alpha 值越大的支持向量对超平面的影响越大。因此，可以通过调整 alpha 参数来控制分类器的决策边界。

（3）计算模型的权重和偏置：通过训练得到的 alpha 参数，可以计算出模型的权重向量和偏置项（截距）。这些权重和偏置给出了最佳超平面的数学表示。

需要注意的是，由于支持向量机是一个二次规划问题，求解过程中涉及一些优化算法（如序列最小最优化算法）来计算 alpha 参数的值。在实际使用中，通常不直接操作 alpha 参数，而是使用机器学习库或工具来自动完成求解过程。

2. 参数 C

在支持向量机（SVM）中，参数 C 在 SVM 中控制着正则化的强度（惩罚系数）。参数 C 的值越大，表示对误分类样本的惩罚力度越强，模型越倾向于更好地拟合训练数据。换句话说，较大的 C 值会使模型更关注于对训练样本的分类，甚至可能导致模型过拟合。相反，参数 C 的值越小，表示对误分类样本的惩罚力度越弱，模型更关注于找到较大的间隔。较小的 C 值使得模型更容忍训练样本的误分类，有助于提高模型的泛化能力，但也可能导致欠拟合。调节 C 的取值可以影响决策边界的位置和模型的容错能力。

参数 C 可以被视为控制模型容错性和复杂度的调节器。选择的 C 值是否合适取决于数据集的特性和应用需求。通常建议使用交叉验证等方法来选择最优的 C 值。需要注意的是，参数 C 的值不能为负数，且应该根据具体问题进行调试。在目前 Sklearn 的 SVC 中，参数 C 的默认值为 1.0。

3. 间隔控制参数

间隔（margin）是指分类超平面与支持向量之间的距离。SVM 中与间隔有关的参数主要包括两个：C 和 gamma。

参数 C 通过正则化控制模型的容错率，C 的值越大，正则化的程度越小，模型对误分类的惩罚力度越强，容错率越小，分类间隔也就越小；C 的值越小，正则化的程度越大，模型对误分类的容忍程度越高，容错率也就越大，分类间隔也就越大。

Gamma 是 SVM 中用于控制高斯核函数形态的一个参数。它决定了单个训练样本对于整个模型的影响程度，或者说影响半径。Gamma 值越小，支持向量的影响范围越广，间隔也越大，模型泛化能力越强；Gamma 值越大，支持向量的影响范围越小，间隔也越小，模型可能出现过拟合的情况。

在 SVM 中，希望最大化分类边界，即最大化分类超平面与支持向量之间的间隔，同时要满足训练样本的分类精度要求。因此，在调参过程中，需要平衡模型的容错率和间隔大小，找到最优的参数组合。通常可以使用交叉验证等方法来选择最优的 C 和 gamma 值。

4. epsilon 和 ε-tube

在 SVM 中，计算软间隔（soft margin）SVM 时，对于每个支持向量到决策边界（decision boundary）的距离，可以定义一个 ε-tube（epsilon-tube），其中 ε 是软间隔 SVM 的一个参数。

给定一个超平面 $\boldsymbol{w}^{\mathrm{T}}\boldsymbol{x}+b$，其中 $\boldsymbol{x}$ 是输入样本的特征向量。对于每个支持向量 $\boldsymbol{x}_i$，若该样本被正确分类，则它位于相应类别的超平面上或内部，此时它到超平面的距离为 $y_i(\boldsymbol{w}^{\mathrm{T}}\boldsymbol{x}_i + b)-1$。若该样本被错误分类，则它位于相应类别的超平面的错误一侧，此时它

到超平面的距离为 $y_i(\boldsymbol{w}^{\mathrm{T}}\boldsymbol{x}_i + b) - 1 + \xi_i$。$\varepsilon$-tube 的作用是确定允许支持向量离超平面一侧的最大距离，即如果一些支持向量在 ε-tube 之外，那么它们就被认为错分了。因此，ε-tube 的大小与模型的容错能力相关，较大的 ε-tube 可以允许更多的分类错误，增加模型的鲁棒性和泛化能力。一般来说，软间隔 SVM 的目标是最小化分类误差和松弛变量上的惩罚项，其中参数 C 决定了对误分类和松弛变量的惩罚强度。然而，在一些情况下，对于一些错误的样本，可能希望减少其对模型的影响，这时可以增加 ε-tube 的大小，降低这些错分样本的惩罚项。

5.2.5 分类和回归

支持向量机（SVM）可用于分类和回归问题。总体上是相似的，但在输出类型、目标函数和误差处理等方面存在明显的区别。

（1）输出类型

SVM 分类用于解决分类问题，将样本分为不同的类别。输出离散的类别标签，将样本分到不同的类别中。SVM 回归用于解决回归问题，输出连续的数值，直接预测目标变量的值。

（2）目标函数

SVM 分类目标是找到一个最大间隔的超平面，使得不同类别之间的间隔最大化，并且一定数量的样本位于间隔边界上。SVM 回归目标是找到一个超平面，使得样本点尽可能地落在该超平面附近，同时控制边界上的样本点。

（3）误差处理

SVM 分类使用 Hinge Loss 函数来惩罚错误分类。它对正确分类和离超平面正确位置足够远的样本没有惩罚，但对错误分类和靠近超平面的样本有较大的惩罚。SVM 回归使用 ε-Insensitive Loss 函数，允许一定误差。只有当样本落在 ε-tube 之外时，才对其进行惩罚。

（4）变量处理

SVM 分类要求样本可分或近似可分。即使数据不是线性可分的，也可以通过核函数将其映射到高维空间中进行分类。SVM 回归对数据没有特殊要求，可以处理线性可分或线性不可分的数据。

（5）Sklearn 实现

在 Sklearn 中，支持向量机模型可以用于分类和回归任务。Sklearn 提供 sklearn.svm.SVC 用于分类任务，它实现了基于核函数的非线性 SVM 分类。可以选择不同的核函数（如线性核、多项式核、径向基函数等）来适应不同的数据分布。Sklearn 提供 sklearn.svm.SVR 用于回归任务，它实现了基于核函数的非线性 SVR。同样可以选择不同的核函数来适应不同的数据关系。在实例化 SVC 或者 SVR 对象时，可以通过设置参数来控制模型的行为，如 C 参数（正则化参数）和 gamma 参数（核函数的系数）。与 Sklearn 绝大多数模型类似，使用 fit(**X**,y) 方法来训练模型，其中 **X** 是特征矩阵，y 是对应的目标变量。训练完成后，使用 predict(**X**) 方法进行预测，传入特征矩阵 **X**，返回相应的预测结果。

5.2.6 SVM 的优点和限制

SVM 的优点主要包括以下几点。

（1）可应用于高维空间：SVM 可以处理高维特征空间，且不易受到维度灾难的影响。在处理高维特征空间时，还可以考虑使用特征选择或降维技术来减少维度。特征选择方法可以排除不重要的特征，以提高模型的效率和准确度。降维技术如主成分分析（PCA）可以将高维数据转换为低维表示，保留最重要的特征信息，减少维度灾难的影响。

（2）泛化能力强：SVM 通过最大化间隔，在训练集外的数据上具有较好的泛化能力。

（3）可处理非线性问题：通过使用核函数，SVM 可以将非线性问题映射到高维特征空间，从而解决非线性分类问题。

然而，SVM 也有一些限制和注意事项，具体如下。

（1）处理大规模数据集较为耗时：SVM 在处理大规模数据集时计算复杂度较高，训练时间较长。

（2）参数选择敏感：SVM 的性能依赖于参数的选择，需要经过交叉验证等方法来确定最优参数。

（3）对噪声敏感：SVM 对噪声和异常点较为敏感，可能会影响分类结果。

5.3 综合案例：基于 SMO 算法的 SVM 分类器

5.3.1 案例概述

为了帮助读者理解 SMO 的细节，进而加深对 SVM 优化问题原理的理解，本案例通过纯 Python 代码实现了两个基于 SMO 算法的 SVM 分类器。这两个分类器分别使用了线性模型和核函数模型。

首先，将介绍基于 SMO 算法的线性版本 SVM 分类器完整实现，并在一个线性可分数据集对代码进行了测试。

然后，以线性版本为基础，将其推广到非线性场景，构建基于 SMO 算法的高斯核函数版本 SVM 分类器，并在一个线性不可分数据集上测试该算法。

5.3.2 线性版本 SVM 分类器：Python 版

基于 SMO 算法的线性版本 SVM 分类器，主要由 baseStruct 类、innerLoop 函数、smo 函数、calculateW 函数和 main 函数组成。

1. baseStruct 类

baseStruct 类是用于存储 SVM 训练数据和相关参数的数据结构，它只包括一个构造函数__init__。baseStruct 类的作用是将训练数据和相关参数整合在一个数据结构中，方便在 SVM 算法的各个步骤中进行传递和访问。它提供了一种方便的方式来组织和管理 SVM 算法所需的数据和变量。

```
1.   import numpy as np
2.   class baseStruct:
3.       def __init__(self,X, y, C, tolerant):
4.           self.X = X
5.           self.y = y
6.           self.C = C
7.           self.tolerant = tolerant
8.           self.m = X.shape[0]
9.           self.alphas = np.mat(np.zeros((self.m,1)))
10.          self.b = 0
11.          self.eCache = np.mat(np.zeros((self.m,2)))
```

baseStruct 类的构造函数__init__接受输入的训练数据（X）和标签（y），惩罚参数 C 和容忍度 tolerant，并将它们分别存储到对应的类的属性中。它还初始化了一些变量，如样本数量（m）、alpha 向量（alphas）、偏置（b）和误差缓存（eCache），它们的值均被初始化为 0。

构造函数中创建一个长度与训练样本数量一样的零矩阵作为初始 alpha 向量，并将其存储在 alphas 属性中。这个 alpha 向量表示每个样本对应的拉格朗日乘子。

构造函数中还创建一个长度与训练样本数量一样的零矩阵作为误差缓存列表的初始值，并将其存储在 eCache 属性中。误差缓存用于存储每个样本的预测误差，方便后续计算。该矩阵包含两列，其中第一列是有效标志。

2. innerLoop 函数

innerLoop 函数用于实现 SMO 算法的内部循环。innerLoop 函数中包含了三个内部函数，即 calcPredictErrorK、updatePredictErrorK、selectJ。innerLoop 函数的主体部分位于这三个内部函数之后，并调用了这三个内部函数。innerLoop 函数的目的是选择第二个 alpha（alpha_j），并根据一定条件更新 alpha 值和偏置 b。这个过程是 SMO 算法中的核心步骤之一，用于逐步优化 SVM 模型的参数，以达到更好的分类效果。

（1）内部函数 calcPredictErrorK

内部函数 calcPredictErrorK 用于计算样本 k 的预测误差，帮助评估模型对训练样本的预测准确程度。它接受数据结构对象 svmData 和样本索引 k 作为输入参数，返回该样本的预测误差。

```
12.  def innerLoop(i, svmData):
13.      def calcPredictErrorK(svmData, k):
14.          predict_k = float(np.multiply(svmData.alphas,svmData.y).T*(svmData.
    X*svmData.X[k,:].T)) + svmData.b
15.          PredictErrorK = predict_k - float(svmData.y[k])
16.          return PredictErrorK
```

在计算过程中，首先获取样本 k 的特征向量 X、对应的标签 y、拉格朗日乘子 alpha、偏置 b，用于计算样本 k 的预测输出值。然后将预测输出值与实际标签进行比较，得到预测误差。

（2）内部函数 updatePredictErrorK

函数 updatePredictErrorK 用于更新预测误差缓存，使其与当前优化后的模型保持一致。在任何 alpha 发生更改后，都会调用函数 updatePredictErrorK 以更新预测误差缓存值。

```
17.      def updatePredictErrorK(svmData, k):
18.          PredictErrorK = calcPredictErrorK(svmData, k)
19.          svmData.eCache[k] = np.array([1,PredictErrorK], dtype=object)
```

函数 updatePredictErrorK 接受数据结构对象 svmData 和样本索引 k 作为输入参数。在更新过程中，首先调用函数 calcPredictErrorK 计算样本 k 的预测误差，并将其保存到预测误差缓存中。然后更新训练数据结构对象的预测误差缓存。注意，样本 k 的预测误差缓存由两个元素构成，其中第 1 个元素更新为 1，第 2 个元素更新为预测误差。

（3）内部函数 selectJ

函数 selectJ 用于选择合适的第二个样本索引，以便在 SMO 算法的优化过程中选择两个互补的样本进行更新，从而更好地优化拉格朗日乘子。它接受样本索引 i、数据结构对象 svmData 和样本 i 的预测误差 PredictErrorI 作为输入。

```
20.        def selectJ(i, svmData, PredictErrorI):
21.            maxJ = -1; maxDeltaError = 0; PredictErrorJ = 0
22.            svmData.eCache[i] = np.array([1,PredictErrorI], dtype=object)
23.            validEcacheList = np.nonzero(svmData.eCache[:,0].A)[0]
24.            if (len(validEcacheList)) > 1:
25.                for k in validEcacheList:
26.                    if k == i: continue #don't calc for i, waste of time
27.                    PredictErrorK = calcPredictErrorK(svmData, k)
28.                    deltaPredictError = abs(PredictErrorI - PredictErrorK)
29.                    if (deltaPredictError > maxDeltaError):
30.                        maxJ = k;
31.                        maxDeltaError = deltaPredictError;
32.                        PredictErrorJ = PredictErrorK
33.                return maxJ, PredictErrorJ
34.            else:
35.                j=i
36.                np.random.seed(20)
37.                while (j==i):
38.                    j = int(np.random.uniform(0,svmData.m))
39.                PredictErrorJ = calcPredictErrorK(svmData, j)
40.            return j, PredictErrorJ
```

在选择过程中，首先初始化变量 maxJ、maxDeltaError 和 PredictErrorJ，maxDeltaError 用于记录最大的误差变化值。第 22 行代码更新 svmData.eCache 中第 i 个样本的值为[1, PredictErrorI]。第 23 行代码找到 svmData.eCache[:,0]中非零元素的索引，并存储在 validEcacheList 中。如果 validEcacheList 非空，则通过 for 循环遍历有效的 Ecache 值，找到最大化 deltaPredictError 的值样本，并返回对应索引 maxJ 和预测误差 PredictErrorJ。如果 validEcacheList 为空，意味着没有任何有效的 eCache 值（例如，最开始第 1 轮时），此时随机选择任何不等于 i 的 j，并返回 j 和对应的预测误差。

（4）函数 innerLoop 的主体部分

这段代码是函数 innerLoop 的主体部分。这段代码实现的是 SVM 算法的 SMO 子问题，用于更新拉格朗日乘子 alpha[i]和 alpha[j]的值。根据此更新，可以逐步优化整个模型并找到最佳的超平面。

```
41.        PredictErrorI = calcPredictErrorK(svmData, i)
42.        if ((svmData.y[i]*PredictErrorI < -svmData.tolerant) and (svmData.alphas[i] <
svmData.C)) or ((svmData.y[i]*PredictErrorI > svmData.tolerant) and (svmData.alphas[i] > 0)):
43.            j,PredictErrorJ = selectJ(i, svmData, PredictErrorI)
44.            alphaIold = svmData.alphas[i].copy(); alphaJold = svmData.alphas[j].copy();
45.            if (svmData.y[i] != svmData.y[j]):
46.                L = max(0, svmData.alphas[j] - svmData.alphas[i])
47.                H = min(svmData.C, svmData.C + svmData.alphas[j] - svmData.alphas[i])
48.            else:
49.                L = max(0, svmData.alphas[j] + svmData.alphas[i] - svmData.C)
50.                H = min(svmData.C, svmData.alphas[j] + svmData.alphas[i])
51.            if L==H: print("L==H"); return 0
52.            eta = 2.0 * svmData.X[i,:]*svmData.X[j,:].T - svmData.X[i,:]*svmData.
X[i,:].T - svmData.X[j,:]*svmData.X[j,:].T
53.            if eta >= 0: print("eta>=0"); return 0 #无法求解，直接返回
54.            svmData.alphas[j] -= svmData.y[j]*(PredictErrorI - PredictErrorJ)/eta
55.            if svmData.alphas[j] > H:
56.                svmData.alphas[j] = H
57.            if svmData.alphas[j] < L:
58.                svmData.alphas[j] = L
59.            updatePredictErrorK(svmData, j)
60.            if (abs(svmData.alphas[j] - alphaJold) < 0.00001):
61.                print("j not moving enough");
62.                return 0
```

```
63.        svmData.alphas[i] += svmData.y[j]*svmData.y[i]*(alphaJold - svmData.alphas[j])
64.        updatePredictErrorK(svmData, i)
65.        b1 = svmData.b - PredictErrorI- svmData.y[i]*(svmData.alphas[i]-alphaIold)*
svmData.X[i,:]*svmData.X[i,:].T - svmData.y[j]*(svmData.alphas[j]-alphaJold)*svmData.
X[i,:]*svmData.X[j,:].T
66.        b2 = svmData.b - PredictErrorJ- svmData.y[i]*(svmData.alphas[i]-alphaIold)*
svmData.X[i,:]*svmData.X[j,:].T - svmData.y[j]*(svmData.alphas[j]-alphaJold)*svmData.
X[j,:]*svmData.X[j,:].T
67.        if (0 < svmData.alphas[i]) and (svmData.C > svmData.alphas[i]): svmData.b = b1
68.        elif (0 < svmData.alphas[j]) and (svmData.C > svmData.alphas[j]): svmData.b = b2
69.        else: svmData.b = (b1 + b2)/2.0
70.        return 1
71.    else: return 0
```

首先，函数调用 calcPredictErrorK(svmData, i) 计算第 i 个样本的预测误差。如果某个样本的预测误差与实际标签之间的乘积小于一个阈值，说明该样本没有被正确分类，需要进行优化。具体来说，这个 if 语句的条件判断表达式可以分成两部分：第一部分 "(svmData.y[i]*PredictErrorI < -svmData.tolerant) and (svmData.alphas[i] < svmData.C)" 表示样本 i 没有被支持向量完全拟合；第二部分 "(svmData.y[i]*PredictErrorI > svmData.tolerant) and (svmData.alphas[i] > 0)" 表示样本 i 已被支持向量拟合，但是分类错误。这两种情况都需要进行优化，并选择另一个样本 j 与 i 一起进行拉格朗日乘子的优化。

接下来，函数调用 selectJ(i, svmData, PredictErrorI) 选择一个合适的样本 j。接着，保存当前的拉格朗日乘子 alpha[i] 和 alpha[j] 的值，并计算对应的标签 y[i] 和 y[j] 之间的不等式约束。注意，保存 alpha[i] 和 alpha[j] 时，调用了 copy 函数，这是因为默认 Python 通过引用方式传递数据。通过 copy 函数，可以明确告诉 Python，需要为 alphaIold 和 alphaJold 分配新的内存。否则，在对 alpha[i] 和 alpha[j] 更新时，alphaIold 和 alphaJold 也会随之变化，会导致新旧值没有变化。

然后，根据 y[i] 和 y[j] 的符号是否相同来计算 alpha[j] 的取值范围 L 和 H，该取值范围将 alpha[j] 限制在可行解的区间内。若 L 和 H 相等，则无法再优化，返回 0。接着，计算 SMO 算法中二次规划问题的解，即拉格朗日乘子 alpha[j] 的最优取值。如果 eta≥0，则无法求解，返回 0。

接下来，将计算出的新值赋给 alpha[j]，并确保 alpha[j] 在可行解区间内，最后调用 updatePredictErrorK(svmData,j) 更新预测误差缓存。如果 alpha[j] 的变化量小于 0.000 01，则认为没有发生有效改变，直接返回 0。如果有改变，则使用 alpha[j] 的变化量来更新 alpha[i]。再次调用 updatePredictErrorK(svmData, i) 更新预测误差缓存。最后，更新模型的偏置 b，计算并返回 1。如果在初始的 if 语句中没有满足优化条件，则直接返回 0。函数 innerLoop 的返回值代表是否有拉格朗日乘子对发生了更新。

3．smo 函数

smo 函数是完整的 Platt SMO 算法实现，它使用两个循环来优化模型。外部循环根据条件（最大迭代次数和 alpha 对的改变）执行迭代。在每次迭代中，它根据 entireSet 标志选择要处理的样本集（整个数据集或非边界样本）。然后，它调用 innerLoop 函数来优化每个选择的样本。在每次迭代结束时，如果发生了 alpha 对的改变，则更新 alphaPairsChanged 计数器。最后，如果所有样本都被遍历一次且没有 alpha 对的改变，或达到最大迭代次数，则迭代结束。

```
72. def smo(X, y, C, toler, maxIter):
73.     svmData = baseStruct(np.mat(X), np.mat(y).transpose(),C,toler)
```

```
74.        iter = 0
75.        entireSet = True; alphaPairsChanged = 0
76.        while (iter < maxIter) and ((alphaPairsChanged > 0) or (entireSet)):
77.            alphaPairsChanged = 0
78.            if entireSet:
79.                for i in range(svmData.m):
80.                    alphaPairsChanged += innerLoop(i, svmData)
81.                     print("fullSet, iter: %d i:%d, pairs changed %d" % (iter,i,
    alphaPairsChanged))
82.                iter += 1
83.            else:
84.                nonBoundIs = np.nonzero((svmData.alphas.A > 0) * (svmData.
    alphas.A < C))[0]
85.                for i in nonBoundIs:
86.                    alphaPairsChanged += innerLoop(i, svmData)
87.                    print("non-bound, iter: %d i:%d, pairs changed %d" %
    (iter,i,alphaPairsChanged))
88.                iter += 1
89.            if entireSet: entireSet = False
90.            elif (alphaPairsChanged == 0): entireSet = True
91.            print("iteration number: %d" % iter)
92.        return svmData.b,svmData.alphas
```

    smo 函数实现了 SVM 算法中的优化算法。这里采用序列最小优化（SMO）算法进行训练，它通过不断选择一对 alpha 进行更新来求解 SVM 的拉格朗日乘子。下面是 smo 函数的详细解释。

    第 72 行定义的 smo 函数接受训练数据 X 和标签 y、惩罚参数 C、容忍度 tole 和最大迭代次数 maxIter，作为其输入参数。第 73 行：创建了一个 svmData 对象，该对象包含了 SVM 算法所需的数据，包括训练数据矩阵 X、标签 y、惩罚参数 C、容忍度 toler 和其他一些初始化变量。第 74 行：初始化迭代次数为 0。第 75 行：设置一个布尔变量 entireSet 为 True，表示当前是否需要遍历整个数据集。同时，定义一个计数变量 alphaPairsChanged 用于记录每轮迭代中更新的 alpha 对的数量。

    第 76 行：进入 SVM 算法的主循环，while 循环的条件判断由 and 连接的两部分组成，前一部分表示迭代次数小于最大迭代次数，后一部分表示"alpha 对的更新数量大于 0 或者需要遍历整个数据集"。

    第 78 行：如果需要遍历整个数据集，即 entireSet 为 True，则遍历所有的样本。第 79 ~ 81 行对于每个样本 i，调用 innerLoop(i, svmData) 函数进行内循环，返回值代表是否有 alpha 对发生了更新。将返回值累加到 alphaPairsChanged 中，并打印输出当前的迭代次数、样本索引和已更新的 alpha 对数量。第 82 行：完成一次完整的数据集遍历后，迭代次数加 1。

    第 84 行：代码表示如果不需要遍历整个数据集，即 entireSet 为 False，则获取非边界样本的索引。第 85 ~ 87 行：对于每个非边界样本 i，同样调用 innerLoop(i, svmData) 进行内循环，并将返回值累加到 alphaPairsChanged 中。打印输出当前的迭代次数、样本索引和已更新的 alpha 对数量。第 88 行：完成一次非边界样本的遍历后，迭代次数加 1。

    第 89、90 行：根据当前迭代的情况，更新 entireSet 变量。如果是第一次遍历整个数据集或者在当前非边界样本遍历中没有任何 alpha 对发生更新，则下一轮迭代将需要遍历整个数据集；否则，下一轮迭代将只遍历非边界样本。第 91 行：打印输出当前的迭代次数。

第 92 行：迭代结束后，返回模型的偏置 svmData.b 和更新后的拉格朗日乘子 svmData.alphas。

4. calculateW 函数

calculateW 函数用于计算模型的权重向量 W。它使用训练后的 alpha 值和对应的样本特征向量和标签来计算权重向量 W。基本思想是，将每个支持向量的贡献乘以其对应的 alpha 和标签，并对所有支持向量进行求和。最终得到的 W 是一个 n 维列向量，其中 n 是特征的数量。

```
93. def calculateW(alphas,X,y):
94.     X = np.mat(X); y = np.mat(y).transpose()
95.     m,n = X.shape
96.     W = np.zeros((n,1))
97.     for i in range(m):
98.         W += np.multiply(alphas[i]*y[i],X[i,:].T)
99.     return W
```

5. main 函数

这段代码调用前面定义的各个函数，实现了 SVM 算法的测试，包括数据准备、模型训练和模型测试。

（1）数据准备

这段代码主要用于导入相关库和模块，并准备训练集和测试集。

```
100. import numpy as np
101. from sklearn.model_selection import train_test_split
102. import matplotlib.pyplot as plt
103. from matplotlib.colors import ListedColormap
```

第 100 行：导入 numpy 库，并将其命名为 np。第 101 行：从 sklearn.model_selection 模块导入 train_test_split 函数，用于将数据集划分为训练集和测试集。第 102 行导入了 matplotlib.pyplot 模块，并将其命名为 plt。第 103 行：导入 ListedColormap 类，用于设置颜色映射。

```
104. if __name__ == "__main__":
105.     np.random.seed(18)
106.     class_0 = np.random.randn(20, 2) + [2, 2]
107.     class_1 = np.random.randn(20, 2) - [2, 2]
108.     X = np.vstack((class_0, class_1))
109.     y = np.hstack((np.ones(len(class_0)), -1*np.ones(len(class_1))))
110.     X_train, X_test, y_train, y_test = train_test_split(X, y, test_size=0.2,
random_state=42)
```

第 105～107 行创建了两类随机样本。第 105 行：设置随机种子为 18，以确保每次运行生成相同的随机数。第 106 行：生成第一类样本，使用 randn 函数生成服从标准正态分布的随机样本，并通过加上偏移向量[2, 2]使其分布在平面上方。第 107 行：生成第二类样本，使用 randn 函数生成服从标准正态分布的随机样本，并通过减去偏移向量[2, 2]使其分布在平面下方。第 108、109 行合并数据，并创建标签。第 108 行：将两类样本按行堆叠起来形成特征矩阵 X。第 109 行：创建标签 y，其中第一类样本标签为+1，第二类样本标签为-1。第 110 行：调用 train_test_split 函数将数据集划分为训练集和测试集，划分比例为测试集占总数据集的 20%，随机种子为 42。

（2）模型训练

这段代码调用 smo 函数进行 SVM 模型训练，并选取支持向量。

```
111.     b, alphas = smo(X_train, y_train, 0.6, 0.001, 40)
```

```
112.    X_train = np.mat(X_train)
113.    y_train = np.mat(y_train).transpose()
114.    svId=np.nonzero(alphas.A>0)[0]
115.    SV_X = X_train[svId]
116.    SV_y = y_train[svId];
```

第 111 行：调用 smo 函数进行 SVM 模型训练，返回模型的偏置 b 和更新后的拉格朗日乘子 alphas。第 112 行：将训练集特征矩阵 X_train 转换为 numpy 矩阵对象。第 113 行：将训练集标签 y_train 转换为列向量，并使用矩阵转置操作进行转置。第 114 行：使用 numpy.nonzero 函数找到非零元素的索引，即对应于支持向量的索引。第 115 行：根据支持向量的索引选取对应的支持向量特征矩阵 SV_X。第 116 行：根据支持向量的索引选取对应的支持向量标签矩阵 SV_y。

（3）模型测试

```
117.    X_test = np.mat(X_test)
118.    y_test = np.mat(y_test).transpose()
119.    m,n = X_test.shape
120.    errorCount=0
121.    for i in range(m):
122.        kernelEval= SV_X * X_test[i,:].T
123.        predict=kernelEval.T * np.multiply(SV_y,alphas[svId]) + b
124.        if np.sign(predict)!=np.sign(y_test[i]): errorCount += 1
125.    print("the test error rate is: %f" % (float(errorCount)/m))
```

第 117 行：将测试集特征矩阵 X_test 转换为 numpy 矩阵对象。第 118 行：将测试集标签 y_test 转换为列向量，并使用矩阵转置操作进行转置。第 119 行：获取测试集特征矩阵 X_test 的形状，并分别赋值给变量 m 和 n。第 120 行：初始化错误计数器 errorCount 为 0，用于统计测试集分类错误的样本数量。第 121 行：通过 for 循环遍历测试集中的每个样本，索引为 i。第 122 行：计算当前样本与支持向量的核函数值，使用线性核函数。第 123 行：根据支持向量、拉格朗日乘子和偏置计算预测值。第 124 行：如果预测值与真实标签不一致，则错误计数器加 1。第 125 行：输出测试错误率，即分类错误样本数除以总样本数的比例。

（4）图形化显示结果

对结果进行图形化显示，以帮助更好地理解数据集的分布情况，并且可以看到哪些样本被选中作为支持向量。

```
126.    cmap = ListedColormap(['#FFAAAA', '#AAFFAA'])
127.    plt.scatter(np.array(X_train[:, 0].flatten()).reshape(-1),
128.                np.array(X_train[:, 1].flatten()).reshape(-1),
129.                c=np.array(y_train.flatten()).reshape(-1),
130.                cmap=cmap, edgecolors='k')
```

这段代码主要用于绘制散点图。第 126 行设置颜色映射，定义了一个名为 cmap 的颜色映射对象，其中第一类样本的颜色为红色，第二类样本的颜色为绿色。第 127～130 行：以 X_train 和 y_train 作为输入参数绘制出训练数据集的散点图，其中 X_train[:, 0]表示取特征矩阵 X_train 中所有行第一列的元素作为横轴，X_train[:, 1]表示取特征矩阵 X_train 中所有行第二列的元素作为纵轴，y_train 表示标签。调用 flatten 函数将多维数组展平成一维数组，并再次使用 reshape(-1)将一维数组转化为列向量，使得两个特征之间的对应关系不会被打乱。使用 cmap 设置颜色映射，edgecolors='k'表示散点边缘的颜色为黑色。

```
131.    plt.scatter(np.array(SV_X[:, 0].flatten()).reshape(-1),
132.                np.array(SV_X[:, 1].flatten()).reshape(-1),
133.                s=100, facecolors='none',
134.                edgecolors='k', linewidths=2)
```

这段代码根据选定的支持向量的特征矩阵和标签，在散点图上绘制支持向量。函数 flatten 和 reshape(-1)用于将多维数组展平并转换为列向量，参数 s 用于设置点的大小，参数 facecolors='none'表示散点内部不填充颜色，edgecolors='k'表示散点边缘的颜色为黑色，参数 linewidths=2 表示边缘线宽度为 2。输出结果如图 5-3 所示。

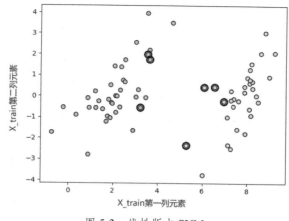

图 5-3　线性版本 SVM

5.3.3　核函数版本 SVM 分类器：Python 版

核函数版本 SVM 分类器与 5.3.2 小节的线性版本绝大部分是一样的，下面仅介绍差异部分。

1．增加一个 kernelTrans 函数

本段代码完成核运算，可以同时支持线性核和高斯核。对于线性 SVM，将采用线性核（第 4 行），计算 X 和 A 的内积，与 5.3.2 小节的线性版本是一致的。对于非线性 SVM，将计算高斯核（第 5~9 行），将数据映射到高维空间。本代码暂时不支持其他核（第 10 行）。

```
1.   def kernelTrans(X, A, kernel):
2.       m,n = X.shape
3.       K = np.mat(np.zeros((m,1)))
4.       if kernel[0]=='lin': K = X * A.T
5.       elif kernel[0]=='rbf':
6.           for j in range(m):
7.               deltaRow = X[j,:] - A
8.               K[j] = deltaRow*deltaRow.T
9.           K = np.exp(K/(-1*kernel[1]**2))
10.      else: raise NameError('Kernel is not recognized')
11.      return K
```

2．修改 baseStruct

相对于 5.3.2 小节中的 baseStruct，本段代码做了两处修改。其一是修改了构造函数接口（第 13 行），增加了一个 kernel 参数。kernel 参数的取值目前支持"lin"和"rbf"两个，分别代表线性核和高斯核。其二是增加了一个成员变量 K 及对应的赋值代码（第 22~24 行）。

```
12.  class baseStruct:
13.      def __init__(self,X, y, C, tolerant , kernel):
14.          self.X = X
15.          self.y = y
16.          self.C = C
17.          self.tolerant = tolerant
18.          self.m = X.shape[0]
19.          self.alphas = np.mat(np.zeros((self.m,1)))
```

```
20.          self.b = 0
21.          self.eCache = np.mat(np.zeros((self.m,2)))
22.          self.K = np.mat(np.zeros((self.m,self.m)))
23.          for i in range(self.m):
24.              self.K[:,i] = kernelTrans(self.X, self.X[i,:], kernel)
```

3. 修改 innerLoop 函数

主要进行了三处修改。

（1）修改内部函数 calcPredictErrorK。将 calcPredictErrorK 的第一行代码（5.3.2 小节的第 14 行代码）修改为如下代码。

```
25. predict_k = float(np.multiply(svmData.alphas,svmData.y).T*svmData.K[:,k] +
svmData.b)
```

（2）修改 innerLoop 函数主体部分的 eta 计算规则。将 innerLoop 函数主体部分的 eta 计算代码（5.3.2 小节的第 52 行代码）修改为如下代码。

```
26. eta = 2.0 * svmData.K[i,j] - svmData.K[i,i] - svmData.K[j,j]
```

（3）修改 innerLoop 函数主体部分的 b1 和 b2 计算规则。将 innerLoop 函数主体部分的 b1 和 b2 计算代码（5.3.2 小节的第 65、66 行代码）修改为如下代码。

```
27.          b1 = svmData.b - PredictErrorI- svmData.y[i]*(svmData.alphas[i]-
alphaIold)*svmData.K[i,i]- svmData.y[j]*(svmData.alphas[j]-alphaJold)*svmData.K[i,j]
28.          b2 = svmData.b - PredictErrorJ- svmData.y[i]*(svmData.alphas[i]-
alphaIold)*svmData.K[i,j]- svmData.y[j]*(svmData.alphas[j]-alphaJold)*svmData.K[j,j]
```

4. 修改 smo 函数

将 smo 函数最开始的两行代码（5.3.2 小节的第 72、73 行代码）修改成如下内容。

```
29. def smo(X, y, C, toler, maxIter, kernel=('lin', 0)):
30.     svmData = baseStruct(np.mat(X),np.mat(y).transpose(),C,toler,kernel)
```

5. 修改 main 函数

将 main 函数的 smo 调用部分（5.3.2 小节的第 111 行代码）修改成如下内容。

```
31.     k1=1.6
32.     b, alphas = smo(X_train, y_train, 200, 0.0001, 10000, ('rbf', k1))
```

将 main 函数的 kernelEval 计算部分（5.3.2 小节的第 122 行代码）修改成如下内容。

```
33.     kernelEval = kernelTrans(SV_X,X_test[i,:],('rbf', k1))
```

修改后的测试结果如图 5-4 所示。

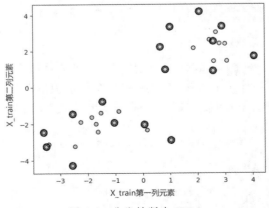

图 5-4 非线性版本 SVM

6.使用线性不可分数据集测试

将 main 函数的数据生成部分（5.3.2 小节的第 106～109 行代码）修改成如下内容。

```
34.        X, y = make_gaussian_quantiles(n_samples=200, n_features=2, n_classes=2)
35.        y[y==0]=-1
```

输出结果如图 5-5 所示。

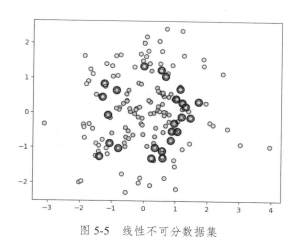

图 5-5　线性不可分数据集

5.4 综合案例：基于 SVC 的乳腺肿瘤分类

5.4.1　案例概述

本案例使用 Sklearn 提供的 load_breast_cancer 加载乳腺肿瘤数据集。这是一个用于乳腺肿瘤分类任务的经典数据集。它包含了美国威斯康星州的临床数据，用于对乳腺肿瘤进行良性（benign）和恶性（malignant）的分类。

该数据集共有样本 569 例，每个样本都由 30 个数值型特征构成，这些特征涵盖了乳腺肿瘤的形态学信息，包括半径、纹理、周长、面积、光滑度等。详细信息如表 5-1 所示。这些特征的计算是基于乳腺细胞核的数字化图像而得到的，并且已经经过归一化处理，以便保护病人隐私和保证数据应用的可靠性。目标变量 1 个，其中 0 表示良性，1 表示恶性。乳腺肿瘤分类任务的目标是根据这些特征预测肿瘤是否为恶性。本案例将使用该数据集，训练 SVM 模型来对新样本进行分类，并帮助医生在早期诊断和治疗乳腺癌时做出更准确的判断。

表 5-1　乳腺肿瘤数据集的特征含义

编号	特征名称	含义	编号	特征名称	含义
1	mean radius	平均半径	6	mean compactness	平均紧凑度
2	mean texture	平均纹理	7	mean concavity	平均凹陷程度
3	mean perimeter	平均周长	8	mean concave points	平均凹陷点数
4	mean area	平均面积	9	mean symmetry	平均对称性
5	mean smoothness	平均光滑度	10	mean fractal dimension	平均分形维数

编号	特征名称	含义	编号	特征名称	含义
11	radius error	半径误差	21	worst radius	半径的最大值
12	texture error	纹理误差	22	worst texture	纹理指标的最大值
13	perimeter error	周长误差	23	worst perimeter	周长的最大值
14	area error	面积误差	24	worst area	面积的最大值
15	smoothness error	光滑度误差	25	worst smoothness	光滑度指标的最大值
16	compactness error	紧凑度误差	26	worst compactness	紧凑度指标的最大值
17	concavity error	凹陷程度误差	27	worst concavity	凹陷程度指标的最大值
18	concave points error	凹陷点数误差	28	worst concave points	凹陷点数的最大值
19	symmetry error	对称性误差	29	worst symmetry	对称性指标的最大值
20	fractal dimension error	分形维数误差	30	worst fractal dimension	分形维数的最大值

【实例 5-2】 乳腺肿瘤数据集简要分析。

本实例对乳腺肿瘤数据集进行简要分析，以帮助读者了解该数据集基本信息。

```
1.  import numpy as np
2.  import pandas as pd
3.  import matplotlib.pyplot as plt
4.  import seaborn as sns
5.  from sklearn.datasets import load_breast_cancer
```

本段代码主要用于导入必要的库和模块。

```
6.  data = load_breast_cancer()
7.  X = data.data
8.  y = data.target
9.  feature_names = data.feature_names
10. df = pd.DataFrame(data=X, columns=feature_names)
11. df['target'] = y
12. print(df.info())
```

第 6 行，载入乳腺肿瘤数据集。第 7~11 行创建 DataFrame 对象。第 12 行代码查看数据集信息。输出结果如下。限于篇幅，这里仅保留部分内容。

```
<class 'pandas.core.frame.DataFrame'>
RangeIndex: 569 entries, 0 to 568
Data columns (total 31 columns):
 #   Column            Non-Null Count   Dtype
---  ------            --------------   -----
 0   mean radius       569 non-null     float64
 1   mean texture      569 non-null     float64
 2   mean perimeter    569 non-null     float64
 3   mean area         569 non-null     float64
 4   mean smoothness   569 non-null     float64
(省略)
```

数据集包含了 569 条记录，分为 31 列，前 30 列为特征值，最后 1 列为 target 值。

```
13. print(df.describe())
```

本段代码用于查看数据集统计描述。部分输出结果如图 5-6 所示。根据输出结果，可以大致了解各个变量的分布特征。

```
14. sns.countplot(x='target', data=df)
15. plt.xlabel('Diagnosis (0: Malignant, 1: Benign)')
16. plt.show()
```

	mean radius	mean texture	mean perimeter	mean area	mean smoothness	mean compactness	mean concavity	mean concave points	mean symmetry	f dimer
count	569.000000	569.000000	569.000000	569.000000	569.000000	569.000000	569.000000	569.000000	569.000000	569.00
mean	14.127292	19.289649	91.969033	654.889104	0.096360	0.104341	0.088799	0.048919	0.181162	0.06
std	3.524049	4.301036	24.298981	351.914129	0.014064	0.052813	0.079720	0.038803	0.027414	0.00
min	6.981000	9.710000	43.790000	143.500000	0.052630	0.019380	0.000000	0.000000	0.106000	0.04
25%	11.700000	16.170000	75.170000	420.300000	0.086370	0.064920	0.029560	0.020310	0.161900	0.05
50%	13.370000	18.840000	86.240000	551.100000	0.095870	0.092630	0.061540	0.033500	0.179200	0.06
75%	15.780000	21.800000	104.100000	782.700000	0.105300	0.130400	0.130700	0.074000	0.195700	0.06
max	28.110000	39.280000	188.500000	2501.000000	0.163400	0.345400	0.426800	0.201200	0.304000	0.09

8 rows × 31 columns

图 5-6　数据集统计描述

本段代码主要绘制诊断结果分布图，限于篇幅，省略输出结果。可以发现该数据集是不均衡的，Malignant 类别的占比要明显少于 Benign。

```
17. plt.figure(figsize=(12, 10))
18. sns.heatmap(df.corr(), cmap='coolwarm')
19. plt.show()
```

本段代码主要用于绘制特征之间的相关性热力图。输出结果如图 5-7 所示。借助该结果可以了解不同特征的相关性。例如，根据图 5-7 的 target 行（倒数第 1 行），可以发现 worst radius（倒数第 11 列）、worst perimeter（倒数第 9 列）和 worst concave points（倒数第 4 列）三个位置的色块都呈现深蓝色，结合图 5-7 右侧显示的颜色映射规则，可知这三个色块代表的值均接近于–0.8，这表明 target 与它们之间呈现明显的负相关性。

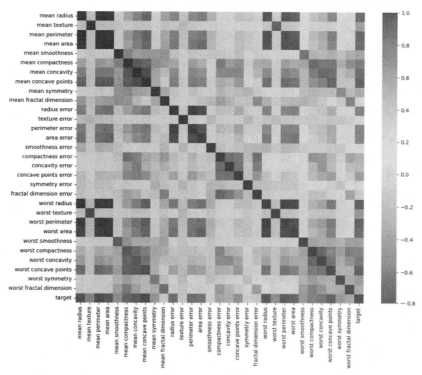

图 5-7　特征之间的相关性热力图

```
20.  plt.figure(figsize=(16, 6))
21.  for i, feature in enumerate(feature_names[:8]):
22.       plt.subplot(2,4, i + 1)
23.       sns.boxplot(x='target', y=feature, data=df, palette='coolwarm')
24.       plt.title(feature)
25.  plt.tight_layout()
26.  plt.show()
```

本段代码用于绘制诊断结果与特征之间的关系图,输出结果如图 5-8 所示。限于篇幅,这里仅绘制了前 8 个特征。不难发现,相对于编号为 1、3、4、6、7、8 的六个特征维度,编号为 2(图 5-8 中的第 1 行第 2 列的子图)、5(图 5-8 中第 2 行第 1 列的子图)的两特征维度上,Malignant 和 Benign 两类样本的分布曲线具有较为明显的重叠。

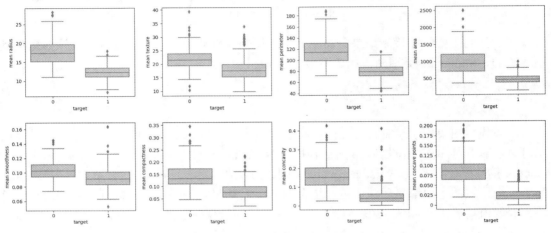

图 5-8　诊断结果与特征之间的关系图

5.4.2　案例实现:Sklearn 版

这段代码基于 Sklearn 提供的 SVC 模型,完成了乳腺肿瘤分类任务。

```
1.   from sklearn.datasets import load_breast_cancer
2.   from sklearn.model_selection import train_test_split
3.   from sklearn.svm import SVC
4.   from sklearn.metrics import accuracy_score
```

本段代码用于导入相关库和模块。

```
5.   data = load_breast_cancer()
6.   X = data.data
7.   y = data.target
8.   X_train, X_test, y_train, y_test = train_test_split(X, y, test_size=0.2, random_state=42)
```

本段代码用于加载乳腺肿瘤数据集,并将数据集拆分为训练集和测试集。第 5、6 行代码将数据集中的特征赋值给变量 X,将目标变量(恶性肿瘤为 0,良性肿瘤为 1)赋值给变量 y。在原始的 SVM 算法中,数据集的目标变量的取值应该是−1 和 1,这是由于 SVM 算法的原理是基于一个分隔超平面,该超平面的两侧分别是正类和负类。这里的目标变量可以被视为样本的标签或类别,负类用−1 表示,正类用 1 表示。然而,libsvm 库已经对原始 SVM 算法进行了修改,支持了 0 和 1 作为目标变量的值进行训练和预测。在 Sklearn 库中的 SVC 分类器也使用了 libsvm 库,因此可以直接使用 0 和 1 作为目标变量的值,不需要手动将其转换为–1 和 1。第 8 行使用 train_test_split 函数将数据集拆分成训练集和测试集。拆分比例为 test_size=0.2，即将 20%的样本作为测试集，其余 80%作为训练集。参数 random_state=42 是为了保证每次运行时都可以得到相同的拆分结果。

```
9.   svm = SVC()
10.  svm.fit(X_train, y_train)
11.  y_pred = svm.predict(X_test)
12.  accuracy = accuracy_score(y_test, y_pred)
13.  print("分类准确: ", accuracy)
```

第 9 行代码创建了一个默认配置的 SVM 分类器。这里使用的是 sklearn.svm 模块中的 SVC 类。模型训练阶段，第 10 行代码调用 svm.fit(X_train,y_train)将训练数据 X_train 和对应的标签 y_train 传入，用于训练 SVM 分类器。第 11 行代码使用训练好的模型对测试集 X_test 进行预测，通过 svm.predict(X_test)得到预测结果 y_pred。第 12 行代码计算分类准确率。第 13 行代码将准确率打印输出。

5.5 综合案例：基于 SVR 的体能训练效果预测

5.5.1 案例概述

Linnerud 是一个体能训练数据集。Sklearn 提供了该数据集的加载函数 load_linnerud。该数据集共有样本 20 例，每个样本包含三个特征，对应着身体锻炼中的三个不同方面的体力活动数据，分别是 Chins（做引体向上的次数）、Situps（做仰卧起坐的次数）、Jumps（做跳跃训练的次数）。每个样本还具有三个目标变量，分别是 Weight（体重）、Waist（腰围）、Pulse（心率）。该数据集已经被广泛应用于多变量回归分析、特征选择和机器学习算法评估等方面。使用 Linnerud 数据集，可以探索特征与目标变量之间的关系，构建回归模型来预测不同体能评估指标之间的关联性，或者进行特征选择以提取最相关的特征。通过使用该数据集，可以帮助理解人体体能评估数据的特性，并寻找与身体锻炼相关的因素。

本案例结合 Linnerud 数据集，使用支持向量机（SVM）算法来进行体能训练效果的回归预测。将 Linnerud 数据集中的体力活动数据作为输入特征，将 Weight（体重）作为目标变量，在使用 SVM 进行回归预测时，与分类问题不同，此处目标是找到一个超平面，最大化训练样本点与该超平面之间的总距离，同时限制预测值与真实值之间的误差小于某个阈值 epsilon。通过构建一个具有良好泛化能力的超平面，可以根据输入特征预测出相应的体重值，从而评估个体体能训练的效果。

【实例 5-3】体能训练数据集简要分析。

本实例对体能训练数据集进行简要分析，以帮助读者了解该数据集基本信息。

```
1.   from sklearn.datasets import load_linnerud
2.   import pandas as pd
3.   import matplotlib.pyplot as plt
4.   import seaborn as sns
5.   data = load_linnerud()
6.   print("Feature names:",data.feature_names)
7.   print("Target names",data.target_names)
```

本段代码加载体能训练数据集。输出结果如下。本数据集有三个特征值和三个目标值。它们的名称分别存储在 feature_names 和 target_names 中。

```
Feature names: ['Chins', 'Situps', 'Jumps']
Target names ['Weight', 'Waist', 'Pulse']
```

体能训练数据集的三个特征值,分别用于描述体能训练数据集中不同练习动作的表现,帮助评估个体的身体能力和运动状态。三个目标值分别用于描述体能训练数据集中不同训练状态下的生理指标,如体重、腰围和心率。具体含义如表 5-2 所示。

表 5-2   体能训练数据集的特征值和目标值含义

种类	名称	中文名称	含义
Feature	Chins	引体向上次数	反映上肢力量和耐力的指标
Feature	Situps	仰卧起坐次数	反映腹部肌肉的力量和耐力
Feature	Jumps	跳跃次数	反映下肢爆发力和灵活性
Target	Weight	体重	体能训练时的体重
Target	Waist	腰围	体能训练时的腰围尺寸
Target	Pulse	心率	体能训练时的心率

```
8.  df_exercise = pd.DataFrame(data.data, columns=data.feature_names)
9.  df_physiological = pd.DataFrame(data.target, columns=data.target_names)
10. df = pd.concat([df_exercise, df_physiological], axis=1)
11. print(df.head())
```

第 8、9 行代码,分别将数据集中的特征值和目标值转换为 DataFrame 对象。第 10 行合并两个 DataFrame。第 11 行查看数据集的前 5 行,输出结果如图 5-9 所示。

```
12. plt.figure(figsize=(12, 8))
13. sns.pairplot(df, x_vars=data.feature_names, y_vars=data.target_names)
14. plt.suptitle('Pairplot of Physiological Indicators and Exercise Data', y=1.02)
15. plt.show()
```

这段代码绘制生理指标与运动数据的关系图,输出结果如图 5-10 所示。本数据集仅包含 20 个样本。例如第 2 行第 2 列的图像,以仰卧起坐次数为横轴,以腰围为纵轴。

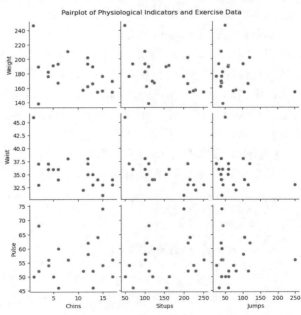

	Chins	Situps	Jumps	Weight	Waist	Pulse
0	5.0	162.0	60.0	191.0	36.0	50.0
1	2.0	110.0	60.0	189.0	37.0	52.0
2	12.0	101.0	101.0	193.0	38.0	58.0
3	12.0	105.0	37.0	162.0	35.0	62.0
4	13.0	155.0	58.0	189.0	35.0	46.0

图 5-9   数据集的前 5 行

图 5-10   生理指标与运动数据的关系图

5.5.2　案例实现：Sklearn 版

```
1.   from sklearn.datasets import load_linnerud
2.   from sklearn.model_selection import train_test_split
3.   from sklearn.svm import SVR
4.   from sklearn.preprocessing import StandardScaler
5.   from sklearn.metrics import mean_squared_error
```

本段代码用于导入相关的库和模块。

```
6.   data = load_linnerud()
7.   X = data.data                # 特征
8.   y = data.target[:, 0]        # 目标变量
9.   scaler = StandardScaler()
10.  X_scaled = scaler.fit_transform(X)
11.  X_train, X_test, y_train, y_test = train_test_split(X_scaled, y, test_size=0.2,
random_state=42)
```

本段代码用于加载数据集并进行预处理。第 6 行代码加载体能训练数据集，其中特征部分包括 3 个运动数据。第 7 行代码将特征部分赋给变量 X。数据集目标变量部分包含 3 个生理指标。第 8 行代码只选取目标变量部分的第 1 个指标（体重，下标为 0）作为目标变量，将其赋给 y。第 9、10 行代码对特征进行了预处理，使用 StandardScaler 类进行了特征缩放。第 11 行代码将数据集拆分成训练集和测试集。

```
12.  svm = SVR()
13.  svm.fit(X_train, y_train)
14.  y_pred = svm.predict(X_test)
15.  mse = mean_squared_error(y_test, y_pred)
16.  print("均方误差: ", mse)
```

本段代码进行模型训练和测试。第 12 行代码使用 SVR 类，创建了一个默认配置的 SVM 回归器。第 13 行代码进行模型训练。第 14 行代码进行模型预测。第 15 行代码使用 mean_squared_error 函数计算均方误差。第 16 行代码将均方误差打印输出。

习题 5

1. 什么是支持向量机（SVM）？简要描述其工作原理。

2. 在 SVM 中，什么是支持向量？它们在模型训练中扮演着什么角色？

3. SVM 中的核函数是什么？请解释其作用和优势。

4. 了解线性可分和线性不可分两种情况下的 SVM。它们之间有什么不同？如何处理线性不可分数据？

5. SVM 中的软间隔和硬间隔是什么？它们之间有何区别？为什么需要软间隔？

6. 在 SVM 中，参数 C 的选择会对决策边界产生什么影响？当 C 值较大和较小时，会发生什么变化？

7. 了解 SVM 在特征空间中是如何构建决策边界的。解释决策边界的含义和作用。

8. 在 SVM 中，如何处理高维特征空间（维度灾难）带来的问题？请提供一种方法或技巧。

9. 除了分类任务之外，SVM 还可以应用于哪些机器学习任务？请列举并简要描述其中一种应用场景。

实训 5

1. 手写数字识别：使用 MNIST 数据集，基于 SVM 进行手写数字分类。
2. 糖尿病检测：使用印第安人糖尿病数据集，基于 SVM 进行糖尿病检测。
3. 燃油效率预测：使用 Auto MPG 数据集，基于 SVM 预测汽车燃油效率。
4. 生存情况预测：使用 SVM 对泰坦尼克号乘客的生存情况进行预测。

第6章 贝叶斯模型

贝叶斯模型是一种基于贝叶斯定理的统计模型，用于处理不确定性和推理问题。贝叶斯模型利用贝叶斯定理将先验概率与观测数据的条件概率相结合，从而得到后验概率。它根据已知的观测数据和先验知识，以及假设的模型参数，计算后验概率，并根据更新后验概率来进行概率推断和预测。本章将介绍贝叶斯模型基础及综合案例。

> **【启智增慧】**
> ### 机器学习与社会主义核心价值观之"平等篇"
> 机器学习可以促进社会资源的更公平分配和个体权利的更平等保障。例如，在招聘流程中，机器学习算法可帮助筛选候选人，并消除主管人员的潜在偏见；针对犯罪预测，算法可以确保不歧视特定群体；机器学习辅助的个性化学习系统，有助于确保每个学生得到平等的学习机会和教育资源；机器学习技术可以提供更公平的医疗诊断建议，消除地域差异带来的医疗资源不均等问题。机器学习算法可能存在偏见和歧视，导致结果不公平，需要重视算法的公平性和透明度。

6.1 贝叶斯模型概述

贝叶斯模型的核心思想可以追溯到 18 世纪的贝叶斯定理，它是由托马斯·贝叶斯（Thomas Bayes，1702—1761）提出的。贝叶斯定理描述了在已知一些观测数据的情况下，如何更新对未知参数的概率分布。

6.1.1 贝叶斯模型及相关概念

1．贝叶斯定理

贝叶斯定理是概率论中的一条重要定理。贝叶斯定理由英国数学家贝叶斯提出，用来描述两个条件概率之间的关系。假设有两个事件 A 和 B，通常，事件 A 已经发生条件下事件 B 发生的概率，与事件 B 已经发生条件下事件 A 发生的概率是不一样的；然而，这两者有确定的关系，贝叶斯定理就是这种关系的陈述。

根据乘法法则，有：

$$P(A\cap B)=P(A)\times P(B|A)=P(B)\times P(A|B)$$

上述公式也可变形为：

$$P(A|B)=P(B|A)\times P(A)/P(B)$$

$$P(B|A)=P(A|B)\times P(B)/P(A)$$

例如，如果想要计算在已知事件 B 发生的情况下，事件 A 发生的概率，根据贝叶斯定理，可以表示为：

$$P(A \mid B) = \frac{P(B|A)P(A)}{P(B)}$$

其中，$P(A|B)$是在事件 B 发生的条件下事件 A 发生的条件概率，$P(B|A)$是在事件 A 发生的条件下事件 B 发生的条件概率，$P(A)$和$P(B)$分别是事件 A 和事件 B 发生的边缘概率。

【实例 6-1】基于贝叶斯定理的疾病检测。

假设某医院中，有1%的人患有疾病。现在进行一项新的检测方法，该检测方法的准确率为90%。也就是说，对于真正患有疾病的人，有90%的概率会被检测出来；而对于不患疾病的人，有10%的概率会被错误地诊断为患有疾病。

现在假设一个人接受了这个检测，并且检测结果为阳性（即被诊断为患有疾病）。那么在这种情况下，他实际上患有疾病的概率是多少？

根据贝叶斯定理，假定使用 A 代表"实际上患有疾病"，B 代表"检测结果为阳性，被诊断为患有疾病"，可以得到以下公式：

$$P(A|B) = \frac{P(B|A)P(A)}{P(B)}$$

首先，计算 $P(B|A)$，即在患有疾病 A 的前提下，检测结果为阳性 B 的概率。由于检测方法的准确率为90%，因此有：

$$P(B|A)=0.9$$

然后，需要计算 $P(A)$，即一个人实际上患有疾病 A 的先验概率。根据题目设定，有1%的人患有疾病 A，即

$$P(A)=0.01$$

最后，需要计算 $P(B)$，即检测结果为阳性 B 的总概率。对于这个问题，可以使用全概率公式进行计算：

$$P(B)=P(B|A)\times P(A)+P(B|\text{not }A)\times P(\text{not }A)$$

其中，not A 表示"不患疾病 A"。根据题目设定，$P(B|\text{not }A)$表示在不患疾病 A 的情况下，检测结果为阳性的概率，即误诊率。由于误诊率为10%，因此有：

$$P(B|\text{not }A)=0.1$$

同时，$P(\text{not }A)$表示一个人实际上不患有疾病 A 的概率，可以通过 $1-P(A)$ 来计算。因此有：

$$P(\text{not }A)=1-P(A)=0.99$$

综上所述，可以计算出：

$$P(B)=P(B|A)\times P(A)+P(B|\text{not }A)\times P(\text{not }A)$$
$$=0.9\times0.01+0.1\times0.99=0.108$$

最终，可以使用贝叶斯定理计算出该参与检测的患者患有疾病 A 的后验概率：

$$P(A|B)=P(B|A) \times P(A)/P(B)=0.9\times0.01/0.108\approx0.083\ 3$$

也就是说，即使检测结果为阳性，即便检测方法的准确率看起来也很高，这个患者也不必有过大的心理压力，因为此时患有疾病 A 的概率仍然很低，只有约8.33%。这个例子展示了贝叶斯定理在实际问题中的应用，它能够更准确地估计事件的概率，具有重要的理

论和实际价值。

2．基本概念

下面先介绍贝叶斯模型中涉及的几个基本概念。

（1）先验概率（prior probability）：先验概率是在没有考虑任何观测数据的情况下，对未知参数进行概率上的推断。先验概率是在观测到任何数据之前对未知量的概率分布的猜测或假设。先验概率通常是基于领域知识、历史数据、专家判断等来对参数的可能性进行估计，是对未知参数的概率分布的初始设定，反映了对未知量可能取值的主观预期。在上述公式中，假定目标变量用 y 表示，则 $P(y)$ 是指在考虑任何观测数据 x 之前，对于目标变量 y 的概率分布的先验知识或信念。它反映了在观测数据之前对 y 的预期。在贝叶斯推断中，先验概率起到了重要作用。它反映了在未知参数的分布上已有的信念或认知，并为后续推断提供了初始信息。常见的先验分布包括均匀分布（uniform distribution）、正态分布（normal distribution）、指数分布（exponential distribution）、Gamma 分布（Gamma distribution）、Beta 分布（Beta distribution）等。选择合适的先验分布需要考虑具体问题的背景知识和假设。常见的选择方法如下。

- 先验共轭性：选择一个使得先验与后验具有相同函数形式的先验分布，这样可以在推断过程中简化计算。
- 主观选择：根据专家知识、领域经验或主观判断选择合适的先验分布。
- 经验贝叶斯：从先验数据中学习得到先验分布，可以利用频率统计方法或最大似然估计进行估计。
- 非信息性先验：当不具备先验知识时，可以选择非信息性的先验分布，如均匀分布或高斯分布。

先验知识在贝叶斯模型中起到约束和引导模型结果的作用。先验知识可以通过先验概率分布来表达，它会在观测数据之前就对未知量进行概率分布的猜测或假设。当先验知识准确时，它能够提供有效的信息，改善模型的预测结果。然而，如果先验知识与真实情况存在较大差异，可能会导致偏差或错误的推断结果。

（2）似然函数（likelihood function）：似然函数是统计学中的一个重要概念，用于描述参数取值与观测数据之间的关系。它描述了在给定参数值的情况下，观测数据出现的概率。似然函数反映了模型对观测数据的拟合程度。$P(x|y)$ 是指在给定目标变量 y 的条件下，观测数据 x 发生的概率。它表示了观测数据 x 对于不同目标变量值的支持程度。

（3）边缘概率（marginal probability）：在贝叶斯模型中，边缘概率是指某个事件的概率，不考虑其他变量的取值。它可以通过对联合概率进行求和或积分得到。$P(x)$ 是指观测数据 x 在所有可能的目标变量取值下的概率。它是归一化因子，用于确保后验概率的总和为 1。

（4）后验概率（posterior probability）：后验概率指在考虑观测数据后，使用贝叶斯定理得到的对未知量的概率分布。它是对未知参数修正后的概率分布。它结合了先验概率和观测到的数据，反映了后续推断中的不确定性。在贝叶斯定理中，通过结合先验概率和似然函数，计算得到了后验概率。$P(y|x)$ 是指在观测到数据 x 之后，对目标变量 y 的概率分布的更新。它结合了先验概率和似然函数，提供了在观测数据后对 y 进行推断的信息。后验概率反映了在考虑观测数据后，通过贝叶斯推断得到的对未知参数的最新估计。后验概率结合了先验概率和似然函数，提供了更准确的参数估计。

3．贝叶斯模型

贝叶斯模型（Bayesian model）是基于贝叶斯定理的一类统计模型。贝叶斯模型将不确定性表示为概率分布，使用贝叶斯定理来进行参数估计和预测推断。

贝叶斯模型提供了一种更新概率的方法，它基于条件概率和边缘概率之间的关系，使得可以通过已知的先验概率和观察到的证据来计算后验概率。贝叶斯模型能够更好地利用先验知识，并考虑不确定性，对于缺少大量数据或需要更新模型的情况具有优势。它在统计学和机器学习领域得到了广泛的应用。

贝叶斯模型通过已知的先验概率和观测数据，以及假设的模型参数，计算后验概率，并根据后验概率进行模型的推断和预测。通过不断更新先验概率，可以根据新的观察数据进行推理和预测。在贝叶斯模型中，假设存在一个未知参数 y 和已观察到的数据 x。基于贝叶斯定理，可以根据已知的先验概率 $P(y)$ 和似然函数 $P(x|y)$，计算出后验概率 $P(y|x)$。

$$P(y|x) = \frac{P(x|y)P(y)}{P(x)}$$

在贝叶斯模型中，有以下约定俗成的名称。在上述公式中，$P(y|x)$ 表示观测数据 x 条件下的目标变量 y 的后验概率；$P(x|y)$ 是给定目标变量 y 条件下观测数据 x 的似然函数；$P(y)$ 是目标变量 y 的先验概率；$P(x)$ 是观测数据 x 的边缘概率。

通过贝叶斯定理，可以将先验概率和观测数据相结合，来更新对未知参数（目标变量）的概率分布，得到后验概率。后验概率提供了更准确、更可靠的关于参数的信息，它是基于已有知识和观测数据的综合结果。在贝叶斯模型中，利用后验概率进行模型的推断和预测可以通过计算后验概率分布的期望值或最大后验概率来实现。例如，在贝叶斯线性回归中，可以使用后验概率分布的均值作为模型的预测值，或者选取具有最大后验概率的参数作为模型的最优参数。此外，还可以利用后验概率分布的形状信息进行不确定性估计，例如计算置信区间或预测分布。

常见的贝叶斯模型包括朴素贝叶斯分类器、贝叶斯线性回归和高斯混合模型等。在这些模型中，通过贝叶斯定理来计算后验概率，并通过后验概率进行分类、回归或聚类等任务。贝叶斯模型的特点是能够灵活地处理不确定性，可以进行模型参数的自动调整和模型的不断更新。贝叶斯模型在许多领域都有广泛的应用。例如，在机器学习中，贝叶斯模型被用于处理分类、回归和聚类问题。在自然语言处理中，贝叶斯模型可以用于文本分类和情感分析等任务。此外，贝叶斯模型还在医学诊断、金融风险评估和信号处理等领域具有重要作用。

需要注意的是，贝叶斯定理基于一些假设，例如事件之间相互独立、观察结果准确等。在实际应用中，需要根据具体情况进行建模和计算，同时要注意选择合适的先验概率和考虑可能存在的偏差。

【实例 6-2】基于贝叶斯模型的垃圾邮件识别。

本例通过垃圾邮件识别问题对上述概念进行介绍。

垃圾邮件识别是一种二分类问题，即判断一封邮件是属于垃圾邮件还是非垃圾邮件。其中，先验概率、似然函数、后验概率和边缘概率都是贝叶斯分类器所涉及的概念，用于描述观测数据和模型参数之间的关系。在垃圾邮件识别中，可以利用这些概念来计算邮件属于垃圾邮件或非垃圾邮件的后验概率分布，从而实现自动分类。

通常使用朴素贝叶斯算法进行建模，假设邮件中各个特征是相互独立的，根据贝叶斯定理可以得到：

$$P(y|x)=P(x|y)P(y)/P(x)$$

在垃圾邮件识别问题中，$P(x)$表示边缘概率分布，表示邮件观测数据在所有分类结果下（本实例为垃圾邮件和非垃圾邮件两种情况）出现的概率之和。在样本 x 给定的情况下，$P(x)$通常被视为常数。因此，上式可以简化为：

$$P(y|x) \propto P(x|y)P(y)$$

先验概率指的是在没有观测数据的情况下，对于某个事件的概率偏好或信念。在垃圾邮件识别问题中，先验概率可以表示为 $P(y)$，其中 $y \in \{$垃圾邮件,非垃圾邮件$\}$。$P(y)$表示在没有任何其他信息的情况下，该邮件是垃圾邮件或非垃圾邮件的概率。在实际应用中，先验概率可以通过统计样本数量来进行估算，例如通过对训练集中的邮件进行统计，计算每种类型的邮件出现的频率。

似然函数指的是在已知某个事件发生的前提下，根据观测数据对该事件的条件概率分布进行建模。在垃圾邮件识别中，似然函数可以表示为 $P(x|y)$，其中 x 是邮件的观测数据，$y \in \{$垃圾邮件,非垃圾邮件$\}$。

在垃圾邮件识别问题中，可以根据公式计算出在已知邮件观测数据的情况下，邮件属于垃圾邮件或非垃圾邮件的后验概率分布。

具体而言，可以先根据训练集统计得到先验概率 $P(y)$，然后计算出每个观测数据特征 x 分别对应于垃圾邮件和非垃圾邮件的似然函数 $P(x|y)$，利用贝叶斯公式计算后验概率 $P(y|x)$，最后将其归一化得到所求的邮件分类结果。

6.1.2　朴素贝叶斯分类模型

朴素贝叶斯分类（naive Bayes classification）模型是一种基于贝叶斯定理和特征条件独立性假设的概率分类模型。它假设特征之间相互独立（即朴素），利用先验概率和似然函数来计算后验概率，并进行分类。它被广泛应用于文本分类、垃圾邮件过滤、情感分析等任务中。

贝叶斯模型公式如下：

$$P(y|x)=P(x|y)P(y)/P(x)$$

它表示在给定观测数据 x 的条件下，目标变量为 y 的后验概率。可以将这个公式解释为以下几个部分。

先验概率 $P(y)$：表示在没有观测数据 x 的情况下，目标变量 y 的概率分布。它是对 y 的预期或先验知识。

似然函数 $P(x|y)$：表示在目标变量为 y 的条件下，观测数据 x 发生的概率。它反映了观测数据对于不同目标变量值的支持程度。

边缘概率 $P(x)$：表示观测数据 x 在所有可能的目标变量取值下的概率。它是归一化因子，用于确保后验概率的总和为 1。

朴素贝叶斯模型的核心思想是基于特征之间独立的假设，即假设观测数据中的各个特征 x_i 是相互独立的。在这种假设下，可以将似然函数 $P(x|y)$分解为对各个特征条件概率的乘积，即：

$$P(x \mid y) = \prod_{i=1}^{n} P(x_i \mid y)$$

其中，$x_1, x_2, \cdots, x_n$ 表示观测数据中的各个特征。

因此，朴素贝叶斯模型可以简化为：

$$P(y|x) = \frac{P(x|y)P(y)}{P(x)} = \frac{P(y)\prod\limits_{i=1}^{n}P(x_i \mid y)}{P(x)}$$

通过计算每个类别下各个特征的条件概率，以及先验概率和边缘概率，可以比较不同类别的后验概率，从而确定观测数据 x 所属的类别。

朴素贝叶斯分类模型对特征之间的独立性做了简化假设。它假设每个特征在给定类别下都是独立的，即特征之间不存在依赖关系。虽然这个假设在现实中很难完全成立，但在实际应用中，朴素贝叶斯模型通常表现出令人满意的分类性能，并且具有计算高效、易于实现和解释等特点。

以下是朴素贝叶斯分类模型的基本步骤。

准备数据集：首先需要准备一个带有标签的训练数据集，其中包含了一些已知分类的样本数据。

特征提取：从每个样本中提取特征，这些特征可以是词汇、统计特征或其他能够表达样本信息的特征。

计算概率：对每个类别计算先验概率，即在训练数据集中每个类别的样本数量与总样本数量的比例。

计算条件概率：对于每个特征，计算在给定类别下该特征的条件概率。在朴素贝叶斯假设下，可以将条件概率分解为各个特征的独立条件概率。

进行分类预测：对于一个新的待分类样本，根据计算得到的概率值，利用贝叶斯定理计算后验概率，并选择具有最高后验概率的类别作为预测结果。

需要注意的是，朴素贝叶斯分类模型对数据的特征独立性假设比较敏感，如果特征之间存在强相关性，可能会影响到模型的准确性。在实际应用中，它并不适用于所有类型的数据集。因此，在应用朴素贝叶斯模型时，需要根据具体的问题和数据集特点进行评估和选择。

【实例 6-3】朴素贝叶斯分类器的构建。

本例通过垃圾邮件识别问题来说明如何构建一个朴素贝叶斯模型。

假设有一个数据集，其中包含了许多带有标签的电子邮件，分为"垃圾邮件"和"非垃圾邮件"。目标是通过构建一个分类器来自动判断新收到的邮件是否是垃圾邮件。

首先，需要准备训练数据。将每个电子邮件看作一个文本文档，并将其表示为一个向量。一种常见的方法是使用词袋模型，其中每个维度表示一个单词，并计算每个单词在邮件中出现的次数或频率。

接下来，根据标签将数据集分为"垃圾邮件"和"非垃圾邮件"两个子集。

然后，需要计算每个单词在垃圾邮件和非垃圾邮件中的条件概率。这可以通过统计每个单词在不同类别的邮件中出现的频率来计算。例如，对于某个单词"w"，可以计算在垃圾邮件中出现该单词的频率 $P(w|$垃圾邮件$)$ 和在非垃圾邮件中出现该单词的频率 $P(w|$非垃圾邮件$)$。

然后，可以利用贝叶斯定理来计算给定一个单词序列的情况下，邮件属于垃圾邮件的概率。根据朴素贝叶斯假设，假设各个单词之间是相互独立的，即 $P(w1,w2,\cdots,wn|$垃圾邮

件)=P(w1|垃圾邮件)×P(w2|垃圾邮件)×⋯×P(wn|垃圾邮件)。

最后，可以根据计算得到的概率进行分类决策。如果给定一个新的邮件，可以计算它属于垃圾邮件和非垃圾邮件的概率，并将其分配给具有更高概率的类别。

通过上述步骤，就构建了一个简单的朴素贝叶斯模型来进行垃圾邮件识别。

6.1.3　平滑技术

平滑技术是在朴素贝叶斯算法中用于处理概率计算中的零概率问题或者避免过拟合的一种常见技巧。通常，在计算条件概率 $P(x_i|y)$ 时，如果训练数据中没有观测到某个特征值 x_i 对应的样本，那么条件概率 $P(x_i|y)$ 将变为零。

根据公式 $P(y|x)=P(x_1|y)×P(x_2|y)×⋯×P(x_n|y)×P(y)/P(x)$，如果遇到未见过的特征值 x_i，$P(x_i|y)$ 为零，将导致整个公式的最终结果为 0，进而可能导致错误的分类结果。

在朴素贝叶斯分类器中，为了避免概率为零的情况，需要对特征概率进行平滑处理。平滑技术引入了一些修正项，使得即使在未见过的特征值情况下，也能够对其进行一定程度的概率估计。平滑技术有助于处理数据集中存在稀疏特征或未出现特征的情况，避免因概率为零导致的问题，并提高模型的泛化能力。在具体应用中，alpha 参数的选择需要根据数据集的特点和实际情况进行调优，以平衡平滑程度和分类器的性能。这样能够有效地减少未知特征的影响，提高分类器的稳定性和准确性。

常用的平滑方法包括拉普拉斯平滑（Laplace smoothing）和 Lidstone 平滑。

拉普拉斯平滑，也被称为加一平滑（add-one smoothing）或者加法平滑（additive smoothing）。它通过在所有可能的特征值上均匀地分配一个小的概率值，来避免零概率问题。拉普拉斯平滑通过在特征计数上添加一个固定的平滑参数 alpha，同时在总计数上添加 alpha 乘以特征总数，从而对未出现特征进行估计。这种平滑技术使得每个特征的概率估计不会为零，并且将训练数据中没有出现的特征的概率分配到其他特征上。

具体而言，对于条件概率 $P(x_i|y)$，使用拉普拉斯平滑可以将其计算改为：

$$P(x_i|y)=(N(x_i, y)+1)/(N(y)+V)$$

其中，$N(x_i, y)$ 是在训练数据中目标变量为 y 且特征值为 x_i 的样本数量，$N(y)$ 是目标变量为 y 的样本总数量，V 是特征 x 的可能取值个数。

通过拉普拉斯平滑，即使在未见过的特征值情况下，概率估计仍然不会为零。同时，拉普拉斯平滑也可以避免过拟合，因为它引入了一个小的平滑项，减少了对训练数据的过度依赖。

Lidstone 平滑的原理，与拉普拉斯平滑原理相同，唯一的差别在于使用的平滑参数不是固定的常数，而是根据数据集情况自适应地选择。

6.1.4　贝叶斯统计学与频率派统计学

贝叶斯统计学和频率派统计学是两种不同的统计学方法，它们的区别主要在于如何处理参数的不确定性。频率派统计学更加注重数据样本的大小和数据采样的可靠性，强调数据的频率分布和参数的点估计。而贝叶斯统计学则更加注重先验知识和观测数据的结合，强调参数的分布估计和置信区间。频率派统计学和贝叶斯统计学都有各自的优点和缺点，应用场景也略有不同。在具体问题中，选择哪种统计学方法需要结合实际情况来考虑。

1．频率派统计学

频率派统计学是一种经典的统计学方法，它主要关注样本数据的频率分布和参数的点估计。在频率派统计学中，参数被认为是固定但未知的值，通过采集大量的样本数据来对参数进行估计。在频率派统计学中，参数被看作是固定的，而且不确定性只来自于数据的噪声。常见的点估计方法包括最大似然估计和最小均方误差估计。

最大似然估计（maximum likelihood estimation，MLE）是频率派统计学中常用的参数估计方法。它通过寻找使得观测数据发生的概率最大的参数值来进行估计。最大似然估计可以提供一致性估计，当样本数量趋近无穷大时，参数估计值会无偏且趋于真实参数的值。

最小均方误差估计（minimum mean square error estimation，MMSE）是另一种常用的参数估计方法。它通过最小化估计值与真实值之间的均方误差来进行估计。最小均方误差估计可以提供较小的均方误差和较小的方差，但可能会存在偏差。

频率派统计学还使用假设检验和置信区间来进行统计推断。假设检验用于判断某个参数是否满足某种假设，例如比较两个样本均值是否显著不同。置信区间则是对参数估计结果的可信程度进行区间估计。

频率派统计学方法在许多实际问题中都具有重要应用，尤其是在大样本情况下，它可以提供稳定和可靠的结果。然而，频率派统计学并没有考虑先验信息，可能会导致对参数的估计过于依赖于数据而忽略了一些先验知识。这也是贝叶斯统计学的优势所在。

在常见的机器学习算法中，以下是一些属于频率派统计学的方法。

线性回归（linear regression）：线性回归是一种用于建立输入特征与输出变量之间线性关系的回归算法，它通过最小均方误差估计来估计模型的参数。

逻辑回归（logistic regression）：逻辑回归是一种用于解决分类问题的回归算法，它通过最大似然估计来估计分类模型的参数。

支持向量机（support vector machine，SVM）：支持向量机是一种用于二分类和多分类的算法，它通过最大化分类边界与支持向量之间的间隔来寻找最优的分类超平面。

决策树（decision tree）：决策树是一种基于树形结构的分类与回归算法，它通过最小化基尼系数或信息增益等指标来进行特征选择和节点划分。

随机森林（random forest）：随机森林是一种集成学习方法，它由多个决策树组成，通过对每个决策树进行随机抽样和特征选择来提高模型的泛化能力。

K 近邻（K-nearest neighbor，KNN）算法：K 近邻算法是一种基于实例的学习方法，它通过测量样本之间的距离来进行分类或回归。

这些算法都使用了频率派统计学中的方法，如利用最大似然估计、最小均方误差估计等来进行模型参数的估计和优化。它们基于大量的数据样本，通过对数据的频率分布进行建模来对模型训练和推断。

2．贝叶斯统计学

贝叶斯统计学（Bayesian statistics）是一种基于贝叶斯定理的概率统计方法。它将先验知识与数据的观测结果结合起来，通过更新概率分布得出后验推断。相较于频率派统计学，贝叶斯统计学更加注重主观先验概率的引入和不确定性的量化。

相比频率派统计学，贝叶斯统计学认为参数本身也是随机的，并且它们的不确定性可以通过先验分布来描述。在贝叶斯统计学中，将参数看作随机变量，并使用先验概率分布来描述它们的不确定性。在观测到数据后，贝叶斯统计学使用贝叶斯公式来更新对参数的不确定性度量，并计算后验概率分布。通过将先验知识和观测数据结合起来，可以得到更精确的参数估计和置信区间。

具体而言，贝叶斯统计学通过引入先验分布来表达对参数的初始不确定性。然后，当观测到新的数据时，使用贝叶斯公式将这些数据与先验分布相结合，得到后验分布。后验分布反映了参数的更新估计和不确定性的减少程度。可以使用后验分布来计算点估计、置信区间等参数估计的统计量。通过贝叶斯统计学的方法，可以根据观测数据不断更新对参数的估计，并获得更准确的结果。这种方法与频率派统计学中的点估计和置信区间方法有所不同，贝叶斯统计学更注重于参数的不确定性建模和更新。

在常见的机器学习算法中，以下是一些属于贝叶斯统计学的方法。

朴素贝叶斯分类器（naive Bayes classifier）：朴素贝叶斯分类器是一种简单且高效的分类算法，它基于贝叶斯定理和条件独立性假设，通过概率计算来进行分类。

贝叶斯网络（Bayesian network）：贝叶斯网络是一种用图形化方式表示变量之间依赖关系的统计模型。它可以用来进行概率推断、诊断分析和决策制定等。

高斯过程（Gaussian processe）：高斯过程是一种非参数学习方法，它可以用于回归和分类问题。它基于对样本数据进行概率建模，通过后验分布计算预测结果的不确定性。

马尔科夫链蒙特卡罗（Markov chain Monte Carlo，MCMC）方法：MCMC 是一种采样方法，可以用于从复杂的概率分布中抽取样本。它可以用来进行贝叶斯推断和模型选择等。

这些算法都使用了贝叶斯统计学的方法，如贝叶斯定理、条件独立性假设、后验分布等来进行模型参数的估计和推断。它们基于先验分布和样本数据，通过对概率进行建模来对模型训练和推断，考虑到了先验信息和不确定性。与频率派统计学方法相比，贝叶斯模型可以提供更加准确和可靠的预测结果，并适用于小样本和高维数据集。

6.1.5 贝叶斯网络

贝叶斯网络是一种用于建模和推断概率关系的图模型。它是一种有向无环图的概率图模型，可以用于描述多个相互依赖的变量之间的关系。概率图模型是一种统计模型，用图形表示变量之间的关系，包括有向图和无向图两种类型。贝叶斯网络用有向无环图表示变量之间的依赖关系，是概率图模型的一种特例。限于篇幅，本书仅对贝叶斯网络作简单介绍。

贝叶斯网络基于贝叶斯定理和条件独立性假设，将概率分布表示为图形结构，用于描述变量之间的概率推断问题。贝叶斯网络由节点和有向边组成，节点表示随机变量，有向边表示变量之间的依赖关系。贝叶斯网络中的每个节点都有一个条件概率表，描述给定其父节点时该节点的条件概率分布。

贝叶斯模型是指基于贝叶斯定理进行概率推断和预测的模型，是一种更广义的概念。贝叶斯模型把不确定性表示为概率分布，并利用已知信息和观测数据计算未知参数的后验概率。贝叶斯模型不限于图模型，可以是任何基于贝叶斯定理进行参数估计和预测的统计模型。它包括了贝叶斯网络，还包括其他类型的概率模型，如贝叶斯线性回归、贝叶斯混合模型等。贝叶斯模型可以用于许多统计问题，包括分类、回归、聚类等。

6.1.6 贝叶斯模型的优点和缺点

贝叶斯模型是一种强大的统计建模方法，相较于传统模型，具有以下优点和缺点。

1. 优点

（1）不断更新：贝叶斯模型允许不断更新先验概率分布，以适应新的数据。这使得模型能够灵活地反映新观测数据对参数估计的影响。

（2）不确定性建模：贝叶斯模型能够提供不确定性的量化，它通过后验概率分布来表示参数的不确定性。这在实际问题中非常有用，因为它提供了关于参数估计的置信度信息。

（3）先验知识的利用：由于贝叶斯模型考虑了先验概率分布，可以将领域知识或先前研究的结果纳入模型中，从而提高估计的准确性。

（4）小数据集适应性强：贝叶斯模型在小数据集上表现较好，能够有效利用有限的观测数据进行推断和预测。

（5）鲁棒性：贝叶斯模型能够更好地处理异常值和噪声，因为先验假设可以限制参数空间，减少过拟合的风险。

2．缺点

（1）计算复杂度高：贝叶斯模型的计算通常涉及对参数空间进行积分或采样，这会导致计算量较大。特别是在高维问题中，计算复杂度往往难以忍受。

（2）先验选择的主观性：先验概率分布的选择对于贝叶斯模型的结果具有重要影响。由于先验通常是基于主观判断或领域知识，因此存在一定的主观性，并可能对最终结果造成偏差。

（3）对模型假设敏感：贝叶斯模型通常与一些假设相关，如参数的先验分布和数据的生成过程。如果这些假设与实际情况不匹配，则可能导致估计结果失真。

虽然贝叶斯模型具有一些限制，但在合适的问题和场景下，它仍然是一种非常有用的统计建模方法，能够提供准确的参数估计和可靠的不确定性评估。

6.2　文本数据特征提取

在前面章节中，为了聚焦于机器学习算法本身，通常选用数值类型的数据集，方便机器学习算法直接处理。文本类型数据是现实中常见的数据之一，通常需要进行特征提取才能用于机器学习任务。

6.2.1　文本特征提取方法

常用的文本特征提取方法包括词袋模型、N-grams 模型、Tf-idf 等。

（1）词袋模型（bag of words model）：词袋模型是文本特征提取中最常见的方法，它将文本看作一个袋子，其中包含一些无序的单词。它没有考虑单词之间的语义关系，不考虑单词出现的顺序，只考虑单词出现的次数。可以使用 Sklearn 库中的 CountVectorizer 来实现。

（2）N-grams 模型：除了考虑单个词语外，还考虑相邻的 N 个词语组成的片段。将相邻的 N 个单词组合成一个新的特征单元。例如，当 $N=2$ 时，"I love machine learning"会被转换为["I love", "love machine", "machine learning"]。N-grams 可以捕捉一些语法和自然语言处理领域的信息。可以使用 Sklearn 库中的 CountVectorizer 并指定 ngram_range 参数来实现。

（3）Tf-idf（term frequency-inverse document frequency）：在词袋模型的基础上，加入了每个单词的重要性权重。它考虑了某个词在整个文档集合中出现的频率，以及在文档中出现的频率，是一种更高级的文本特征提取方法。可以使用 Sklearn 库中的 TfidfVectorizer 来实现。

（4）Word2Vec：是一种以词向量来表达各个单词语义的方法，它通过学习单词在上下文中出现的概率来生成词向量。Word2Vec 可以将每个单词表示为向量形式，并且保留单词之间的语义关系。可以使用 gensim 库中的 Word2Vec 来进行训练。

（5）GloVe：也是一种将单词表示为向量的方法，它使用大量的语料库来学习单词的分布式表示。

（6）Doc2Vec：这是一种基于向量的文本表示方法，它使用神经网络对整个文档进行编码，以便文档可以用一个固定长度的向量表示，该向量包含了整个文档的信息。

以上是常用的文本特征提取方法，不同方法适用于不同的任务和场景。在实际应用中，要根据具体情况选择合适的特征提取方法来提高模型的效果。

6.2.2　文本特征提取基本流程

将文本数据转换为机器学习模型可以处理的特征，一般需要经过以下步骤。

（1）数据清洗：对文本进行预处理，去除不必要的标点符号、特殊字符等。可以使用正则表达式或其他字符串处理方法来实现。例如，通过网络爬虫获取的数据，通常需要进行清洗。

（2）分词：将文本拆分成单个词语或短语的序列。可以使用中文分词工具（如 jieba）或英文分词工具（如 nltk）来进行分词。对于英文文本，可以直接通过空格将文本分割成单词，这一部分通常可以省略。

（3）去除停用词：停用词是指在文本中出现频率非常高但没有实际含义的词语，如连词、介词等。可以使用预定义的停用词表（如中文的停用词表、英文的 NLTK 停用词表）来去除这些停用词。

（4）特征提取：根据任务需求选择适当的特征提取方法，如词袋模型、Tf-idf 模型、N-grams 模型等。

（5）特征向量化：将文本转换为机器学习模型可以处理的数值型特征向量。可以使用 fit_transform 函数将文本转换为特征矩阵。

（6）特征归一化：对特征矩阵进行归一化处理，使不同特征的取值范围一致。可以使用 Sklearn 库中的 StandardScaler 进行特征归一化。

实际应用中，根据问题本身的特点，上述步骤可能会有增减。完成以上步骤后，文本数据就可以作为机器学习模型的输入进行训练和预测了。

6.2.3　文本特征提取实例

下面通过一个简单实例来说明文本类型数据的特征提取，实例采用最简单的词袋模型。

【实例 6-4】基于词袋模型用户评论数据特征提取。

假设有一个含有用户评论的数据集，任务是根据这些评论判断用户对某个产品的情感（积极或消极）。以下是一些示例评论。

- "这个产品真的很棒！性能出色，质量很好，我非常满意。"
- "很失望！产品根本不值得购买，质量很差，功能也不好用。"
- "这个产品还不错，性价比挺高的。"
- "太棒了！这是我买过的最好的产品，质量非常好，价格也合理。"

现在，需要将这些文本评论转换为机器学习模型可以处理的特征。

（1）分词结果

- "这个产品真的很棒！性能出色，质量很好，我非常满意。" => ['这个', '产品', '真的', '很', '棒', '！', '性能', '出色', '，', '质量', '很好', '，', '我', '非常', '满意', '。']

- "很失望！产品根本不值得购买，质量很差，功能也不好用。" => ['很', '失望', '!', '产品', '根本', '不值得', '购买', ', ', '质量', '很差', ', ', '功能', '也', '不好用', '。']
- "这个产品还不错，性价比挺高的。" => ['这个', '产品', '还', '不错', ', ', '性价比', '挺', '高', '的', '。']
- "太棒了！这是我买过的最好的产品，质量非常好，价格也合理。" => ['太棒了', '! ', '这是', '我', '买过', '的', '最好', '的', '产品', ', ', '质量', '非常', '好', ', ', '价格', '也', '合理', '。']

（2）停用词

例如，本实例出现的中文停用词就包括这个、很、也、的等。

常见的英文停用词包括 this, is, a, the, and 等。

（3）词汇表

去掉停用词和标点符号，得到最终的词汇表：

['产品', '真的', '棒', '性能', '出色', '质量', '很好', '我', '非常', '满意', '失望', '根本', '不值得', '购买', '很差', '功能', '不好用', '还', '不错', '性价比', '挺', '高', '太棒了', '这是', '买过', '最好', '好', '价格', '合理']

（4）词向量

词袋模型不考虑单词出现的顺序，只考虑单词出现的次数。得到每个样本的词向量：

"这个产品真的很棒！性能出色，质量很好，我非常满意。" => [1, 1, 1, 1, 1, 1, 1, 1, 1, 1, 1, 0, 0, 0, 0, 0, 0, 0, 0, 0, 0, 0, 0, 0, 0, 0, 0, 0, 0]

"很失望！产品根本不值得购买，质量很差，功能也不好用。" => [1, 0, 0, 0, 0, 1, 0, 0, 0, 0, 1, 1, 1, 1, 1, 1, 1, 0, 0, 0, 0, 0, 0, 0, 0, 0, 0, 0, 0]

"这个产品还不错，性价比挺高的。" => [1, 0, 0, 0, 0, 0, 0, 0, 0, 0, 0, 0, 0, 0, 0, 0, 0, 1, 1, 1, 1, 1, 0, 1, 1, 1, 0]

"太棒了！这是我买过的最好的产品，质量非常好，价格也合理。" => [1, 0, 1, 0, 0, 1, 1, 1, 1, 1, 0, 0, 0, 0, 0, 1, 1, 0, 0, 0, 0, 1, 1, 1, 1, 1]

6.3 综合案例：基于贝叶斯模型的垃圾邮件识别

6.3.1 案例概述

SMSSpamCollection 数据集是一个常用的英文垃圾邮件数据集。该数据集包含文本和标签两部分，其中文本为 SMS（short message service，短消息业务）的内容，标签指示了该文本是属于垃圾邮件还是非垃圾邮件。

该数据集包含 5 574 个邮件，其中 747 个被标记为垃圾邮件，4 827 个被标记为非垃圾邮件。这些邮件都是以字符形式存储在文本文件中，每行为一条邮件，格式如下："label \t message"。其中 label 有两种取值：'ham'表示非垃圾邮件，'spam'表示垃圾邮件，'\t'表示制表符。该数据集被广泛用于自然语言处理、文本分类和机器学习等领域的实验和研究，并成为评估垃圾邮件识别算法性能的标准数据集之一。

6.3.2 案例分析

本小节对垃圾邮件数据集进行简要分析，以帮助读者了解该数据集基本信息。

```
1.  import pandas as pd
2.  df = pd.read_csv('data\\ch06\\SMSSpamCollection', sep='\t', header=None, names=
    ['label', 'message'])
3.  print("前 5 条样本内容: ")
4.  print(df[['label','message']].head(5))
```

第 2 行代码加载垃圾邮件数据集。第 4 行代码展示前 5 条样本的内容。SMSSpamCollection 文件是一个文本文件，读者也可以用记事本等工具打开，查看文件内容。输出结果如下。

```
前 5 条样本内容:
   label         message
0   ham   Go until jurong point, crazy.. Available only ...
1   ham                 Ok lar... Joking wif u oni...
2  spam   Free entry in 2 a wkly comp to win FA Cup fina...
3   ham   U dun say so early hor... U c already then say...
4   ham   Nah I don't think he goes to usf, he lives aro...
```

接下来需要用到 WordCloud 库，读者可以使用如下安装指令安装 WordCloud 库。

```
pip install wordcloud
```

借助 WordCloud 库，可以绘制垃圾邮件的词云图。代码如下。

```
5.  import matplotlib.pyplot as plt
6.  from wordcloud import WordCloud
7.  spam_messages = ' '.join(list(df[df['label'] == 'spam']['message']))
8.  wordcloud = WordCloud(width=800, height=400, background_color='white').generate
    (spam_messages)
9.  plt.figure(figsize=(10, 5))
10. plt.imshow(wordcloud, interpolation='bilinear')
11. plt.axis('off')
12. plt.title('Word Cloud for Spam Messages')
13. plt.show()
```

生成词云图结果如图 6-1 所示。根据词云图，读者不难发现，free、call、now 等单词是垃圾邮件中的高频词汇。

图 6-1　垃圾邮件的词云图

6.3.3　文本特征提取

本小节依然使用垃圾邮件数据集。

```
1.  import pandas as pd
2.  from sklearn.feature_extraction.text import CountVectorizer
```

```
3.  df = pd.read_csv('data\\ch06\\SMSSpamCollection', sep='\t', header=None, names=
    ['label', 'message'])
4.  print("转换前的文本数据(第1条样本): ")
5.  print(df['message'][0])
```

第 4、5 行代码，输出第 1 条样本的文本数据，用于转换前后对照。输出结果如下。

```
转换前的文本数据(第1条样本):
Go until jurong point, crazy.. Available only in bugis n great world la e buffet
... Cine there got amore wat...
```

Sklearn 库中的 CountVectorizer 是一个用于文本特征提取的工具，它可以将文本转换为词频矩阵，其中每一行代表一个文档，每一列代表一个单词，而每个单元格的值则代表相应单词在对应文档中出现的次数。读者也可以根据需要设置 CountVectorizer 的参数，例如指定停用词、ngram 范围等。

```
6.  count_vectorizer = CountVectorizer()
7.  counts = count_vectorizer.fit_transform(df['message'])
8.  print("\n 转换结果((第1条样本)): ")
9.  print(counts.toarray()[0])
10. print(len(counts.toarray()[0]))
11. print(counts.toarray()[0][1760:1780])
```

第 6 行代码创建 CountVectorizer 对象。第 7 行代码对文本数据进行特征提取。通过调用 fit_transform 方法，CountVectorizer 会对输入的文本数据进行分词、构建词汇表，并生成词频矩阵。第 9~11 行代码输出第 1 条样本的转换结果信息。第 1 条样本的转换结果对应于词频矩阵的第一行。输出结果如下。

```
转换结果((第1条样本)):
[0 0 0 ... 0 0 0]
8713
[0 0 0 0 0 1 0 1 0 0 0 0 0 0 0 0 0 0 0 0]
```

输出结果第 2 行表明，该向量似乎是全 0 向量。事实上，该向量绝大多数值是 0，仅有极少数位置为 1。这是因为特征词汇表非常大，仅有极少数单词出现在第 1 条样本中，只有这些出现在第 1 条样本中的单词对应位置的值才为 1。输出结果第 3 行表明该向量的长度为 8 713。输出结果第 4 行表明该向量 1 760~1 780 间出现两个 1，它们分别代表哪两个单词呢？为此有必要分析一下特征词汇表。

```
12. print("\n 特征词汇表: ")
13. print(len(count_vectorizer.get_feature_names_out()))
14. print(count_vectorizer.get_feature_names_out()[:20])
15. print(count_vectorizer.get_feature_names_out()[1760:1780])
```

第 13 行代码查看特征词汇表长度，该值应该与前面提到的向量长度 8 713 是同一个值。第 14 行代码查看词汇表前 20 个单词。由于原始数据集中包含大量数字，因此，读者会发现排在前面的词汇几乎都是数字串。第 15 行代码输出 1 760~1 780 之间的单词，该区间与第 11 行中指定的区间是一样的，因此读者不难发现第 11 行输出结果中 1 所在位置对应的单词分别是 buffet 和 bugis。根据第 5 行代码输出结果，这两个单词确实出现在第一个样本中。本段代码输出结果如下。

```
特征词汇表:
8713
['00' '000' '000pes' '0087704050406' '0089' '0121' '01223585236'
 '01223585334' '0125698789' '02' '0207' '02072069400' '02073162414'
 '02085076972' '021' '03' '04' '0430' '05' '050703']
```

```
['buddy' 'buddys' 'budget' 'buen' 'buff' 'buffet' 'buffy' 'bugis' 'build'
 'building' 'built' 'bulbs' 'bull' 'bullshit' 'bunch' 'bundle' 'bunkers'
 'buns' 'burden' 'burger']
```

接下来统计数据集中的高频单词。

```
16.  df_counts = pd.DataFrame(counts.toarray(), columns=count_vectorizer.get_feature_
names_out())
17.  word_counts = df_counts.sum().sort_values(ascending=False)
18.  plt.figure(figsize=(12, 6))
19.  word_counts.head(20).plot(kind='bar')
20.  plt.title('Top 20 Word Frequencies in SMS Text')
21.  plt.xlabel('Words')
22.  plt.ylabel('Frequency')
23.  plt.show()
```

第 16 行代码创建 DataFrame 对象，列标签为特征词汇表。第 17 行代码计算词汇表每个单词出现的次数，并进行排序。第 19 行代码挑选前 20 个单词绘制统计图。输出结果如图 6-2 所示。

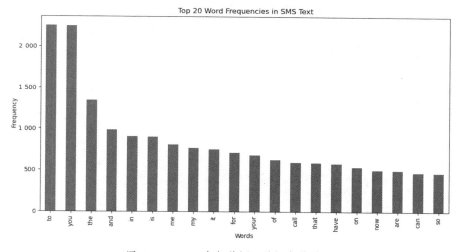

图 6-2　top-20 高频单词汇的词频统计图

6.3.4　案例实现：Python 版

本小节将实现一个朴素贝叶斯文本分类器，代码主要由以下三个部分组成。

（1）CountVectorizer 类：用于将文本数据向量化，统计每个词在每个样本中出现的次数。

（2）MultinomialNB 类：用于朴素贝叶斯模型的实现，包括 fit 方法用于训练模型，predict 方法用于预测，predict_proba 方法用于计算概率，score 方法用于评估模型准确率。

（3）main 函数：用于加载数据集，创建 CountVectorizer 和 MultinomialNB 实例，完成朴素贝叶斯文本分类器的训练和预测。

1. CountVectorizer 类

CountVectorizer 类用于实现文本特征提取，它包括构造函数 init，以及 fit_transform、transform 两个主要成员函数。

（1）构造函数 init 和 fit_transform 函数

```
1.  import numpy as np
2.  class CountVectorizer:
```

```
3.        def __init__(self):
4.            self.vocab = {}
5.        def fit_transform(self, x):
6.            for sentence in x:
7.                words = sentence.split()
8.                for word in words:
9.                    if word not in self.vocab:
10.                       self.vocab[word] = len(self.vocab)
11.           count_matrix = np.zeros((len(x), len(self.vocab)))
12.           for i, sentence in enumerate(x):
13.               words = sentence.split()
14.               for word in words:
15.                   j = self.vocab[word]
16.                   count_matrix[i][j] += 1
17.       return count_matrix
```

fit_transform 方法接受一个文本数据集合 x，用于构建词汇表并将文本数据转化为词频矩阵。fit_transform 的前半部分由一个双重 for 循环构成，用于构造词汇表 vocab。具体步骤如下：第 6 行代码遍历文本数据 x 中的每个句子。第 7 行代码将每个句子按空格分割成单词列表。第 8 行代码遍历单词列表中的每个单词。第 9、10 行代码，如果单词不在词汇表中，则将其添加到词汇表，并分配一个索引。fit_transform 的第 11 ~ 17 行代码和 transform 几乎完全一样，放在后面一起介绍。

（2）transform 函数

```
18.       def transform(self, x):
19.           count_matrix = np.zeros((len(x), len(self.vocab)))
20.           for i, sentence in enumerate(x):
21.               words = sentence.split()
22.               for word in words:
23.                   if word in self.vocab:
24.                       j = self.vocab[word]
25.                       count_matrix[i][j] += 1
26.       return count_matrix
```

成员函数 transform 与成员函数 fit_transform 的后半部分内容几乎完全相同。用于接受一个新的文本数据集合 x，根据之前构建的词汇表将文本数据转化为词频矩阵。具体步骤如下：第 11、19 行代码创建一个全零的词频矩阵，矩阵的行数为文本数据的个数，列数为词汇表的大小。第 12、20 行代码遍历文本数据 x 中的每个句子。第 13、21 行代码将每个句子按空格分割成单词列表。第 14、22 行代码遍历单词列表中的每个单词。第 23 行代码，如果该单词在词汇表中，则获取其在词汇表中的索引，并在词频矩阵中增加该单词的计数，这在 fit_transform 中是没有的。第 15、24 行代码获取单词在词汇表中的索引。第 16、25 行代码在词频矩阵中增加该单词的计数。第 17、26 行代码返回词频矩阵。

2. MultinomialNB 类

MultinomialNB 类实现了朴素贝叶斯分类器的主要功能，它主要包括构造函数 init、模型训练函数 fit、预测函数 predict、概率计算函数 predict_proba、评价函数 score。

（1）构造函数 init

构造函数 init，初始化 alpha 参数。alpha 用于控制平滑处理的强度。

```
27. class MultinomialNB:
28.     def __init__(self, alpha=1.0):
29.         self.alpha = alpha
```

（2）模型训练函数 fit

本段代码定义模型训练函数 fit，其中 x 是 shape 为(n_samples, n_features)的训练样本数据，y 是 shape 为(n_samples,)的训练样本标签。

```
30.     def fit(self, x, y):
31.         self.classes_ = np.unique(y)
32.         self.n_classes_ = len(self.classes_)
33.         self.n_features_ = x.shape[1]
34.         self.class_count_ = np.zeros(self.n_classes_)
35.         self.feature_count_ = np.zeros((self.n_classes_, self.n_features_))
36.         for i in range(len(y)):
37.             c = y[i]
38.             self.class_count_[c] += 1
39.             self.feature_count_[c] += x[i]
40.         self.feature_prob_ = (self.feature_count_ + self.alpha) / (np.sum(self.
feature_count_, axis=1, keepdims=True) + self.alpha * self.n_features_)
41.         self.class_prob_ = self.class_count_ / np.sum(self.class_count_)
```

在这个方法中，首先计算出类别总数、特征数以及每个类别和每个特征出现的次数，然后计算各个类别的先验概率和每个特征在每个类别下的条件概率。第 31~33 行代码找出所有不同的类别和特征，并记录它们各自的数量。第 34~39 行代码遍历每个训练样本，计算各个类别出现次数（class_count_）和各个特征出现次数（feature_count_）。第 40、41 行代码根据计算出的类别和特征出现次数，计算各个类别的先验概率 $P(y_j)$ 和每个特征在每个类别下的条件概率 $P(x_i|y_j)$。其中，第 40 行代码使用了拉普拉斯平滑技术，alpha 为平滑参数。

（3）预测函数 predict

此函数在朴素贝叶斯分类器中用于计算测试集样本属于各个类别的概率 $P(y_j|x)$，并返回一个 shape 为(n_samples, n_classes)的矩阵，其中第 i 行第 j 列的元素表示第 i 个测试集样本属于第 j 个类别的概率。其中 x 是 shape 为(n_samples, n_features)的测试样本数据。

```
42.     def predict_proba(self, x):
43.         log_prob = np.log(self.feature_prob_)
44.         log_prior = np.log(self.class_prob_)
45.         log_likelihood = np.dot(x, log_prob.T) + log_prior
46.         exp_likelihood = np.exp(log_likelihood)
47.         if np.isnan(exp_likelihood).any() or (exp_likelihood == 0).any():
48.             return exp_likelihood / (np.sum(exp_likelihood, axis=1, keepdims=
True) + 1e-10)
49.         return exp_likelihood / np.sum(exp_likelihood, axis=1, keepdims=True)
```

首先，根据训练时计算得到的先验概率和条件概率，计算各个类别和每个特征的对数概率 log_prior(log(P(y)))和 log_prob（log(P(x|y))）。注意，log_prob 变量是矩阵，行数与类别数相同，列数与特征数相同（见第 43、44 行代码）。

然后，根据贝叶斯定理，在测试集样本给定的情况下，计算它属于某一类别的条件概率（$P(y|x)$）。先通过 np.dot(x, log_prob.T)计算每个样本在每个类别下的对数条件概率，再加上对数先验概率得到样本在每个类别下的对数概率（第 45 行代码）。注意，通过计算对数概率，可以将公式中的乘法运算 $P(x|y) P(y)$ 简化为对数的加法运算。此外，由于样本给定，分母是一样的，贝叶斯公式分母部分的 $P(x)$ 可以省略。由于实际使用中需要得到概率而不是对数概率，因此还需要将对数概率形式的结果重新转化为概率（第 46 行代码）。

接下来，第 47~49 行代码用于对朴素贝叶斯模型的后验概率进行归一化操作，以得到后验概率值。由于计算指数函数可能出现溢出或下溢问题，因此用 np.exp 函数计算概率前先判断其是否会出现这种情况。如果会出现，则使用一个很小的数 1e-10 代替 0 来避免除以 0 的错误（第 48 行代码），否则直接计算概率（第 49 行代码）。具体而言，exp_likelihood

是一个二维数组，表示各个类别的后验概率。每一行代表一个样本，在每行中，各个列分别表示不同的类别。np.sum(exp_likelihood, axis=1, keepdims=True)是对每个样本的后验对数概率进行求和的操作，axis=1 表示在行的方向上进行求和，得到一个列向量，keepdims=True 则保持输出结果的维度与输入相同。然后，将每个后验概率值除以其所在样本的总和，即进行归一化操作。这样就得到了每个类别的后验概率值，表示样本属于各个类别的概率。

（4）概率计算函数 predict_proba

此函数预测测试样本标签。其中 x 是 shape 为(n_samples, n_features)的测试样本数据。

```
50.     def predict(self, x):
51.         proba = self.predict_proba(x)
52.         return self.classes_[np.argmax(proba, axis=1)]
```

在这个方法中，首先调用 predict_proba 方法得到测试样本属于各个类别的概率，然后选择概率最大的类别作为预测结果。

（5）评价函数 score

```
53.     def score(self, x, y):
54.         y_pred = self.predict(x)
55.         return np.mean(y_pred == y)
```

此函数评估模型在测试集上的表现。其中 *x* 是 shape 为(n_samples, n_features)的测试样本数据，*y* 是 shape 为(n_samples,)的测试样本标签。在这个方法中，首先调用 predict 方法得到预测结果，然后计算预测结果与真实标签相同的比例并返回。

3. main 函数

```
56. def main():
57.     import pandas as pd
58.     from sklearn.model_selection import train_test_split
59.     df = pd.read_csv('data\\ch06\\SMSSpamCollection', sep='\t', header=None,
names=['label', 'message'])
60.     df['label'] = df.label.map({'ham': 0, 'spam': 1})
61.     x_train, x_test, y_train, y_test = train_test_split(df['message'], df
['label'], random_state=1)
62.     x_train = x_train.reset_index(drop=True)
63.     y_train = y_train.reset_index(drop=True)
64.     vectorizer = CountVectorizer()
65.     x_train_vectorized = vectorizer.fit_transform(x_train)
66.     model = MultinomialNB()
67.     model.fit(x_train_vectorized, y_train)
68.     x_test_vectorized = vectorizer.transform(x_test)
69.     accuracy = model.score(x_test_vectorized, y_test)
70.     print("Accuracy:", accuracy)
71. if __name__ == "__main__":
72.     main()
```

本段代码用于加载数据集、创建实例，完成训练和预测。第 59 行代码读取一个包含邮件文本和标签（垃圾或非垃圾）的数据集。第 60 行将标签转换为数字（0 表示非垃圾，1 表示垃圾）。第 61~63 行代码将数据集分成训练集和测试集。第 64、65、68 行代码使用 CountVectorizer 对文本数据进行向量化处理。第 66、67 行代码使用 MultinomialNB 进行训练。第 69、70 行代码在测试集上计算准确率。最后输出准确率。

6.3.5　案例实现：Sklearn 版

Sklearn 版本与 Python 版本基本相同，区别在于 CountVectorizer 和 MultinomialNB 均由 Sklearn 提供。

```
1.   import pandas as pd
2.   from sklearn.feature_extraction.text import CountVectorizer
3.   from sklearn.naive_bayes import MultinomialNB
4.   from sklearn.model_selection import train_test_split
5.   df = pd.read_csv('data\\ch06\\SMSSpamCollection', sep='\t', header=None, names=
     ['label', 'message'])
6.   df['label'] = df.label.map({'ham': 0, 'spam': 1})
7.   x_train, x_test, y_train, y_test = train_test_split(df['message'], df['label'],
     random_state=1)
8.   vectorizer = CountVectorizer()
9.   x_train_counts = vectorizer.fit_transform(x_train)
10.  x_test_counts = vectorizer.transform(x_test)
11.  clf = MultinomialNB()
12.  clf.fit(x_train_counts, y_train)
13.  accuracy = clf.score(x_test_counts, y_test)
14.  print('Accuracy:', accuracy)
```

6.4 贝叶斯岭回归

贝叶斯岭回归是一种基于贝叶斯框架的岭回归算法，用于解决线性回归问题。它采用了贝叶斯方法来估计回归系数，能够更好地应对高维数据和共线性数据。共线性是指在回归分析中，自变量之间存在高度相关性或线性相关性的情况。当存在共线性时，多个自变量可能对因变量的解释能力重叠，使得模型的结果不稳定，并且难以准确估计变量的影响。

假设有一个线性回归模型：

$$y = X\beta + \epsilon$$

其中，y 是一个 $n\times1$ 的目标向量；X 是一个 $n\times p$ 的特征矩阵；β 是一个 $p\times1$ 的系数向量；ϵ 是一个 $n\times1$ 的噪声向量，它服从均值为 0、均方差为 σ 的多元正态分布。

在岭回归中，使用 L2 正则化来限制回归系数大小，最小化误差平方和与惩罚项之和：

$$\min_{\beta} |y - X\beta|_2^2 + \alpha |\beta|_2^2$$

这是一个标准的优化问题，可以用普通最小二乘法求解。但是，当数据集具有高度共线性、特征维度很高时，最小二乘法的结果很不稳定，可能导致过拟合等问题。这时可以使用贝叶斯岭回归。

在贝叶斯岭回归中，假设系数向量 β 的先验分布为多元正态分布：

$$P(\beta) = N(\beta|0, \alpha^{-1}I_p)$$

其中，I_p 是一个 $p\times p$ 的单位矩阵；α 是一个超参数，控制了正则化的强度。一般情况下，α 取一个比较小的正数，如 0.01。

训练阶段，在给定数据 X 和目标向量 y 的情况下，可以通过贝叶斯公式计算后验分布：

$$P(\beta|X, y) \propto P(y|X, \beta) P(\beta)$$

其中，$P(y|X,\beta)$ 是数据的似然函数，表示在给定 β 的条件下，观察到 y 的概率。如果假设噪声服从正态分布，那么似然函数可以写为：

$$P(y|X, \beta) = N\left(y|X\beta, \sigma^2 I_n\right)$$

其中，I_n 是一个 $n\times n$ 的单位矩阵，σ 是噪声的方差。可以将其代入后验公式，得到后验分布：

$$P(\beta|X, y) = N\left(\beta|\mu_n, \Lambda_n^{-1}\right)$$

其中，

$$\Lambda_n = \alpha I_p + \frac{1}{\sigma^2} X^\mathrm{T} X$$

$$\mu_n = \frac{1}{\sigma^2} \Lambda_n^{-1} X^\mathrm{T} y$$

这个后验分布是一个多元正态分布，它描述了 β 的不确定性，同时也提供了对应于后验均值的回归系数估计。

在预测阶段，可以通过计算后验分布的边缘分布来预测新数据点的目标值。预测分布的均值和协方差可以按照下面的公式求出。

预测分布的均值公式为：

$$\hat{y} = \mu_n^\mathrm{T} x$$

这个公式表示了预测的均值是通过将模型的均值参数与输入样本进行点积操作得到的。点积操作可以理解为将每个对应位置的元素相乘，并将结果相加得到一个标量值。

预测分布的协方差公式为：

$$\hat{\sigma}^2(x) = \frac{1}{\sigma^2} + x^\mathrm{T} (\Lambda_n)^{-1} x$$

这个公式表示了预测分布的协方差是由两部分组成的：一部分是噪声协方差，另一部分是由模型学习得到的关于 x 的不确定性。

其中 $\hat{\sigma}^2$ 表示预测分布的协方差，$\hat{y}$ 表示预测均值，σ 是噪声方差，Λ_n 是正则化系数矩阵，x 是输入的新样本，μ_n 表示模型的均值参数向量。

贝叶斯岭回归通过贝叶斯方法实现了回归系数的估计和预测，相比于传统的最小二乘法，它具有更好的稳定性和泛化性能。

6.5 综合案例：基于贝叶斯岭回归的房价预测

6.5.1 案例概述

本案例是一个基于波士顿房价数据集设计的回归问题。波士顿房价数据集（Boston housing dataset）是一个常用的回归问题数据集，收集了 20 世纪 70 年代晚期波士顿地区的房屋相关信息以及对应房价的中位数，用于预测波士顿地区房屋的中位数价格。该数据集包含 506 个样本，每个样本有 13 个特征。这些特征主要描述了波士顿地区房屋及其周围环境的各种属性，包括犯罪率、住宅土地比例、商业用地比例、是否靠近河流等。

6.5.2 案例实现：Python 版

本小节将实现一个朴素贝叶斯文本分类器。代码主要由 BayesianRidge 类、load_dataset 函数和 main 函数三个部分组成。

1. BayesianRidge 类

BayesianRidge 类实现了贝叶斯岭回归算法，它由构造函数 init、训练函数 fit、预测函数 predict 和 predict_distribution 组成。predict 函数用于计算常规的回归预测结果，predict_ distribution 函数用于计算预测分布的均值和方差。

（1）构造函数 init

```
1.   import numpy as np
2.   class BayesianRidge:
3.       def __init__(self, alpha=0.01, sigma=0.1):
4.           self.alpha = alpha
5.           self.sigma = sigma
6.           self.mu_n = None
7.           self.Lambda_n = None
```

本段代码主要用于定义构造函数。第 3 行：定义构造函数，初始化该类实例的 alpha 和 sigma 属性。alpha 是正则化参数，sigma 是噪声的标准差。第 4~7 行：将参数 alpha 和 sigma 保存到对象的属性中，并初始化 mu_n 和 Lambda_n 属性为空（在 fit 函数中进行初始化）。

（2）训练函数 fit

```
8.       def fit(self, x, y):
9.           n, p = X.shape
10.          x_t = np.transpose(x)
11.          self.Lambda_n = self.alpha*np.identity(p) + np.dot(x_t,x)/self.sigma**2
12.          self.mu_n = np.dot(np.linalg.inv(self.Lambda_n),np.dot(x_t,y))/self.sigma**2
```

这是模型的训练函数。它接收训练数据 x 和标签 y，并根据输入的数据计算 mu_n 和 Lambda_n。主要计算步骤如下。第 9 行：获取训练数据的维数。第 10 行：将训练数据 x 进行转置。第 11 行：计算似然函数的精度矩阵 Lambda_n。根据正则化参数 alpha、噪声标准差 sigma 和转置后的训练数据计算似然函数的精度矩阵。第 12 行：计算似然函数的均值向量 mu_n。这里使用了似然函数的精度矩阵 Lambda_n 和训练数据及标签。

（3）预测函数 predict

```
13.      def predict(self, x_new):
14.          y_pred = np.dot(x_new,self.mu_n)
15.          return y_pred
```

这个函数用于预测新数据的目标变量值。它接收新的数据 x_new，并根据已训练的模型和计算得到的 mu_n，返回预测的目标变量值。主要计算步骤如下。第 14 行：计算新数据的目标变量的预测值，即 mu_n 与 x_new 的点积。根据新的数据 x_new 和 mu_n 计算目标变量的预测值 y_pred。第 15 行：返回预测值。

（4）预测函数 predict_distribution

```
16.      def predict_distribution(self, x_new):
17.          n, p = x_new.shape
18.          pred_dist = []
19.          for i in range(n):
20.              pred_cov = 1 / self.sigma ** 2 + np.dot(np.dot(x_new[i, :], np.
linalg.inv(self.Lambda_n)), x_new[i, :])
21.              pred_mean = np.dot(np.transpose(self.mu_n), x_new[i, :])
22.              pred_dist.append((pred_mean, pred_cov))
23.          return pred_dist
```

这个函数用于返回目标变量的分布。它接收新的数据 x_new，并根据已训练的模型和计算得到的 mu_n、Lambda_n 返回一个列表，其中每个元素是预测的目标变量的分布，包括均值和协方差。主要计算步骤如下。第 17 行：获取新数据的维数。第 18 行：初始化一个空列表用于保存预测分布。第 19 行：遍历每个新的数据，进行第 20~22 行代码操作。第 20 行：计算目标变量的协方差。该协方差由两部分组成：噪声的贡献（1/sigma**2），以及新的数据 x_new 与 Lambda_n 的乘积。第 21 行：计算目标变量的平均值。第 22 行：

将预测的均值和协方差添加到预测分布中。第 23 行：返回预测分布列表。

2．load_dataset 函数

```
24.  def load_dataset(filename):
25.      dataset = []
26.      with open(filename, 'r') as file:
27.          for line in file:
28.              data = line.strip().split()
29.              sample = [float(value) for value in data]
30.              dataset.append(sample)
31.      return dataset
```

load_dataset 函数用于加载波士顿房价数据集。第 24 行：定义了一个名为 load_dataset 的函数，用于从文件中加载数据集。第 25~31 行：在 load_dataset 函数中，打开指定的文件，逐行读取数据，并将每一行的值转换成浮点数，最后将样本添加到 dataset 列表中，返回完整的数据集。

3．main 函数

```
32.  import pandas as pd
33.  from sklearn.model_selection import train_test_split
34.  from sklearn.metrics import mean_squared_error
35.  def main():
36.      data = load_dataset('data\\ch06\\boston.housing.data')
37.      df = pd.DataFrame(data)
38.      x = df.iloc[:, :-1]   # 特征
39.      y = df.iloc[:, -1]    # 目标变量
40.      x_train, x_test, y_train, y_test = train_test_split(x, y, test_size=0.2,
     random_state=42)
41.      model = BayesianRidge()
42.      model.fit(x_train, y_train)
43.      y_pred = model.predict(x_test)
44.      mse = mean_squared_error(y_test, y_pred)
45.      print("Mean Squared Error:", mse)
46.      pred_dist = model.predict_distribution(x_test.to_numpy())
47.      for i in range(5):
48.          pred_mean, pred_cov = pred_dist[i]
49.          print("数据点 {} 的预测分布均值: {}，方差: {}".format(i+1, pred_mean, pred_cov))
50.  if __name__ == "__main__":
51.      main()
```

这段代码完成了模型训练和评估等步骤。第 32 行：导入 Pandas 库，用于数据处理。第 33 行：导入 Sklearn 库中的 train_test_split 函数，用于数据集划分。第 34 行：导入 Sklearn 库中的 mean_squared_error 函数，用于计算均方误差。第 35 行：定义了一个名为 main 的函数，作为主函数入口。第 36 行：调用 load_dataset 函数加载数据集，并将数据存储在 data 变量中。第 37 行：使用 Pandas 的 DataFrame 将数据转换为 DataFrame 格式，并赋值给 df。第 38 行：从 df 中提取特征数据，即除了最后一列之外的所有列，并赋值给 x。第 39 行：从 df 中提取目标变量数据，即最后一列数据，并赋值给 y。第 40 行：使用 train_test_split 函数将数据划分为训练集和测试集，其中 test_size 参数指定了测试集占总数据的比例，random_state 参数用于指定随机种子以保证可复现性。第 41 行：创建一个 BayesianRidge 模型的实例。第 42 行：使用训练集数据对模型进行训练。第 43 行：使用模型对测试集数据进行预测。第 44 行：计算预测结果与真实值之间的均方误差。第 45 行：打印均方误差。第 46 行：使用模型的 predict_distribution 函数获得测试集数据的预测分布。第 47~49 行：遍历前 5 个数据点，并打印其预测分布的均值和方差。第 50 行：如果该文件被直接执行，则调用 main 函数。

6.5.3 案例实现：Sklearn 版

Sklearn 版本与 Python 版本基本相同，区别在于 BayesianRidge 由 Sklearn 提供，此外 Sklearn 中的 BayesianRidge 没有提供 predict_distribution 函数，因此 Python 版本中的第 46 ~ 49 行代码被删除。

```
1.    import pandas as pd
2.    from sklearn.model_selection import train_test_split
3.    from sklearn.linear_model import BayesianRidge
4.    from sklearn.metrics import mean_squared_error
5.    def load_dataset(filename):
6.        dataset = []
7.        with open(filename, 'r') as file:
8.            for line in file:
9.                data = line.strip().split()
10.               sample = [float(value) for value in data]
11.               dataset.append(sample)
12.       return dataset
13.   def main():
14.       data = load_dataset('data\\ch06\\boston.housing.data')
15.       df = pd.DataFrame(data)
16.       x = df.iloc[:, :-1]   # 特征
17.       y = df.iloc[:, -1]    # 目标变量
18.       x_train, x_test, y_train, y_test = train_test_split(x, y, test_size=0.2,
random_state=42)
19.       model = BayesianRidge()
20.       model.fit(x_train, y_train)
21.       y_pred = model.predict(x_test)
22.       mse = mean_squared_error(y_test, y_pred)
23.       print("Mean Squared Error:", mse)
24.   if __name__ == "__main__":
25.       main()
```

习题 6

1. 贝叶斯模型的基本原理是什么？
2. 请解释一下贝叶斯模型中的先验概率和后验概率分别指代什么。
3. 在贝叶斯模型中，如何利用后验概率进行模型的推断和预测？
4. 贝叶斯模型中的先验分布有哪些常见的选择？
5. 什么是贝叶斯网络？它与贝叶斯模型有何区别？
6. 贝叶斯模型中的先验知识如何影响模型的结果？
7. 贝叶斯模型在哪些方面相较于传统模型具有优势？

实训 6

1. 鸢尾花分类：使用鸢尾花数据集，基于贝叶斯模型进行鸢尾花分类。
2. 糖尿病检测：使用糖尿病数据集，进行贝叶斯模型实践。
3. 手写数字识别：使用 MNIST 数据集，进行贝叶斯模型实践。
4. 燃油效率回归：使用汽车燃油效率数据集，进行贝叶斯岭回归实践。
5. 房价预测：使用波士顿房价数据集，进行贝叶斯岭回归实践。

第 3 篇 无监督学习篇

无监督学习的目标是从未标记的数据中发现隐藏模式和结构，探索数据间的关系，从而提供更深入的理解和洞察力。相对于监督学习，无监督学习不需要已知的输出信息或标签来指导模型的训练。无监督学习任务主要包括聚类和降维。聚类是将数据按照相似性分组的过程。降维是减少数据维度的过程，目的是在保留尽可能多的信息的同时，减少冗余和噪声。

本篇将介绍聚类、主成分分析、奇异值分解三类代表性的无监督学习方法。

第7章 聚类

聚类分析是探索性数据分析的重要工具之一，可以帮助发现数据中的隐藏结构和模式，从而洞察数据的特征、关系和组织方式。它在许多领域都有广泛应用，如数据挖掘、图像分割、市场细分、模式识别等。本章将介绍聚类算法的基础及综合案例。

【启智增慧】

机器学习与社会主义核心价值观之"公正篇"

公正强调在社会生活各个领域维护公平、合理和正义。机器学习可以用于辅助司法决策，减少人为偏见和误判，维护司法公正。机器学习技术可以应用于招聘和选拔过程，减少主观偏见和歧视，提供公正的就业机会。机器学习可以更准确地确定社会救助和福利资源的分配对象，确保资源公平合理地分发给需要的人群。机器学习算法本身可能存在潜在的偏见和不公平性，需要进行审查和监督。

7.1 聚类基础

7.1.1 概述

聚类（clustering）是一种无监督学习方法，旨在根据数据相似性或相关性，将数据集中的样本划分为具有相似特征的组或簇（clusters）。聚类分析的主要目标是最大化簇内的相似性，并最大化簇间的差异，即使得同一簇内的数据点彼此相似，而不同簇之间的数据点差异较大。聚类算法是无监督学习方法，不需要预先定义类别标签；而分类算法是监督学习方法，需要使用带有标签的训练数据进行学习和预测。

下面通过一个具体的例子来讲解聚类的用途。20 世纪 80 年代以前出生的读者，可能会接触过裁缝这么一个角色。那个年代市面上并没有什么成品衣服出售，想穿新衣服，您得买好布料，去裁缝店订做。裁缝师傅拿着软尺仔细丈量胸围、腰围等尺寸数据，然后根据这些数据为您量身定做衣服。当然，这种量身定做的方式其实仍然存在，如高端西服定制。

现在，普通老百姓买衣服，一般直接买市面上出售的服装。这种服装一般有固定的尺码，如 M、L、XL 等，这些尺码其实就是聚类分析的具体应用。为了实现规模效应，服装生产企业不可能按照老式的裁缝店做法，为每个消费生产对应尺寸的服装。这些服装生产企业通常只生产几个固定尺码的服装。他们首先通过各种途径收集大量消费者的尺寸信息

（如胸围、腰围、臀围等数据）。然后进行聚类分析，按照尺寸特征进行分组。聚类算法会自动将相似尺寸放到同一类别中，从而形成不同尺码的群组，然后为每个群组设定一个代表性的尺寸数据（如使用平均值），最后服装企业只需要根据这些代表尺寸数据进行生产。消费者根据自己的尺寸，选择最接近的服装尺码即可。

7.1.2 聚类算法基本步骤

（1）数据准备：收集数据，并进行必要的预处理。数据集通常可能是由一组特征向量组成的数据点集合，每个数据点代表一个样本。

（3）特征选择和缩放：如果数据集包含多个特征，可能需要进行特征选择，选取最具代表性的特征子集。此外，为了确保不同特征之间的比较具有可比性，通常需要对数据进行缩放或标准化。

（3）选择聚类算法：根据数据集的特性和问题的需求，选择合适的聚类算法。常见的聚类算法包括 K 均值聚类、层次聚类、密度聚类、谱聚类等。每种算法都有其特定的假设和工作原理。

（4）确定聚类数目：在大多数聚类算法中，需要事先指定聚类的数量。这通常是一个挑战，因为选择不合适的聚类数目可能导致结果不准确。可以通过启发式方法、模型评估指标或领域知识来帮助确定聚类数目。

（5）运行聚类算法：使用选择的聚类算法对数据进行聚类。算法会根据相似性度量和聚类准则将数据点分配到不同的簇中。

（6）结果解释和评估：观察聚类结果，解释每个簇代表的意义，并评估聚类的质量。常用的评估指标包括簇内距离、簇间距离、轮廓系数等。

需要注意的是，聚类分析是一项探索性的分析任务，并且结果的解释和验证需要结合具体应用场景和领域知识。同时，聚类分析也受到数据质量、特征选择、参数设定等因素的影响，因此需要谨慎地进行实施和解释。

7.1.3 聚类性能评估指标

聚类性能评估指标通常分为两类：外部性能度量和内部性能度量。

1．外部性能度量

外部性能度量适用于有真实类别标签的情况，可以直接对聚类结果与真实标签进行比较，评估聚类的准确性和一致性。这些度量方法提供了关于聚类结果与真实标签匹配程度的信息，适用于监督学习任务的评估。在需要解释聚类结果或进行分类任务时，外部性能度量更具有解释性和可解释性。

外部性能度量：以先验知识为基础，将聚类结果与已知的分类信息进行比较，用于衡量聚类结果与真实类别标签之间的匹配程度。常用的外部性能度量方法包括 purity、rand index、Jaccard coefficient、Fowlkes-Mallows index 等。

（1）purity：表示正确分类的样本占总样本数的比例。purity 越高，表示聚类结果与真实类别标签的匹配程度越高。

（2）rand index：度量聚类结果与真实类别标签的一致性程度。取值范围为[0, 1]，值越接近 1 表示聚类效果越好。

（3）Jaccard coefficient：用于评估聚类结果中同一簇中的元素是否具有相同的真实类别

标签。取值范围为[0, 1]，值越接近 1 表示聚类效果越好。

（4）Fowlkes-Mallows index：结合 precision 和 recall，用于度量聚类结果与真实类别标签的匹配程度。取值范围为[0, 1]，值越接近 1 表示聚类效果越好。

2．内部性能度量

内部性能度量仅考虑聚类结果本身，不需要先验知识，它通过簇内的紧密度和簇间的分离度来评估聚类结果。内部性能度量适用于无真实类别标签的情况，只考虑聚类结果本身的质量。这些度量方法通过分析聚类结果的紧密度、分离度等特征来评估聚类效果。它们不依赖于先验知识，适用于无监督学习任务的评估。在探索性数据分析、聚类结果的纯度和一致性等方面，内部性能度量更具有指导意义。常用的内部性能度量方法包括簇内距离、簇间距离、轮廓系数、Davies-Bouldin index、Calinski-Harabasz index 等。

（1）簇内距离（intra-cluster distance）：衡量簇内样本的紧密程度。常用的度量方式有欧氏距离、曼哈顿距离、余弦相似度等。较小的簇内距离表示簇内样本更加相似。也使用簇内相似度这一术语表示同一簇内样本之间的相似程度。

（2）簇间距离（inter-cluster distance）：衡量不同簇之间的分离程度。常用的度量方式有最短距离、最远距离、平均距离等。较大的簇间距离表示不同簇之间的差异性较大。也使用簇间相似度这一术语表示不同簇之间样本的差异程度。

（3）轮廓系数（silhouette coefficient）：综合考虑簇内距离和簇间距离，用于衡量样本与其所在簇以及与其他簇之间的相似性。轮廓系数的取值范围为[-1, 1]，值越接近 1 表示样本聚类得越好，值越接近-1 表示样本更适合被分配到其他簇。

（4）Davies-Bouldin index：基于簇内距离和簇间距离的比值，度量簇之间的分离度和簇内部紧密度。Davies-Bouldin 指数越小表示聚类效果越好。

（5）Calinski-Harabasz index：基于簇内距离和簇间距离的比值，度量簇之间的分离度和簇内部紧密度。Calinski-Harabasz index 越大表示聚类效果越好。

这些度量方法可以根据具体问题和数据特点进行选择和使用。需要注意的是，度量方法仅供参考，不同的度量方法可能会得出不同的结果。因此，在评估聚类结果时，可以结合多个度量指标，并进行实验和比较，以选择最合适的聚类结果。

7.2 常见的聚类算法

聚类方法可以按照不同的分类标准进行分类，下面介绍几种常见的聚类算法类别。

7.2.1 原型聚类算法

原型聚类算法（prototype-based clustering）中的"原型"二字是指样本空间中具有代表性的点，此类算法假设聚类结构能通过一组原型刻画，在现实聚类任务中极为常用。通常情形下，算法先对原型进行初始化，然后对原型进行迭代更新求解。采用不同的原型表示、不同的求解方式，将产生不同的算法。代表性的原型聚类算法包括 KMeans 和 KMedoids。KMeans 和 KMedoids 都属于聚类算法中的划分聚类（partitioning clustering）。划分聚类是一种将数据集划分为若干个不相交子集的聚类方法。划分聚类是将数据划分为不同的簇的方法，其中每个数据点只属于一个簇。KMeans 和 KMedoids 都是通过迭代将数据点分配到最近的簇中，并更新簇的中心或中心点来优化聚类结果。在划分聚类中，簇的数量通常需要预先指定。

1．KMeans

KMeans（K 均值）是一种常用的划分聚类算法。KMeans 算法通过把样本划分成多个具有相同方差的簇的方式来聚集数据。它根据样本之间的距离来计算簇中心，并将样本划分到最接近的簇中心。KMeans 算法将一组 n 个样本 X 划分成 K 个不相交的簇 C，每个簇都用该簇中样本的均值 μ_j 描述。这个均值（means）通常被称为簇的质心（centroids）。KMeans 算法按照能够最小化称为惯量（inertia）或簇内平方和（cluster sum of square）的标准（criterion），来选择选择这样的质心。惯量被认为是测量簇内聚程度的度量（measure）。但它也有一些不足。

（1）惯量假设簇是凸（convex）的和各向同性（isotropic）的，这并不总是对的。它对细长的簇或具有不规则形状的流形反应不佳。

（2）惯性不是一个归一化度量（normalized metric）：只知道当惯量的值较低是较好的，并且零是最优的。但是在非常高维的空间中，欧氏距离往往会膨胀（即所谓的维度诅咒/维度惩罚（curse of dimensionality）。在 KMeans 聚类算法之前运行诸如 PCA 之类的降维算法可以减轻这个问题并加快计算速度。

注意，KMeans 算法需要指定簇的数量。此外，质心一般不是从 X 中挑选出的点，虽然它们与 X 处在同一个空间。

KMeans 算法的具体步骤如下：

（1）随机选择 K 个初始簇中心（样本点）。

（2）计算每个样本与各个簇中心的距离，将样本分配到最近的簇中心所属的簇。

（3）更新簇中心，计算每个簇的均值作为新的簇中心。

（4）重复上述两个步骤，直到簇中心不再改变或达到预定迭代次数。

KMeans 算法的优点是简单高效，适用于大规模数据集，已经被广泛应用于许多不同的领域。但是，它受初始簇中心的选择和局部最优解的影响。

2．KMedoids

KMedoids 是 KMeans 的一种改进算法，它将簇中心限定为样本点，而不是样本的均值。这样可以更好地处理离群点的影响。也就是对前述 KMeans 算法第（3）步更新簇中心的方法进行修改，不再采用每个簇的均值作为新的簇中心，而是选择一个代表性的样本点作为新的簇中心（需要满足：簇内样本与簇中心的距离之和最小）。

KMedoids 相对于 KMeans 在处理离群点和噪声数据方面更具鲁棒性，但计算开销较大。KMeans 和 KMedoids 都需要指定聚类的数量 K。这也是它们的一个缺点，因为 K 的选择可能会影响聚类结果的质量。此外，KMeans 和 KMedoids 对于不同形状和大小的簇的效果可能不佳。

基于划分的聚类算法对于欧氏距离或曼哈顿距离等连续属性的数据较为适用。但需要注意的是，由于初始簇中心的随机选择，聚类结果可能存在不稳定性，因此多次运行算法可能会得到更可靠的结果。

7.2.2　层次聚类算法

层次聚类算法（hierarchical clustering）是一种将数据集样本按照层次结构进行划分的

聚类方法。这种聚类方法不需要预先指定聚类数量，而是通过逐步合并或划分簇来构建聚类层次。它根据相似性度量将数据点组织成层次结构。聚类的层次可以被表示成树（或者树形图，dendrogram）。树根是拥有所有样本的唯一聚类，叶子通常是仅有一个样本的聚类。基于层次的聚类算法有两种常见的策略：凝聚式（自底向上的聚合）和分裂式（自顶向下的分裂）。自底向上的凝聚式层次聚类不断合并最近的聚类对，直到形成聚类层次。自顶向下的分裂式层次聚类则是通过递归地将聚类分割成子聚类直到最小聚类达到预定阈值。层次聚类算法通过构建树形或者图形结构表示聚类关系，在可视化和解释性方面具有优势。

1．凝聚式层次聚类

凝聚式层次聚类（agglomerative hierarchical clustering）从每个数据点作为一个独立簇开始，依次合并最近的两个簇，直到所有数据点都被合并成一个大簇。这一过程构建了一个层次树（聚类树或树形图），其中每个节点代表一个簇，较低的节点表示更细粒度的簇，较高的节点表示更宽泛的簇。凝聚式层次聚类的主要步骤如下。

（1）计算每对数据点之间的距离或相似度。

（2）将每个数据点视为一个初始簇。

（3）选择距离最近的两个簇进行合并，形成一个新的簇。

（4）更新距离矩阵或相似度矩阵，计算新的簇与其他簇之间的距离或相似度。

（5）重复上述两个步骤，直到所有数据点都合并为一个大簇或达到预定停止条件。

连接标准（linkage criteria）是用于合并策略的度量方式，它决定了如何选择两个用于合并的簇。常用的连接标准有单连接（single linkage）、完全连接（maximum 或 complete linkage）和平均连接（average linkage）、Ward 等。单连接方式最小化成对聚类间最近样本距离值，即计算两个聚类中距离最小的样本之间的距离作为两个聚类的距离。完全连接方式最小化成对聚类间最远样本距离，即计算两个聚类中距离最远的样本之间的距离作为两个聚类的距离。平均连接方式最小化成对聚类间平均样本距离值，即计算两个聚类中所有样本间距离的平均值作为两个聚类的距离。Ward 算法最小化所有聚类内的平方差总和，这与 KMeans 的目标函数较为相似。凝聚式层次聚类的优点是不需要预先指定聚类数量，且可以从粗粒度到细粒度查看聚类结果。然而，在处理大规模数据时，计算距离矩阵的复杂性可能会成为一个挑战。

2．分裂式层次聚类

分裂式层次聚类（divisive hierarchical clustering）从一个包含所有数据点的簇开始，然后逐步将簇进行分裂，直到每个数据点形成一个单独的簇。这一过程也构建了一个层次树，其中每个节点代表一个簇。分裂式层次聚类的主要步骤如下。

（1）将所有数据点形成一个初始簇。

（2）选择一个簇进行分裂，将其划分为两个更小的簇。

（3）更新簇之间的距离或相似度，计算新形成的簇与其他簇之间的距离或相似度。

（4）重复上述两个步骤，直到每个数据点都形成一个单独的簇或达到预定停止条件。

常见的分裂式层次聚类算法包括二分 K 均值算法和 Chameleon 算法等。二分 K 均值算法通过递归地对聚类进行二分，将每个聚类划分为两个子聚类。Chameleon 算法通过定位高密度区域并将其分裂为不同的聚类，逐渐合并相似的聚类。

分裂式层次聚类的优点是可以更好地处理大规模数据，但结果可能受到初始簇的选择和分裂策略的影响。

基于层次的聚类方法在聚类结果的可解释性和层次结构的分析方面具有优势，能够提供更为丰富的聚类结果，并且通过聚类树便于不同粒度的聚类结果的选择，但也存在计算复杂度较高和对初始参数敏感等限制。选择适合数据集和应用场景的层次聚类算法需要综合考虑这些因素。代表性的层次聚类算法包括以下几种。

（1）Agglomerative Clustering：这是一种凝聚式层次聚类算法，采用自底向上的策略进行层次聚类。它首先将每个样本初始化为一个独立的聚类，然后通过计算聚类间的相似度（如距离）来合并最相似的聚类，直到所有样本都被聚为一个大的聚类。它提供了多种连接方式（如单连接、完全连接和平均连接）来计算聚类间的距离。

（2）BIRCH（balanced iterative reducing and clustering using hierarchies）：BIRCH 算法是一种基于距离的层次聚类算法。它用到了聚类特征（clustering feature，CF）和聚类特征树（CF Tree）两个概念，用于概括聚类描述。聚类特征树概括了聚类的有用信息，并且占用空间较元数据集合小得多，可以存放在内存中，从而可以提高算法在大型数据集合上的聚类速度及可伸缩性。在 Sklearn 中，BIRCH 算法通过 sklearn.cluster.Birch 类进行实现。它可以构建一棵 CF 树结构来表示数据，并通过阈值控制聚类的紧密性。

7.2.3　密度聚类算法

密度聚类算法（density-based clustering）主要通过在数据空间中检测样本的密度来划分聚类。该方法将数据点划分为高密度区域和低密度区域，从而确定每个聚类的边界。它无须预先指定聚类数量，能够发现任意形状和大小的聚类方法。

密度聚类算法的核心概念是密度可达性和密度连通性。密度可达性（density reachability）指一个数据点 a 可以通过一系列相邻点（包括自身）到达另一个数据点 b，且这些点的密度不低于一个给定的阈值。密度连通性（density connectivity）指如果数据点 a 和 b 都满足密度可达性，则它们是密度连通的。密度聚类算法的主要步骤如下。

（1）定义邻域：对每个数据点，以其为中心，半径为 r 的圆内的区域称为其邻域。

（2）设定密度阈值：给定一个密度阈值 minPts，如果一个点的邻域内的点数不小于 minPts，则该点为核心点；否则，该点为非核心点。

（3）构建聚类：对于一个核心点，如果其邻域内有其他核心点，则将它们合并成一个聚类；否则，该核心点为一个孤立聚类。对于一个非核心点，如果它在某个核心点的邻域内，则它属于该核心点所在聚类；否则，该非核心点为噪声点，不归入任何聚类。

密度聚类方法可以发现任意形状和大小的聚类，并能够有效处理噪声点。但是，如何选择合适的参数 minPts 和半径 r 仍然是一个挑战。此外，这种聚类方法需要遍历所有数据点，对于大规模数据集的计算量可能会很大。

代表性的密度聚类算法举例如下。

（1）DBSCAN（density-based spatial clustering of applications with noise）：DBSCAN 根据样本周围的密度进行聚类。它将高密度样本看作核心点，将与核心点相连的样本加入同一聚类，同时可以识别出噪声点和较低密度区域。

（2）OPTICS（ordering points to identify the clustering structure）：OPTICS 是 DBSCAN 的一种改进算法，它克服了 DBSCAN 需要事先指定邻域大小的缺点。OPTICS 通过计算样

本之间的可达距离和最小可达距离，得到样本的聚类顺序，并按照这个顺序划分聚类。

（3）HDBSCAN（hierarchical density-based spatial clustering of applications with noise）：HDBSCAN 是对 DBSCAN 的层次化扩展，它使用一种连通图的结构，自动确定聚类的数量，并能够发现不同密度级别的聚类。HDBSCAN 能够处理数据中的噪声和离群点。

（4）DENCLUE（DENsity-based CLUstEring）：DENCLUE 通过在数据空间中建立概率分布模型，利用核密度估计来刻画数据样本的局部密度。根据概率分布的局部最大值和导数信息，DENCLUE 可以识别出数据集中的聚类。

（5）MeanShift：MeanShift 算法使用核密度估计和梯度上升的方法来确定聚类中心，并将数据点分配到最近的聚类中心。它通过自适应地寻找数据点密度较高的区域作为聚类中心，从而能够处理非凸形状的聚类问题。

7.2.4　谱聚类算法

谱聚类（spectral clustering）是一种基于图论和线性代数理论的聚类方法，主要用于非线性数据的聚类。它的基本思想是将数据看作图中的节点，数据之间的相似性看作节点之间的边，通过计算数据样本之间的相似度或距离，构建相似度矩阵，并将其转化为拉普拉斯矩阵（Laplacian matrix），然后通过图的切割来进行聚类。谱聚类的一个关键步骤是构造图的拉普拉斯矩阵，然后对拉普拉斯矩阵进行特征分解，根据特征值和特征向量进行聚类。谱聚类能够发现数据的复杂结构，对于一些传统聚类算法难以处理的数据，谱聚类往往能够得到较好的结果。谱聚类的主要步骤如下。

（1）构建相似度矩阵：根据数据样本之间的相似性或距离计算相似度矩阵。

（2）构建拉普拉斯矩阵：根据相似度矩阵构建拉普拉斯矩阵，有两种常见的方式，即标准化的对称拉普拉斯矩阵和非标准化的拉普拉斯矩阵。

（3）特征值分解：对拉普拉斯矩阵进行特征值分解，得到特征值和对应的特征向量。

（4）KMeans 聚类：选择前 K 个特征向量，将它们作为输入数据进行 KMeans 聚类算法，得到最终的聚类结果。

谱聚类的效果会受到许多因素的影响，包括相似度矩阵的选择、特征向量的选择、聚类算法的选择等。以下是一些可能的优化策略。

（1）选择合适的相似度矩阵：在 7.5.2 的案例中，使用了高斯核函数（RBF, radial basis function, 径向基函数）来计算相似度矩阵。读者可以尝试使用其他核函数，或者根据数据的特性自定义相似度矩阵。

（2）选择合适的特征向量：在 7.5.2 的案例中，选择了最小的 k 个特征值对应的特征向量。读者可以尝试选择其他特征向量，例如可以选择最大的 k 个特征值对应的特征向量，或者选择特征值在某个范围内的特征向量。

（3）选择合适的聚类算法：前面的步骤中使用 KMeans 算法来对特征向量进行聚类。也可以尝试使用其他聚类算法，如层次聚类、DBSCAN 等。

（4）对数据进行预处理：对数据进行了标准化处理，也可以尝试其他预处理方法，如归一化、PCA 降维等。

（5）使用正则化拉普拉斯矩阵：在 7.5.2 的案例中，使用了非正则化的拉普拉斯矩阵。也可以尝试使用正则化的拉普拉斯矩阵，它可以改善聚类的效果。

（6）调整参数：例如在计算相似度矩阵时，高斯核函数的参数 sigma 可以调整；在聚类时，KMeans 的参数 k 可以调整。

以上只是一些基本的优化策略，实际上，谱聚类是一个非常复杂的问题，需要根据具体的数据和任务进行详细的调整和优化。

谱聚类相比传统的聚类算法具有以下优点：

（1）可以处理非凸形状的聚类结构，对于复杂的数据集效果较好。

（2）没有对数据分布做任何假设，适用于各种类型的数据。

（3）结果稳定性较好，对于噪声和离群点的鲁棒性较强。

7.2.5　模型聚类算法

模型聚类算法（model-based clustering）的主要思想是假设数据集中的观测值是由某个或多个概率模型生成的，并试图通过拟合这些模型来对数据进行聚类。该方法通常用于对数据集进行概率建模和参数估计，并根据模型参数进行聚类分配。代表性的模型聚类算法包括高斯混合模型（Gaussian mixture model，GMM）等。GMM 假设观测数据是由多个高斯分布组成的混合体，每个高斯分布被称为一个分量，其包含均值、协方差和权重等参数。GMM 通过调整这些参数来逼近观测数据的分布情况。GMM 通常使用 EM（expectation-maximization）算法估计模型的参数。EM 算法是一种用于参数估计的迭代算法，主要包括 E 步骤（expectation）和 M 步骤（maximization）。GMM 是 EM 算法在聚类问题中的一种应用。EM 算法通过迭代的方式不断更新模型参数，使得 GMM 能够更好地拟合观测数据的分布情况。在聚类问题中，每个分量对应一个聚类簇，通过调整参数，GMM 能够将观测数据划分到不同的聚类簇中。值得注意的是，EM 算法在计算过程中可能会陷入局部最优解，因此可以采用多次随机初始化的策略来增加找到全局最优解的概率。

模型聚类算法具有以下优点。

（1）能够估计数据背后的概率模型，提供了对数据生成过程的更深入理解。

（2）能够处理复杂的数据分布，可以拟合非线性和非凸形状的聚类。

（3）可以灵活地处理缺失数据和噪声。

然而，模型聚类算法也有一些限制。

（1）对数据分布的假设通常是基于先验知识或经验，且可能不符合实际情况。

（2）如果数据集很大，模型参数估计可能会变得困难，并且计算成本较高。

（3）选择合适的聚类数量仍然是一个挑战，需要结合领域知识和评估指标进行判断。

因此，在应用模型聚类算法时，需要根据具体问题选择适当的概率模型，并结合领域知识和评估指标进行参数选择和模型评估。

7.3　综合案例：原型聚类算法实践

7.3.1　案例概述

本节通过综合案例，对原型聚类算法的原理和实现细节进行介绍。本案例使用的鸢尾花数据集，包含 150 个样本，每个样本有 4 个特征：花萼（sepal）的长度和宽度以及花瓣（petal）的长度和宽度。每个样本都有一个标签，表示鸢尾花的种类：Setosa、Versicolor 或 Virginica。鸢尾花数据集被广泛应用在各类监督学习案例中。关于该数据集更多信息请参考 2.3 节。

聚类问题是一种无监督学习问题，因此在聚类算法中，并不需要使用样本的标签数据。本案例共包含 3 个版本的实现，分别是 Python 版本的 KMeans 聚类算法案例、Python 版本的 KMedoids 聚类算法案例、Sklearn 版本的聚类算法案例。

7.3.2 案例实现：Python 版 KMeans

本代码展示如何使用 KMeans 聚类算法对鸢尾花数据集进行聚类，并通过可视化方式展示聚类结果。主要实现了以下功能。

1. 加载数据集并进行预处理

本段代码首先导入相关包和模块。然后加载鸢尾花数据集，对特征数据进行标准化处理，使得特征数据具有相同尺度。

```
1.   import pandas as pd
2.   import numpy as np
3.   import matplotlib.pyplot as plt
4.   from sklearn.preprocessing import StandardScaler
5.   from sklearn.datasets import load_iris
```

第 1 行：导入 Pandas 库，并将其命名为 pd。第 2 行：导入 numpy 库，并将其命名为 np。第 3 行：导入 matplotlib.pyplot 模块，并将其命名为 plt，用于绘图。第 4 行：从 sklearn.preprocessing 模块中导入 StandardScaler 类，用于特征缩放。第 5 行：从 sklearn.datasets 模块中导入 load_iris 函数，用于加载鸢尾花数据集。

```
6.   iris = load_iris()
7.   X = iris.data
8.   y = iris.target
9.   scaler = StandardScaler()
10.  X = scaler.fit_transform(X)
11.  np.random.seed(20)
```

第 6 行：调用 load_iris 函数加载鸢尾花数据集，并将其赋值给变量 iris。第 7 行：从 iris 中获取特征数据，并将其赋值给变量 X。第 8 行：从 iris 中获取目标数据，并将其赋值给变量 y。第 9 行：创建一个 StandardScaler 对象，并将其赋值给变量 scaler。第 10 行：使用 scaler 对特征数据 X 进行标准化处理。第 11 行：设置随机种子为 20，保证结果的可重复性。

2. kmeans 函数

本段代码定义了一个 kmeans 函数，用于执行 KMeans 聚类算法。

```
12.  def kmeans(X, n_clusters, max_iters=100):
13.      centroids = X[np.random.choice(len(X), n_clusters, replace=False)]
14.      for i in range(max_iters):
15.          distances = np.linalg.norm(X[:, None] - centroids, axis=2)
16.          labels = np.argmin(distances, axis=1)
17.          new_centroids = np.array([X[labels == j].mean(axis=0) for j in range(n_
clusters)])
18.          if np.allclose(new_centroids, centroids):
19.              break
20.          centroids = new_centroids
21.      return centroids, labels
```

第 12 行：定义了一个名为 kmeans 的函数，该函数接受特征数据 X、簇的数量 n_clusters 和最大迭代次数 max_iters 作为参数。第 13 行：初始化聚类中心，随机选择 n_clusters 个样本作为初始质心，将其赋值给变量 centroids。第 14 行：使用 for 循环进行最大迭代次数的循环。第 15 行：计算每个样本与质心之间的距离，并将结果保存在 distances 中。第 16 行：根据距离计算每个样本所属的簇，并将结果保存在 labels 中。第 17 行：计算新的质心，即每个簇内样本的均值，并将结果保存在 new_centroids 中。第 18 行：判断是否收敛。如果新的质心与旧的质心非常接近，则结束迭代。第 20 行：更新质心为新的质心。第 21 行：循环结束后返回最终的质心和样本所属的簇。

3. 聚类测试和结果展示

本段代码调用 kmeans 函数，获取聚类结果，并绘制散点图，以图形化形式显示结果。

```
22. centroids, labels = kmeans(X, n_clusters=3, max_iters=100)
23. plt.scatter(centroids[:, 0], centroids[:, 1], marker='*', s=200, color='red')
24. plt.scatter(X[:, 0], X[:, 1], c=labels,s=10)
25. plt.xlabel('Feature 1')
26. plt.ylabel('Feature 2')
27. plt.title('KMeans')
28. plt.show()
```

第 22 行：调用 kmeans 函数，传入特征数据 X、簇的数量 n_clusters 和最大迭代次数 max_iters，并将返回的质心和簇标签分别赋值给变量 centroids 和 labels。第 23~28 行：绘制数据散点图并标记聚类中心。第 23 行：绘制质心的散点图，使用红色星形标记。第 24 行：绘制样本的散点图，使用簇标签作为颜色分类，点的大小为 10。第 25 行：设置 x 轴标签为'Feature 1'。第 26 行：设置 y 轴标签为'Feature 2'。第 27 行：设置图表标题为'KMeans'。第 28 行：显示绘制的图表。

图 7-1 给出了真实类别分布情况。不难发现，其中有两类样本分布区域具有明显的重叠现象。要将这两类样本完全区分开来，难度不小。图 7-2 是 KMeans 聚类结果，其中 3 个红色五角星分别代表识别出的 3 个类别的质心。根据图 7-2 的聚类结果，左上角类别的真实标签基本也是属于同一类。聚类结果主要出现在另外两类中，但是考虑到原始数据本身的重叠现象，聚类结果还是基本令人满意的。

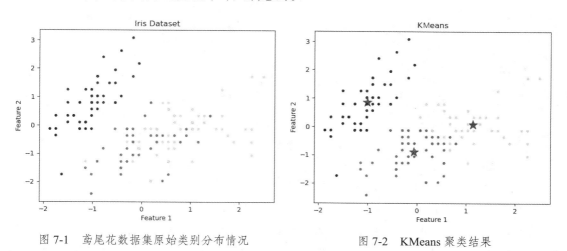

图 7-1　鸢尾花数据集原始类别分布情况　　　　图 7-2　KMeans 聚类结果

7.3.3　案例实现：Python 版 KMedoids

本节代码展示如何使用 KMedoids 聚类算法对鸢尾花数据集进行聚类，并通过可视化方式展示聚类结果。与上一节代码的整体结构类似，区别在于，这里采用的是 KMedoids 算法。

1．加载数据并进行预处理

```
1.  import pandas as pd
2.  import numpy as np
3.  import matplotlib.pyplot as plt
4.  from sklearn.preprocessing import StandardScaler
5.  from sklearn.datasets import load_iris
6.  iris = load_iris()
7.  X = iris.data
8.  y = iris.target
9.  scaler = StandardScaler()
10. X = scaler.fit_transform(X)
11. np.random.seed(20)
```

第 1~11 行代码与 7.3.2 小节案例的第 1~11 行代码完全相同。

2．kmedoids 函数

本段代码定义了一个名为 distance 的函数供 kmedoids 函数调用。distance 函数用于计算两个向量之间的曼哈顿距离。

```
12. def distance(x1, x2):
13.     return np.sum(np.abs(x1 - x2)) #manhattan distance
```

第 13 行：返回两个向量的曼哈顿距离，通过 np.sum(np.abs(x1 - x2)) 实现。读者也可以将其换成欧氏距离，并比较两者的效果差异。欧氏距离的具体实现方式比较简单，只需要将第 13 行代码替换成 "return np.linalg.norm(x1 - x2)"。

```
14. def kmedoids(X, n_clusters, max_iters=100):
15.     medoids = np.random.choice(len(X), n_clusters, replace=False)
16.     for _ in range(max_iters):
17.         clusters = [[] for _ in range(n_clusters)]
18.         for i, x in enumerate(X):
19.             distances = [distance(x, X[m]) for m in medoids]
20.             cluster_idx = np.argmin(distances)
21.             clusters[cluster_idx].append(i)
22.         new_medoids = []
23.         for cluster in clusters:
24.             cluster_distances = [np.sum([distance(X[i], X[j]) for j in
cluster]) for i in cluster]
25.             medoid_idx = cluster[np.argmin(cluster_distances)]
26.             new_medoids.append(medoid_idx)
27.         if np.array_equal(medoids, new_medoids):
28.             break
29.         medoids = new_medoids
30.     centroids = X[medoids]
31.     labels = np.zeros(len(X))
32.     for i, cluster in enumerate(clusters):
33.         labels[cluster] = i
34.     return centroids, labels
```

本段代码定义了一个名为 kmedoids 的函数，用于执行 KMedoids 聚类算法。该函数接受特征数据 X、簇的数量 n_clusters 和最大迭代次数 max_iters 作为参数。第 15 行：随机选择 n_clusters 个样本作为初始的质心（medoids），并且不允许重复选择。第 16 行：使用 for 循环来进行最大迭代次数的控制。第 17 行：创建一个空列表 clusters，用于存储每个簇中的样本索引。第 18 行：使用 enumerate 函数遍历特征数据 X 的索引和值。第 19 行：计算当前样本 x 与所有质心之间的曼哈顿距离，并将其存储在 distances 列表中。第 20 行：找到 distances 列表中最小距离对应的质心索引，即当前样本所属的簇索引。第 21 行：将当前样本的索引 i 添加到对应簇索引的 clusters 列表中。第 22 ~ 29 行：更新质心（medoids）。首先创建一个空列表 new_medoids，用于存储新的质心索引。然后遍历每个簇，计算该簇中所有样本之间的距离之和。找到距离之和最小的样本索引，将其作为新的质心索引，并添加到 new_medoids 列表中。如果新的质心索引与旧的质心索引完全相同，则退出迭代。第 30 行：根据最终的质心索引，获取对应的质心坐标。第 31 行：创建一个长度为 X 的零数组 labels，用于存储每个样本所属的簇索引。第 32、33 行：使用 enumerate 函数遍历每个簇的索引和值，将对应簇中的样本索引设置为该簇索引。第 34 行：返回最终的质心和样本所属的簇索引。

3．聚类测试和效果展示

本段代码进行聚类测试和效果展示。

```
35.  centroids, labels = kmedoids(X, n_clusters=3, max_iters=100)
36.  plt.scatter(centroids[:, 0], centroids[:, 1], marker='*', s=200, color='red')
37.  plt.scatter(X[:, 0], X[:, 1], c=labels,s=10)
38.  plt.xlabel('Feature 1')
39.  plt.ylabel('Feature 2')
40.  plt.title('Kmedoids')
41.  plt.show()
```

第 35 行：调用 kmedoids 函数，传入特征数据 X、簇的数量 n_clusters 和最大迭代次数 max_iters，并将返回的质心和簇索引分别赋值给变量 centroids 和 labels。第 36 ~ 41 行代码与 7.3.2 节案例的第 23 ~ 28 行代码完全相同。

图 7-3 是 KMedoids 聚类结果，其中 3 个红色五角星分别代表识别出的 3 个类别的质心。根据聚类结果，左上角类别的真实标签基本也是属于同一类。聚类结果也还基本令人满意。对比图 7-2 的 KMeans 聚类结果，不难发现，KMeans 聚类结果中质心并没有

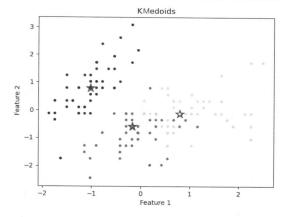

图 7-3　KMedoids 聚类结果

与真实样本点重合，而 KMedoids 聚类结果中每一个质心都会与一个样本点重合。

7.3.4　案例实现：Sklearn 版

Sklearn 中并没有内置的 KMedoids 算法实现，本代码对此不涉及。一些第三方扩展模块包含了 KMedoids 算法，有兴趣的读者可以自行尝试改写。本小节直接调用 Sklearn 中的 KMeans 进行聚类操作，代码功能结构与 7.3.2 小节基本类似。具体代码如下。

```
1.  from sklearn.datasets import load_iris
2.  from sklearn.cluster import KMeans
3.  from sklearn.preprocessing import StandardScaler
4.  import matplotlib.pyplot as plt
```

本段代码导入相关的库和模块。第 1 行：从 Sklearn 库中导入 load_iris 函数，用于加载鸢尾花数据集。第 2 行：从 Sklearn 库中导入 KMeans 类，用于实现 K 均值聚类算法。第 3 行：从 Sklearn 库中导入 StandardScaler 类，用于数据标准化。第 4 行：从 matplotlib 库中导入 pyplot 模块，并将其重命名为 plt，用于绘图。

```
5.  iris = load_iris()
6.  X = iris.data
7.  scaler = StandardScaler()
8.  X = scaler.fit_transform(X)
```

本段代码加载数据集并进行预处理。第 5 行：调用 load_iris 函数加载鸢尾花数据集，并将返回值赋值给变量 iris。第 6 行：从 iris 中获取特征数据，并将其赋值给变量 X。第 7、8 行：创建一个 StandardScaler 对象 scaler，并使用 fit_transform 方法对特征数据进行标准化处理，将结果重新赋值给变量 X。

```
9.  kmeans = KMeans(n_clusters=3, random_state=20,n_init=10)
10. kmeans.fit(X)
```

本段代码调用 KMeans 完成训练。第 9 行：创建一个 KMeans 对象 kmeans，设置簇的数量为 3，随机数种子为 20，最大迭代次数为 10，并将其赋值给变量 kmeans。第 10 行：调用 kmeans 的 fit 方法，对标准化后的特征数据进行聚类操作。

```
11. labels = kmeans.labels_
12. centroids = kmeans.cluster_centers_
13. plt.scatter(centroids[:, 0], centroids[:, 1], marker='*', s=200, color='red')
14. plt.scatter(X[:, 0], X[:, 1], c=labels,s=10)
15. plt.xlabel('Feature 1')
16. plt.ylabel('Feature 2')
17. plt.title('Kmeans (Sklearn)')
18. plt.show()
```

本段代码获取聚类结果并可视化。第 11 行：获取每个样本所属的簇标签，并将其赋值给变量 labels。第 12 行：获取每个簇的质心坐标，并将其赋值给变量 centroids。第 13 行：绘制质心点的散点图，横坐标为所有质心的第一个特征值，纵坐标为所有质心的第二个特征值，标记为星号，大小为 200，颜色为红色。第 14 行：绘制所有样本的散点图，横坐标为所有样本的第一个特征值，纵坐标为所有样本的第二个特征值，颜色根据所属的簇标签而定，点的大小为 10。第 15、16 行：设置 x 轴和 y 轴的标签名称。第 17 行：

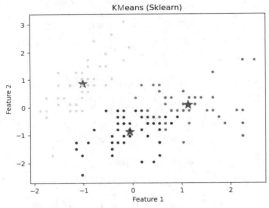

图 7-4 Sklearn 版本 KMeans 聚类结果

设置图形的标题。第 18 行：显示图形。图 7-4 是 Sklearn 版本 KMeans 聚类结果，与 Python 版本 KMeans 聚类结果类似。

7.4 综合案例：层次聚类算法实践

7.4.1 案例概述

Seeds 数据集是一个经典的种子数据集，用于机器学习中的分类任务。该数据集包含了三种不同类型的小麦种子（Kama、Rosa 和 Canadian），每种类型有 70 个样本，共计 210 个样本。每个样本包含 8 个字段。前 7 个字段为样本特征，详见表 7-1，这些特征被用来区分不同类型的小麦种子。

表 7-1　Seeds 数据集特征含义

特征名称	特征含义
面积（area）	种子的横截面面积
周长（perimeter）	种子的周长
紧凑性（compactness）	计算公式为 $4\pi \times area/(perimeter^2)$，描述种子形状的紧凑程度
长度（length of kernel）	种子的长度
宽度（width of kernel）	种子的宽度
不对称系数（asymmetry coefficient）	种子的对称性
长宽比（length of kernel groove）	种子粒槽长度

数据集中的每个样本都有一个标签，表示其所属的种子类型（1 代表 Kama，2 代表 Rosa，3 代表 Canadian）。Seeds 数据集常用于分类算法的性能评估和模型训练。通过使用该数据集，可以研究和比较不同分类算法在种子分类任务上的表现。

本案例将基于 Seeds 数据集进行层次化聚类的案例算法演示。限于篇幅，本案例中将直接调用 scipy.cluster.hierarchy 中的 linkage 模块，使用 Ward 方法进行层次聚类，然后调用 scipy.cluster.hierarchy 中的 dendrogram 模块绘制树状图。

【实例 7-1】Seeds 数据集简要分析。

本实例对 Seeds 数据集进行简要分析，以帮助读者了解该数据集基本信息。

```
1.    import pandas as pd
2.    import matplotlib.pyplot as plt
3.    data = pd.read_csv("data\\ch07 聚类\\seeds_dataset.txt", sep="\t", header=None)
4.    print(data.head())
```

第 1、2 行代码导入必要的库。第 3 行加载数据集。第 4 行查看数据集的前 5 行以了解数据的结构和特征。输出结果如图 7-5 所示。各列的含义如表 7-1 所示。

```
5.    print(data.describe())
```

第 5 行对数据集进行统计性分析，包括均值、标准差、最小值、最大值等信息。输出结果如图 7-6 所示。

	0	1	2	3	4	5	6	7
0	15.26	14.84	0.8710	5.763	3.312	2.221	5.220	1
1	14.88	14.57	0.8811	5.554	3.333	1.018	4.956	1
2	14.29	14.09	0.9050	5.291	3.337	2.699	4.825	1
3	13.84	13.94	0.8955	5.324	3.379	2.259	4.805	1
4	16.14	14.99	0.9034	5.658	3.562	1.355	5.175	1

图 7-5　数据集前 5 行

	0	1	2	3	4	5	6	7
count	210.000000	210.000000	210.000000	210.000000	210.000000	210.000000	210.000000	210.000000
mean	14.847524	14.559286	0.870999	5.628533	3.258605	3.700201	5.408071	2.000000
std	2.909699	1.305959	0.023629	0.443063	0.377714	1.503557	0.491480	0.818448
min	10.590000	12.410000	0.808100	4.899000	2.630000	0.765100	4.519000	1.000000
25%	12.270000	13.450000	0.856900	5.262250	2.944000	2.561500	5.045000	1.000000
50%	14.355000	14.320000	0.873450	5.523500	3.237000	3.599000	5.223000	2.000000
75%	17.305000	15.715000	0.887775	5.979750	3.561750	4.768750	5.877000	3.000000
max	21.180000	17.250000	0.918300	6.675000	4.033000	8.456000	6.550000	3.000000

图 7-6　数据集统计性分析

```
6.    data.hist(figsize=(7, 4))
7.    plt.tight_layout()
8.    plt.show()
```

第 6 行代码绘制不同特征和标签的直方图，观察它们的分布情况。输出结果如图 7-7 所示。

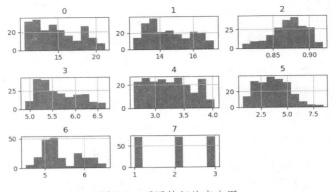

图 7-7　不同特征的直方图

```
9.  import seaborn as sns
10. correlation_matrix = data.corr()
11. sns.heatmap(correlation_matrix, annot=True, cmap="YlGnBu")
12. plt.show()
```

本段代码进行相关性分析。使用热力图或者相关系数矩阵来探索特征之间的相关性，了解它们之间的线性关系。第 10 行代码计算相关系数矩阵，第 11 行代码绘制热力图。输出结果如图 7-8 所示。图中每一行或者每一列对应一个特征，最后一行或者最后一列为类别数据。斜对角线上的是自相关系数。根据第 1 行可知，编号为 0 的特征与编号为 1、3、4 的特征相关性非常高，相关系数分别为 0.99、0.95 和 0.97。如何理解这种相关性呢？下面进行分析。

```
13. sns.pairplot(data.iloc[:, 0:4], height=1.2)
14. plt.show()
```

为进一步探索并帮助读者理解不同特征之间的相关性，可以绘制特征之间的散点图。限于篇幅，这里只绘制了编号为 0 ~ 3 的 4 个特征的散点图。结果如图 7-9 所示，根据图中第 1 行，可以发现特征 0 和特征 1 的散点图几乎成一条直线（相关系数为 0.99）。特征 0 和特征 3 的散点图也近似成直线（相关系数为 0.95）。

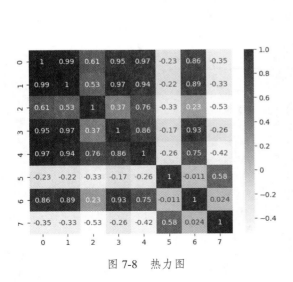

图 7-8　热力图

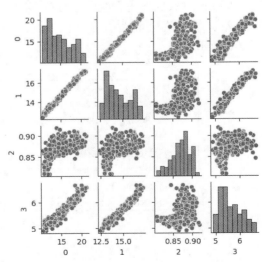

图 7-9　特征之间的散点图

7.4.2 案例实现：少量数据

Seeds 数据集共计 210 个样本。如果使用整个数据集进行层次聚类，聚类结果过于复杂，读者不一定能很好地理解聚类结果细节。为此，先使用前 20 个样本进行层次聚类，然后再将代码修改成使用完整数据集进行层次聚类。具体代码如下。

```
1.  import pandas as pd
2.  import numpy as np
3.  import matplotlib.pyplot as plt
4.  from scipy.cluster.hierarchy import dendrogram, linkage
```

本段代码导入相关的库和模块。第 1 行：导入 Pandas 库，用于数据处理和分析。第 2 行：导入 numpy 库，用于科学计算和数组操作。第 3 行：导入 matplotlib.pyplot 库，用于数据可视化。第 4 行：从 scipy.cluster.hierarchy 模块中导入 dendrogram 和 linkage 函数，用于进行层次聚类和绘制树状图。

```
5.  data = pd.read_csv("seeds_dataset.txt",sep="\t", header=None)
6.  X = data.iloc[:20, :-1].values
7.  Z = linkage(X, 'ward')
```

本段代码加载数据集进行聚类。第 5 行：使用 Pandas 的 read_csv 函数读取数据文件，该数据集以制表符（"\t"）作为分隔符，且没有列名。第 6 行：提取 data 中前 20 个样本的特征向量，即去除最后一列的数据，并将其存储在变量 X 中。第 7 行：使用 ward 方法进行层次聚类，将结果存储在变量 Z 中。

```
8.  plt.rcParams['font.family'] = 'SimSun'
9.  plt.figure(figsize=(12, 6))
10. dendrogram(Z)
11. plt.xlabel('样本索引')
12. plt.ylabel('距离')
13. plt.title('Seeds 数据集层次聚类树状图')
14. plt.show()
```

本段代码绘制结果。第 8 行：设置字体为支持中文字符的字体，这里设置为 SimSun。第 9 行：创建一个大小为(12, 6)的图形窗口，用于绘制树状图。第 10 行：调用 dendrogram 函数，传入层次聚类的结果 Z，绘制树状图。第 11 行：设置 x 轴的标签为"样本索引"。第 12 行：设置 y 轴的标签为"距离"。第 13 行：设置图形的标题为"Seeds 数据集层次聚类树状图"。第 14 行：显示绘制的树状图。

图 7-10 是绘制出的树状图，它展示了 Seeds 数据集前 20 个样本的层次聚类结果。通过观察树状图，可以得到关于样本之间相似性和聚类结构的信息。具体而言，可以根据树状图的分支和高度来确定合适的聚类数目，以及样本之间的聚类关系。树状图的 x 轴表示样本的索引，y 轴表示距离。每个样本在图中以垂直线段的形式表示，线段的高度表示样本之间的距离。通过连接不同样本之间的线段，形成了树状图的结构。树状图的分支和高度反映了样本之间的相似性或距离。较低的分支表示样本之间较为相似，而较高的分支表示样本之间较为不同。树状图中的垂直线段越长，表示样本之间的距离越远。

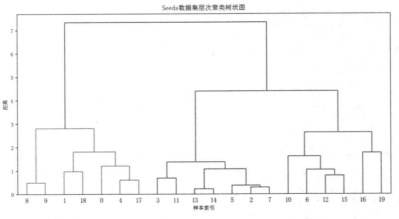

图 7-10　层次聚类结果（前 20 个样本）

7.4.3　案例实现：完整数据集

本节代码使用 Seeds 数据集全部样本进行聚类分析。具体代码如下：

```
1.   import pandas as pd
2.   import numpy as np
3.   import matplotlib.pyplot as plt
4.   from scipy.cluster.hierarchy import dendrogram, linkage
5.   data = pd.read_csv("seeds_dataset.txt",sep="\t", header=None)
6.   X = data.iloc[:, :-1].values
7.   Z = linkage(X, 'ward')
8.   plt.rcParams['font.family'] = 'SimSun'
9.   plt.figure(figsize=(12, 6))
10.  dendrogram(Z, truncate_mode='lastp', p=30, leaf_font_size=12, show_contracted=True)
11.  plt.xlabel('样本索引')
12.  plt.ylabel('距离')
13.  plt.title('Seeds 数据集层次聚类树状图')
14.  plt.show()
```

相对于 7.4.2 小节代码，仅仅做了两处修改。其一，修改了第 7 行代码，以获取全部数据样本。其二，修改了第 10 行代码，以让绘制出的树状图简洁可读。

第 10 行代码中，dendrogram 函数的参数进行了如下设置。

- truncate_mode='lastp'：当树状图中样本数目较多时，可以通过截断部分分支来简化图形。truncate_mode 指定了截断模式，这里设为'lastp'，表示保留最后 p 个非单独样本的分支。

- p=30：当 truncate_mode='lastp'时，需要指定保留的分支数目。这里设为 30，表示保留最后 30 个非单独样本的分支。

- leaf_font_size=12：设置叶节点（即样本）的字体大小为 12 号。

- show_contracted=True：当 truncate_mode='lastp'时，被截断的分支会被用虚线代替，show_contracted=True 表示显示这些虚线。不过这个参数的显示效果不是很明显（位于最下方），读者可以去掉这个参数重新执行，来对比细节差异。

这些设置可以使得树状图更加清晰易懂，特别是在样本数目较大时，可以通过截断部分分支来避免图形过于复杂。输出的树状图如图 7-11 所示。读者还可以去掉第 10 行代码中除 Z 以外的所有参数，以对比细节差异。

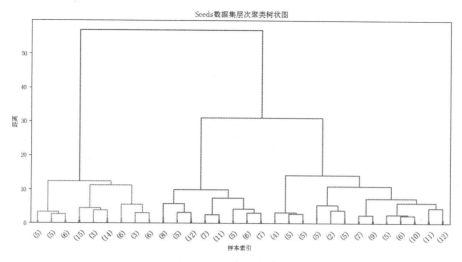

图 7-11　层次聚类结果

7.5 综合案例：谱聚类算法实践

7.5.1 案例概述

本节基于鸢尾花数据集，对谱聚类算法的原理和实现细节进行介绍。关于该数据集更多信息请参考 2.3 节。

谱聚类算法建立在谱图理论基础上，与传统的聚类算法相比，它具有能在任意形状的样本空间上聚类且收敛于全局最优解的优点。该算法首先根据给定的样本数据集定义一个描述成对数据点相似度的亲合矩阵，并且计算矩阵的特征值和特征向量，然后选择合适的特征向量聚类不同的数据点。本案例共包含两个版本谱聚类算法案例，分别是 Python 版本和 Sklearn 版本。

7.5.2 案例实现：Python 版

本节代码使用鸢尾花数据集进行谱聚类演示。代码主体由三个函数构成，kernel_matrix 函数计算数据集的高斯核矩阵；spectral_clustering 函数实现谱聚类算法；main 函数加载数据集，并调用前述函数完成测试。

```
1.  import numpy as np
2.  from sklearn.datasets import load_iris
3.  from scipy.linalg import eigh
4.  from sklearn.cluster import KMeans
```

本段代码加上相关的库和模块。第 1 行：导入 NumPy 库，用于进行数值计算和数组操作。第 2 行：从 sklearn.datasets 模块中导入 load_iris 函数，用于加载鸢尾花数据集。第 3 行：从 scipy.linalg 模块中导入 eigh 函数，用于计算矩阵的特征值和特征向量。第 4 行：从 sklearn.cluster 模块中导入 KMeans 类，用于进行 K 均值聚类。

1. kernel_matrix 函数

本段代码定义一个名为 kernel_matrix 的函数，用于计算核矩阵。

```
5.  def kernel_matrix(X, sigma=1):
6.      n_samples = X.shape[0]
7.      K = np.zeros((n_samples, n_samples))
8.      for i in range(n_samples):
9.          for j in range(i+1, n_samples):
10.             distance = np.linalg.norm(X[i] - X[j])
11.             K[i][j] = K[j][i] = np.exp(-distance**2 / (2 * sigma**2))
12.     return K
```

第 6 行：获取输入样本的数量。第 7 行：创建一个全零矩阵 K，形状为(n_samples, n_samples)，用于存储核矩阵。第 8～12 行：使用两层循环计算核矩阵的每个元素。对于每对样本(i, j)，计算它们之间的欧氏距离，并根据高斯核函数的定义计算相似度，将结果存储到核矩阵 K 中。

2. spectral_clustering 函数

本段代码定义一个名为 spectral_clustering 的函数，用于执行谱聚类。

```
13. def spectral_clustering(K, n_clusters):
14.     n_samples = K.shape[0]
15.     D = np.diag(np.sum(K, axis=1))
16.     L = D - K
17.     eigen_vals, eigen_vecs = eigh(L)
18.     idx = np.argsort(eigen_vals)[:n_clusters]
19.     eigenvectors = eigen_vecs[:, idx]
20.     kmeans = KMeans(n_clusters=n_clusters, random_state=42)
21.     clusters = kmeans.fit_predict(eigenvectors)
22.     return clusters
```

第 14 行：获取核矩阵的样本数量。第 15 行：计算度矩阵 D，其中每个元素是对应行的核矩阵 K 中所有元素之和。第 16 行：计算拉普拉斯矩阵 L。第 17 行：使用 eigh 函数计算拉普拉斯矩阵 L 的特征值和特征向量。第 18 行：对特征值进行排序，并获取前 n_clusters 个最小特征值的索引。第 19 行：根据索引提取相应的特征向量。第 20 行：创建一个 KMeans 对象，指定聚类数目为 n_clusters。第 21 行：使用特征向量作为输入数据进行 K 均值聚类，得到每个样本的聚类标签。第 22 行：返回聚类结果。

3. main 函数

本段代码定义一个名为 main 的函数，用于执行主要的聚类过程。

```
23. def main():
24.     iris = load_iris()
25.     X = iris.data
26.     y = iris.target
27.     scaler = StandardScaler()
28.     X_scaled = scaler.fit_transform(X)
29.     K = kernel_matrix(X_scaled, sigma=1)
30.     clusters = spectral_clustering(K, n_clusters=3)
31.     for i in range(10):
32.         print("样本 {}: 真实类别{},聚类结果{}".format(i, y[i], clusters[i]))
33. if __name__ == "__main__":
34.     main()
```

第 24 行：加载鸢尾花数据集。第 25 行：获取数据集的特征数据。第 26 行：获取数据集的目标变量。第 27 行：创建一个 StandardScaler 对象，用于对特征数据进行标准化。第 28 行：对特征数据进行标准化处理。第 29 行：调用 kernel_matrix 函数计算核矩阵 K。第 30 行：调用 spectral_clustering 函数进行谱聚类，指定聚类数目为 3。第 31、32 行：打印前 10 个样本的真实类别和聚类结果。第 33 行：判断是否为主程序入口。第 34 行：如果是主程序入口，则调用 main 函数执行聚类过程。输出结果如下。

```
样本  0:  真实类别 0，聚类结果 2
样本  1:  真实类别 0，聚类结果 2
样本  2:  真实类别 0，聚类结果 2
样本  3:  真实类别 0，聚类结果 2
样本  4:  真实类别 0，聚类结果 2
样本  5:  真实类别 0，聚类结果 2
样本  6:  真实类别 0，聚类结果 2
样本  7:  真实类别 0，聚类结果 2
样本  8:  真实类别 0，聚类结果 2
样本  9:  真实类别 0，聚类结果 2
```

根据结果不难发现，前 10 个样本的聚类结果中分配的标签都是 2，而真实的类别标签都是 0。这其实并不错误。因为聚类算法是无监督学习算法，模型训练过程中并没有使用真实类别标签数据，聚类结果标签是算法自行分配的标签。只要同一类别样本的聚类标签相同，就意味着它们已被正确识别成同一类别。由于真实标签为 1 和 2 的样本在前两个特征维度具有较大的重叠部分，这个版本的算法在鸢尾花数据集上的整体效果并不是特别好。有兴趣的读者可以结合 7.2.4 小节的内容，尝试自行优化。

7.5.3 案例实现：Sklearn 版

本段代码导入相关的库和模块。

```
1.  import numpy as np
2.  from sklearn.datasets import load_iris
3.  from sklearn.preprocessing import StandardScaler
4.  from sklearn.cluster import SpectralClustering
5.  import matplotlib.pyplot as plt
```

第 1 行：导入 NumPy 库，用于进行数值计算和数组操作。第 2 行：从 sklearn.datasets 模块中导入 load_iris 函数，用于加载鸢尾花数据集。第 3 行：从 sklearn.preprocessing 模块中导入 StandardScaler 类，用于特征数据的标准化。第 4 行：从 sklearn.cluster 模块中导入 SpectralClustering 类，用于执行谱聚类。第 5 行：导入 matplotlib.pyplot 模块，并将其命名为 plt，用于绘图。

```
6.   iris = load_iris()
7.   X = iris.data
8.   y=iris.target
9.   scaler = StandardScaler()
10.  X_scaled = scaler.fit_transform(X)
```

本段代码加载数据集并进行预处理。第 6 行：使用 load_iris 函数加载鸢尾花数据集，并将返回的数据赋值给变量 iris。第 7 行：从 iris 中获取特征数据，存储在变量 X 中。第 8 行：从 iris 中获取目标变量，即鸢尾花的类别，存储在变量 y 中。第 9 行：创建一个 StandardScaler 对象，用于对特征数据进行标准化。第 10 行：调用 StandardScaler 对象的 fit_transform 方法，对特征数据 X 进行标准化处理，并将结果赋值给变量 X_scaled。

```
11.  n_clusters = 3
12.  spectral_clustering = SpectralClustering(n_clusters=n_clusters, random_state=42)
13.  clusters = spectral_clustering.fit_predict(X_scaled)
```

本段代码进行谱聚类。第 11 行：指定聚类数目为 3，存储在变量 n_clusters 中。第 12 行：创建一个 SpectralClustering 对象，指定聚类数目为 n_clusters，随机种子为 42。第 13

行：调用 SpectralClustering 对象的 fit_predict 方法，对标准化后的特征数据 X_scaled 进行谱聚类，并将得到的聚类结果赋值给变量 clusters。

```
14.  plt.scatter(X_scaled[:, 0], X_scaled[:, 1], c=clusters)
15.  plt.xlabel('Feature 1')
16.  plt.ylabel('Feature 2')
17.  plt.title('Spectral Clustering - Iris Dataset')
18.  plt.show()
```

本段代码绘制聚类结果。第 14 行：使用 plt.scatter 函数绘制散点图，X_scaled[:, 0]表示特征数据的第一列，X_scaled[:, 1]表示特征数据的第二列，c=clusters 表示根据聚类结果 clusters 对散点进行着色。第 15 行：设置 x 轴标签为'Feature 1'。第 16 行：设置 y 轴标签为'Feature 2'。第 17 行：设置图表标题。第 18 行：显示图表，输出结果如图 7-12 所示。

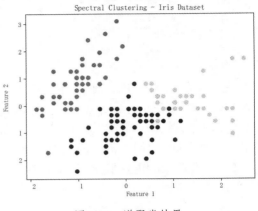

图 7-12　谱聚类结果

7.6　综合案例：代表性聚类算法性能比较

7.6.1　案例概述

本案例展示了如何使用 Python 中的机器学习库进行聚类分析，并提供了一种比较不同聚类算法性能的方法。设计了 5 个不同特色的数据集，并以此为基础对 6 种代表性的聚类算法性能进行比较研究。通过本案例，可以比较不同聚类算法在不同数据集上的效果，以及对于不同数据分布形态的适应能力。通过观察可视化结果，可以评估不同算法在不同数据集上的聚类性能，并选择合适的算法应用于实际问题中。

7.6.2　案例实现：Sklearn 版

1．生成数据集

本段代码首先导入相关的库和模块，然后使用 make_blobs 等函数生成了 5 个不同的数据集，包括具有不同簇数和标准差的高斯分布数据、环形数据和月亮形状数据。

```
1.  import numpy as np
2.  import warnings
3.  import matplotlib.pyplot as plt
4.  from sklearn import cluster, datasets, mixture
5.  from sklearn.neighbors import kneighbors_graph
6.  from sklearn.preprocessing import StandardScaler
```

第 1 行：导入 numpy 库，用于科学计算。第 2 行：导入 warnings 库，用于警告处理。第 3 行：导入 matplotlib.pyplot 库，用于绘图。第 4 行：导入 cluster、datasets 和 mixture 模块，用于聚类和数据集生成。第 5 行：从 sklearn.neighbors 库中导入 kneighbors_graph 函数，用于计算最近邻图。第 6 行：从 sklearn.preprocessing 库中导入 StandardScaler 函数，用于标准化数据。

```
7.   data1 = datasets.make_blobs(n_samples=500, random_state=30)
8.   data2 = datasets.make_blobs(n_samples=500, cluster_std=[1.0, 2.5, 0.5], random_state=30)
9.   X3, y3 = datasets.make_blobs(n_samples=500, random_state=30)
10.  transformation = [[0.6, -0.6], [-0.4, 0.8]]
11.  X3 = np.dot(X3, transformation)
12.  data3 = (X3, y3)
13.  data4 = datasets.make_circles(n_samples=500, factor=0.5, noise=0.05, random_state=30)
14.  data5 = datasets.make_moons(n_samples=500, noise=0.05, random_state=30)
15.  datasets=[data1, data2, data3, data4, data5]
```

第 7 行：使用 make_blobs 函数生成一个包含 500 个样本的数据集 data1，每个样本有 2 个特征，随机种子为 30。第 8 行：使用 make_blobs 函数生成一个包含 500 个样本的数据集 data2，每个样本有 2 个特征，其中 3 个簇的标准差分别为 1.0、2.5 和 0.5，随机种子为 30。第 9 行：使用 make_blobs 函数生成一个包含 500 个样本的数据集 X3，每个样本有 2 个特征，随机种子为 30，并将其对应的标签存储在 y3 中。第 10 行：定义一个 2×2 的线性变换矩阵 transformation。第 11 行：使用 np.dot 函数将 X3 中的样本点乘以变换矩阵 transformation，得到一个新的数据集 X3。第 12 行：将变换后的数据集 X3 和对应的标签 y3 存储在 data3 中。第 13 行：使用 make_circles 函数生成一个包含 500 个样本的数据集 data4，每个样本有 2 个特征，内外圆之间的因子为 0.5，噪声为 0.05，随机种子为 30。第 14 行：使用 make_moons 函数生成一个包含 500 个样本的数据集 data5，每个样本有 2 个特征，噪声为 0.05，随机种子为 30。第 15 行：将生成的 5 个数据集放入一个列表 datasets 中。

2．进行聚类并对结果可视化

```
16.  plt.figure(figsize=(20, 12))
17.  plt.subplots_adjust(wspace=0.02, hspace=0.02)
18.  plot_num = 1
19.  for i_dataset, dataset in enumerate(datasets):
20.      X, y = dataset
21.      nC=len(np.unique(y)) #类别数量
22.      X = StandardScaler().fit_transform(X)
```

本段代码对生成的数据进行预处理，第 22 行使用 StandardScaler 函数将数据特征缩放到均值为 0、方差为 1 的标准正态分布。第 16 行：创建一个大小为 20×12 的绘图窗口。第 17 行：调整子图之间的间距。第 18 行：设置初始子图编号为 1。第 19 行：遍历 datasets 中的每个数据集。第 20、21 行：获取数据和标签，并计算类别数量 nC。第 22 行：对数据进行标准化处理。

```
23.      bandwidth = cluster.estimate_bandwidth(X, quantile=0.2)
24.      ms = cluster.MeanShift(bandwidth=bandwidth, bin_seeding=True)
25.      KMeans = cluster.KMeans(n_clusters=nC,random_state=20,n_init="auto")
26.      spectral = cluster.SpectralClustering(n_clusters=nC,eigen_solver="arpack",
27.          affinity="nearest_neighbors",random_state=20,)
28.      dbscan = cluster.DBSCAN(eps=0.3)
29.      birch = cluster.Birch(n_clusters=nC)
30.      gmm = mixture.GaussianMixture(n_components=nC,
31.          covariance_type="full",random_state=20,)
32.      clustering_algorithms = (
33.          ("KMeans", KMeans),
34.          ("BIRCH", birch),
35.          ("DBSCAN", dbscan),
36.          ("MeanShift", ms),
37.          ("Gaussian Mixture", gmm),
38.          ("Spectral Clustering", spectral),)
```

本段代码创建 6 个不同类型的聚类模型。第 23 行：使用 cluster.estimate_bandwidth 函数估计 MeanShift 算法的带宽参数。第 24～31 行：定义 6 个聚类算法，包括 KMeans、BIRCH、

DBSCAN、MeanShift、Gaussian Mixture 和 Spectral Clustering。第 32～38 行：将这 6 个聚类算法存储在元组 clustering_algorithms 中，以方便后续循环中调用。

```
39.      for name, algorithm in clustering_algorithms:
40.          with warnings.catch_warnings():
41.              warnings.filterwarnings("ignore")
42.              algorithm.fit(X)
43.          if hasattr(algorithm, "labels_"):
44.              y_pred = algorithm.labels_.astype(int)
45.          else:
46.              y_pred = algorithm.predict(X)
```

本段代码对每个数据集，使用不同聚类算法进行处理。第 39 行开始的 for 循环位于第 19 行开始的循环之中，内层循环用于遍历 6 种聚类算法，外层循环用于遍历 5 个数据集。第 40、41 行：使用 warnings.catch_warnings 函数忽略警告信息。第 42～46 行：训练聚类模型，并获取聚类结果 y_pred。

```
47.          plt.subplot(len(datasets), len(clustering_algorithms), plot_num)
48.          if i_dataset == 0:
49.              plt.title(name, size=18)
50.          colors = np.array(["#ff7f00","#984ea3","#377eb8","#4daf4a","#999999",
"#000000"])
51.          plt.scatter(X[:, 0], X[:, 1], s=10, color=colors[y_pred])
52.          plt.xlim(-2.5, 2.5)
53.          plt.ylim(-2.5, 2.5)
54.          plt.xticks(())
55.          plt.yticks(())
56.          plot_num += 1
57. plt.show()
```

本段代码将聚类结果可视化，每个子图表示一个数据集和一个聚类算法的结果，其中不同聚类簇用不同颜色表示。第 47～56 行仍位于第 39 行开始的内层循环中，对于每个数据集和每个算法，绘制子图，包括标题、散点图和坐标轴等，其中颜色由 y_pred 确定。第 57 行：显示结果。输出结果如图 7-13 所示。不难发现，在给定的 5 个数据集中，谱聚类（最后一列，Spectral Clustering）的效果最好。

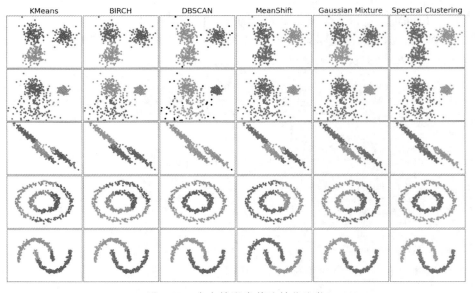

图 7-13　代表性聚类算法性能比较

习题 7

1. 什么是聚类算法？它在机器学习中有什么应用？
2. 聚类算法和分类算法有什么区别？
3. 请列举几种常见的聚类算法。
4. KMeans 算法的基本原理是什么？
5. 层次聚类算法是如何构建聚类层次的？
6. 聚类算法中的"簇内相似度"和"簇间相似度"分别指什么？

实训 7

1. 使用层次聚类算法对手写数字数据集进行聚类分析
2. 使用谱聚类算法对乳腺肿瘤数据集进行聚类分析。
3. 使用 K 均值算法对鸢尾花数据集进行聚类分析。
4. 使用高斯混合模型对葡萄酒数据集进行聚类分析。

第 **8** 章 主成分分析

主成分分析是一种常用的数据降维算法，可以将高维数据映射到低维空间，以便更好地理解数据。主成分分析算法的应用范围非常广泛，包括数据压缩、特征提取、数据可视化等领域，是机器学习和数据科学中不可或缺的一部分。本章将介绍主成分分析基础及综合案例。

【启智增慧】

机器学习与社会主义核心价值观之"法治篇"

机器学习技术可以通过数据分析和模型训练，为法治提供更有效的工具和方法。机器学习可以用于法律文书自动化生成，提高效率和准确性，并减少人为错误。基于历史案例和判例法，机器学习可以进行法律预测和决策支持，为法官、律师等提供参考和辅助，减少主观偏见。通过机器学习算法分析大规模的司法数据，可以揭示司法系统中的潜在问题和不平等现象，为改善司法实践提供依据。部分机器学习算法的黑箱性也会使决策过程缺乏透明度，难以解释和审查。

8.1 概述

主成分分析是一种代表性的降维方法。本节将简要介绍降维方法和主成分分析方法。

8.1.1 降维方法

降维是指将高维数据映射到低维空间的过程。在现实中，常常面临高维数据的问题，而高维数据往往难以直观地分析处理和理解，可视化也相对困难。降维的主要目的是减少特征空间的维度，同时最大限度地保留原始数据的信息。通过降低维度，可以更好地理解和解释数据，并且可以加快机器学习算法的训练速度，提高模型的准确性。降维技术被广泛应用于数据分析、特征提取、数据压缩和可视化等任务中。降维方法可以分为两类：线性降维和非线性降维。

1．线性降维方法

（1）主成分分析（principal component analysis，PCA，也被译为主元分析）：通过线性变换将原始特征转换为一组互相不相关的主成分。主成分是指能够代表数据最重要特征的线性组合，其中第一个主成分包含数据中最大方差的信息。

（2）线性判别分析（linear discriminant analysis，LDA）：在监督学习任务中，LDA试图将数据投影到一个低维空间，使得同类样本的距离最小化，异类样本的距离最大化。

（3）因子分析（factor analysis）：假设数据由一组潜在的隐变量（因子）决定，通过寻找潜在因子的线性组合来降低维度。

2．非线性降维方法

（1）局部线性嵌入（locally linear embedding，LLE）：保持局部数据之间的线性关系，将高维数据映射到低维空间。

（2）等距映射（isomap）：通过保持样本之间的测地距离，将高维数据映射到低维空间。

（3）核主成分分析（kernel PCA）：通过在高维空间中应用核技巧，将非线性数据映射到低维空间。

选择何种降维方法取决于具体问题和数据的性质，需要考虑数据的线性/非线性特征、降维后的可解释性以及计算效率等因素。在进行降维操作时，需要谨慎选择降维的维度，以便在保留足够信息的同时避免过多的信息损失。

8.1.2 主成分分析

PCA 的提出背景可以追溯到 20 世纪初期，当时数学家 Karl Pearson 在研究多元统计分析时发现，多个变量之间可能存在相关性，但是这些变量之间的关系往往比较复杂，难以直接观察和理解。为了更好地解释和理解这些变量之间的关系，Pearson 提出了主成分分析（PCA）这一方法。PCA 的基本思想是通过找到数据中的主成分来实现降维，PCA 旨在将多个相关变量转换为少数几个无关的线性变量（主成分）。通过这种方法可以有效地找出数据中最"主要"的元素和结构，去除噪声和冗余，将原有的复杂数据降维，揭示隐藏在复杂数据背后的简单结构。这些主成分是原始变量线性组合的结果，每个主成分都具有最大的方差，包含的信息量最大，能够代表整个数据集的大部分信息。PCA 在降维的同时，可以保留大部分原始数据的信息，还能消除数据中的冗余信息。降维后的数据可以用于可视化、分类、聚类等任务，同时降维还能够提高模型的训练速度和准确性。

8.2 PCA 的基本原理

PCA 是一种常用的降维技术，其目标是将高维数据集转换为低维空间，并尽量保留原始数据的重要信息。

8.2.1 方差和协方差

方差和协方差在 PCA 中起着重要作用。主成分是通过找到数据方差最大的方向来计算得到的。PCA 利用了方差和协方差的计算来找到能够最好地描述数据变异性的主成分，从而实现数据降维和特征提取的目标。

1．方差

方差（variance）是用来衡量一组数据的分散程度的统计指标。对于一组数据，方差表示每个数据点与均值之间的差异程度。方差越大，表示数据的分散程度越大；方差越小，表示数据的分散程度越小。

对于一个包含 n 个观测值的样本，设 $x_1, x_2, \cdots, x_n$ 为这些观测值，则样本的方差可以通过以下公式计算：

$$方差=(1/n)\sum_{i=1}^{n}(x_i-\bar{x})^2$$

其中，$\bar{x}$ 为观测值的平均值，Σ 表示对所有观测值求和。

2．协方差（covariance）

协方差（covariance）是用于衡量两个变量之间的相关性的统计量，即它们的变化趋势是否一致。它描述了两个变量的联合变化程度。如果两个变量的协方差为正，则表示它们呈正相关；如果协方差为负，则表示它们呈负相关；如果协方差接近于零，则表示它们之间没有线性关系。

对于两个包含 n 个观测值的变量 X 和 Y，设 $x_1, x_2, \cdots, x_n$ 和 $y_1, y_2, \cdots, y_n$ 分别为它们的观测值，则它们的样本协方差可以通过以下公式计算：

$$协方差=(1/n)\sum_{i=1}^{n}((x_i-\bar{x})(y_i-\bar{y}))$$

其中，$\bar{x}$ 和 $\bar{y}$ 分别为 X 和 Y 的观测值平均值，Σ 表示对所有观测值求和。

方差和协方差在数据分析和机器学习中扮演着重要的角色。方差和协方差都是衡量数据变化的统计指标，方差衡量的是单个变量的分散程度，而协方差衡量的是两个变量之间的相关性程度。方差可以帮助理解数据的分布情况和稳定性，而协方差则可以帮助判断两个变量之间的相关性，从而进行特征选择、模型训练和数据可视化等任务。

8.2.2　主成分

主成分（principal components，PC）是 PCA 算法中的重要概念之一，它是指能够代表数据最重要特征的线性组合。主成分是原始数据集中捕捉到最大方差的线性组合，可以看作原始数据中最显著的方向或特征。

PCA 通过最大化方差来选择主成分，这是因为方差可以作为数据集中信息量的度量。通过选择保留方差较大的主成分，可以保留尽可能多的原始数据信息，并且消除冗余特征。

通常情况下，通过特征值和特征向量来定义和解释主成分。假设有一个 $m \times n$ 的数据矩阵 X，其中每一行代表一个样本，每一列代表一个特征。对数据矩阵进行标准化处理后，计算出数据矩阵的协方差矩阵 C，并对其进行特征值分解。

特征值表示数据在特定方向上的方差大小，特征向量表示该方向的方向向量。在 PCA 中，主成分即协方差矩阵的特征向量。具体而言，第 i 个主成分 $v(i)$ 是满足以下条件的特征向量：

（1）使得投影后数据方差最大化。即第一个主成分是使得投影后方差最大的方向。

（2）在满足第一条条件的前提下，与先前已经选择的主成分正交（垂直）。这意味着每个主成分都表示数据中独立的信息。

在 PCA 中，主成分之间是正交的。正交性是指两个向量之间的夹角为 90° 的性质。每个主成分都是在前一个主成分不包含的方向上计算得到的。

例如，对于一个二维数据集，第一个主成分是沿着数据点中方差最大的方向，即数据点中分布最广的方向。第二个主成分与第一个主成分正交（垂直），代表了方差次大的方向。

主成分是原始数据中最显著的方向或特征。PCA 算法通常会按照特征值从大到小的顺序选择前 k 个主成分。这些主成分可以用于将原始数据投影到新的低维空间上，实现数据降维的目的，从而在保留数据重要信息的同时减少冗余特征。

可以通过查看前几个主成分的方差解释率来选择主成分的数量。方差解释率是指每个主成分所解释的数据方差占总方差的比例。如果主成分的方差解释率不够高，可以增加主成分的数量，以提高主成分的方差解释率，必要时也可以采用其他降维方法。

8.2.3 PCA 基本步骤

PCA 的基本思想是通过线性变换将原始数据投影到新的坐标系上，使得在新的坐标系中数据的方差最大化，以获取数据中的主要特征。这样做的好处是可以将原始数据在新坐标系中的重要特征捕捉下来，减少冗余信息，从而达到降维的目的。PCA 保留了原始数据中方差较大的特征，而忽略了方差较小的特征，这样可以移除噪声和冗余信息，并且提高模型的泛化能力。从线性代数的角度来看，PCA 的目标就是使用另一组基去重新描述得到的数据空间。而新的基要能尽量揭示原有数据间的关系。

PCA 的原理可以通过矩阵运算来表示。假设有一个原始数据集 X，其中每一行代表一个样本，每一列代表一个特征。数据集 X 的维度为 $m×n$，其中 m 是样本数量，n 是特征数量。PCA 的具体步骤如下。

（1）数据标准化

对原始数据进行标准化处理，以使每个特征具有相同的尺度。这可以通过减去均值并除以标准差来实现。计算公式：$Z = \dfrac{X - \mu}{\sigma}$。其中，$X$ 为原始数据矩阵，Z 为标准化后的数据矩阵，μ 是每个特征的均值向量，σ 是每个特征的标准差向量。

（2）计算协方差矩阵

协方差矩阵描述了数据各个特征之间的相关性。根据标准化后的数据，可以计算特征之间的协方差矩阵。协方差矩阵的元素 $C[i][j]$ 表示第 i 个特征和第 j 个特征之间的协方差。协方差矩阵的对角线上是每个特征的方差，非对角线上是两个特征之间的协方差。计算协方差矩阵的公式为 $C = \dfrac{Z^{\mathrm{T}} Z}{n}$。$Z$ 为标准化后的数据矩阵，C 为协方差矩阵，n 是样本数量，Z^{T} 是 Z 的转置。

（3）计算特征值和特征向量

通过对协方差矩阵 C 进行特征值分解，得到特征值向量 λ 和对应的特征向量 V。特征值表示了数据在特征向量方向上的方差，而特征向量则表示了数据在相应方向上的主要成分。满足公式：$CV = \lambda V$。其中，λ 是特征值向量，V 是特征向量矩阵。对应的特征值为 $\lambda_1, \lambda_2, \cdots, \lambda_n$，对应的特征向量为 $v_1, v_2, \cdots, v_n$。

（4）选择主成分

通常选择特征值最大的几个特征向量，因为它们对应的特征值较大，解释了数据中的大部分方差。按照特征值的大小排序，选择前 k 个特征值对应的特征向量作为主成分，其中 k 是希望降维后的维度。这些特征向量构成了一个 $n×k$ 的主成分矩阵 P，称为投影矩阵。满足 $P = [v_1, v_2, \cdots, v_k]$。其中，$v_k$ 表示第 k 个特征向量。

（5）数据投影

将数据集投影到新的低维空间上，得到降维后的数据集。将标准化后的原始数据乘以选定的主成分矩阵，即可得到数据在新的坐标系上的投影。新的坐标系由特征向量构成，每个特征向量对应一个主成分。数据投影将标准化后的原始数据矩阵 Z 乘以主成分矩阵 P，得到降维后的数据矩阵 Y。公式为 $Y=Z*P$。其中，$*$表示矩阵乘法。

通过上述步骤，可以将原始数据集 X 从 n 维降至 k 维，获得降维后的数据集 Y。PCA 实现了对原始数据的降维，同时尽可能保留了数据中的主要信息。PCA 在数据降维、数据可视化、噪声过滤等领域有广泛应用，能够帮助更好地理解数据的结构和关系，提取关键特征，并删除不相关或冗余的信息。需要注意的是，PCA 的结果受到标准化处理以及特征值计算的顺序和精度的影响，因此在实际应用中，通常会根据具体情况进行适当调整和优化。

8.2.4　PCA 典型应用

PCA 有着广泛的应用领域，下面列举几个常见的应用示例。

（1）数据降维和可视化：PCA 最常见的应用就是将高维数据降维到二维或三维空间，以便进行可视化和理解。例如，在数据挖掘和机器学习任务中，通过 PCA 可以将高维特征数据降低到较低维度，方便可视化或更高效地进行模型训练。

（2）特征选择：在特征选择任务中，PCA 可以作为一种评估特征重要性的工具。通过计算特征值，可以判断每个特征对数据表达的贡献程度。选择前 k 个最大的特征值所对应的特征向量作为主成分，即可实现特征选择，减少冗余特征，提高后续建模的效果。

（3）噪声过滤：在数据处理中，可能存在噪声对数据分析和建模的干扰。PCA 可以通过保留与较大的特征值相对应的特征向量，来实现噪声过滤。这样可以减少噪声对数据的影响，提高数据的质量和准确性。

（4）图像压缩和恢复：在图像处理中，PCA 被广泛用于图像压缩和恢复。通过将图像数据进行 PCA 降维，保留主要成分，可以实现对图像信息的有效压缩。同时，通过恢复过程，可以将压缩后的图像恢复到原始的高质量图像。

8.2.5　PCA 的优势和不足

PCA 是一种强大的数据处理技术，可以在各种情况下提高数据分析和建模的效率和准确性。然而，它也有自己的优势和不足，在实践中需要根据具体问题的需求进行权衡和选择。

1．优势

（1）数据降维：PCA 可以通过保留数据中主要的成分来实现数据降维，减少数据复杂度，提高后续模型训练和推理的效率。

（2）特征提取：PCA 可以捕捉到数据中的主要变化方向（即主成分），从而识别出数据中的重要特征，以便更好地理解数据。

（3）噪声滤除：PCA 可以通过过滤掉那些被认为是噪声的次要成分，来提高数据质量和模型准确性。

（4）可解释性：PCA 将数据转换为一个新的坐标系，使得数据在新空间中更具可解释性，在数据分析和可视化中非常有用。

2．不足

（1）可能存在信息丢失：PCA 通常需要删除一些维度的数据，这可能会导致数据的信息丢失，从而影响后续的数据分析和建模过程。

（2）可能并不总是适用：如果数据之间的关系比较复杂或非线性，则 PCA 可能无法捕捉到这些关系，因此，PCA 并不总是适用于所有的数据集。

（3）计算复杂度高：PCA 需要计算数据集的协方差矩阵，这可能会消耗大量计算资源，尤其是当数据维度很高时。

3．适用场景

（1）数据降维：当数据集中存在大量冗余变量或高度相关的变量时，可以使用 PCA 实现数据降维，以提高后续的数据分析和建模效率。

（2）特征提取：当需要从数据集中提取关键特征时，可以使用 PCA 捕捉数据中的主要方向，以便更好地理解数据。

（3）可视化：当需要将高维数据可视化为二维或三维空间时，可以使用 PCA 将数据降维到低维度。

（4）噪声滤除：当数据集中存在噪声或异常值时，可以使用 PCA 过滤掉那些次要成分，提高数据质量。

4．使用建议

使用 PCA 时需要注意数据标准化、数据线性相关性、维度选择、结果的解释性、可视化和解释，以及 PCA 的适用范围。

（1）数据标准化：在进行 PCA 之前，通常需要对数据进行标准化处理，以确保不同特征的尺度不会对 PCA 的结果产生偏向性。常见的标准化方法包括均值归零和方差归一化。

（2）数据线性相关性：PCA 假设数据是线性相关的，因此如果数据之间存在非线性相关性，PCA 可能无法捕捉到这些关系。在这种情况下，可以考虑使用其他非线性降维技术，如核主成分分析。

（3）维度选择：PCA 可以通过选择保留的主成分数量来控制降维后的数据维度。在选择合适的维度时，可以考虑保留具有较高方差贡献的主成分，并通过累计方差贡献率解释降维后数据保留的信息量。

（4）结果的解释性：PCA 将数据映射到新的坐标系中，新的坐标轴称为主成分，这些主成分可能无法直接对应原始数据的含义。因此，在解释 PCA 结果时，需要通过分析主成分的权重、贡献以及原始数据在主成分上的投影来理解其含义。

（5）可视化和解释：降维后的数据通常难以可视化，因为它们只是原始数据在新坐标系中的投影。因此，可以选择可视化原始数据在部分主成分上的投影，以更好地理解降维后数据的结构。

（6）PCA 的应用范围：PCA 适用于线性相关的数据集。对于非线性相关的数据，PCA 的效果可能不理想。在这种情况下，可以考虑使用其他降维技术，如流形学习（manifold learning）或深度学习的自编码器（autoencoder）。

8.3 综合案例：基于 PCA 的图像压缩实践

8.3.1 案例概述

本案例将利用 PCA 对图像进行压缩。图像可以表示为一个二维矩阵，其中每个元素代表图像中的像素值。本案例中，将展示彩色图像和灰度图像两种数据的操作方式。彩色图像通常由红、绿、蓝三种颜色按不同的比例混合而成，每个像素点需要存储三个颜色通道的值。在计算机中，通常使用 RGB（red，green，blue）颜色模型来表示彩色图片。每个像素点用一个 RGB 三元组表示，分别表示红色、绿色和蓝色的强度值。彩色图像具有更多的信息和更高的视觉效果，但也需要更多的存储空间和计算资源。灰度图像则是将彩色图片转化为只有灰度值的单通道图像。每个像素点只需要存储一个灰度值，灰度值表示该像素点的亮度，取值范围一般为 0~255。在计算机中，通常使用灰度值来表示黑白图像或者通过某种方式将彩色图片转换为灰度值表示的图像。灰度图像虽然相对于彩色图像信息量较小，但是它们具有简单、直观、易于处理的优点，同时也需要更少的存储空间和计算资源。

下面设计 Python 和 Sklearn 两个版本的实现代码。两者功能并不完全相同。在 Python 版本代码中，将使用彩色图像。在 Sklearn 版本代码中，将使用灰度图像。考虑到本教材将使用灰度印刷，需要查看彩色效果的读者可以访问慕课平台。

8.3.2 案例实现：Python 版

本代码主要由 pca 函数、compress_image 函数、main 函数三个部分组成。

```
1.  import numpy as np
2.  from PIL import Image
3.  import matplotlib.pyplot as plt
4.  def pca(X, k):
5.      mean = np.mean(X, axis=0)
6.      X -= mean
7.      cov = np.cov(X, rowvar=False)
8.      eigenvalues, eigenvectors = np.linalg.eigh(cov)
9.      sorted_indices = np.argsort(eigenvalues)[::-1]
10.     top_indices = sorted_indices[:k]
11.     top_eigenvectors = eigenvectors[:, top_indices]
12.     compressed_X = np.dot(X, top_eigenvectors)
13.     restored_X = np.dot(compressed_X, top_eigenvectors.T) + mean
14.     return compressed_X, restored_X
```

本段代码主要定义函数 pca(X,k)。其中 X 为数据矩阵，k 用于指定需要保留的主成分数量。第 5、6 行：计算均值，并将数据减去均值。第 7 行：计算协方差矩阵。第 8 行：计算特征值和特征向量。第 9、10 行：根据特征值排序，提取前 k 个特征值的序号清单，存放在 top_indices 中。第 11 行：保留前 k 个特征向量。第 12 行：将数据 X 投影到前 k 个特征向量表示的新空间中，得等压缩后的结果 compressed_X。这一步完成了降维操作，实现了数据从高维空间到低维空间的映射。第 13 行：将压缩后的数据 compressed_X 还原，恢复成高维空间数据 restored_X，以方便后续进行图形化显示对比。第 14 行：返回压缩结果 compressed_X，以及从压缩结果中恢复出来的 restored_X。

```
15. def compress_image(image_path, k):
16.     image = Image.open(image_path)
17.     array = np.array(image)
18.     float_array = array.astype(np.float32) / 255.0
19.     compressed_r, restored_r = pca(float_array[:, :, 0], k)
20.     compressed_g, restored_g = pca(float_array[:, :, 1], k)
21.     compressed_b, restored_b = pca(float_array[:, :, 2], k)
22.     restored_r = np.clip(restored_r * 255.0, 0, 255).astype(np.uint8)
23.     restored_g = np.clip(restored_g * 255.0, 0, 255).astype(np.uint8)
24.     restored_b = np.clip(restored_b * 255.0, 0, 255).astype(np.uint8)
25.     compressed_image = Image.fromarray(np.stack([restored_r, restored_g,
    restored_b], axis=2))
26.     compressed_file_path = image_path.replace('.jpg', 'compressed_python_color.jpg')
27.     compressed_image.save(compressed_file_path)
28.     print(f"Compressed image saved to {compressed_file_path}")
29.     plt.subplot(1, 2, 1)
30.     plt.imshow(image)
```

```
31.        plt.axis('off')
32.        plt.title('Original')
33.        plt.subplot(1, 2, 2)
34.        plt.imshow(compressed_image)
35.        plt.axis('off')
36.        plt.title(f'top-{k}')
37.        plt.tight_layout()
38.        plt.show()
```

本段代码定义函数 compress_image(image_path,k)。image_path 为图像保存路径，k 用于指定需要保留的主成分数量。第 16 行：读取彩色图像。第 17、18 行：将图像数组转换为浮点型，并将像素值调整到 0 ~ 1 范围内。第 19 ~ 21 行：按照 RGB 通道分别进行 PCA 压缩。第 22 ~ 24 行：将 RGB 通道的像素值分别调整回 0 ~ 255 范围。第 25 行：以 RGB 通道数据为基础，创建压缩后的图像对象。第 26 ~ 28 行：将压缩后的图像保存到文件。第 29 ~ 38 行：显示原始图像和压缩后的图像。

```
39.  if __name__ == "__main__":
40.      image_path = "data/ch08 主元分析/image.jpg"
41.      k = 50
42.      compress_image(image_path, k)
```

本段代码调用 compress_image 函数完成测试。第 42 行根据图片路径和 k 值（保留的主成分数量），完成图像压缩和效果对比展示。图 8-1 所示为原始图像，图 8-2 所示为 k=50 时的恢复图像。

Original

图 8-1　原始图像

top-50

图 8-2　恢复图像（k=50）

8.3.3　案例实现：Sklearn 版

本段代码由 plot_eigenvalues_curve 函数、compress_image 函数及主程序入口三个部分组成。

```
1.   import numpy as np
2.   from PIL import Image
3.   from sklearn.decomposition import PCA
4.   import matplotlib.pyplot as plt
```

本段代码用于导入所需的库和模块。

（1）plot_eigenvalues_curve 函数

```
5.   def plot_eigenvalues_curve(image_path):
6.       image = Image.open(image_path)
7.       gray_image = image.convert('L')
8.       gray_array = np.array(gray_image)
9.       gray_float = gray_array.astype(np.float32) / 255.0
10.      pca_gray = PCA()
11.      pca_gray.fit(gray_float)
```

本段代码用于加载数据，进行预处理和 PCA。第 6 行：读取彩色图像。第 7 行：将图像转换为灰度图像。第 8、9 行：将图像数组转换为浮点型，并将像素值调整到 0、1 范围内。第 10、11 行：对灰度图像进行 PCA。

```
12.      eigenvalues = pca_gray.explained_variance_
13.      plt.plot(np.arange(1, len(eigenvalues) + 1), eigenvalues)
14.      plt.xlabel('Principal Components')
15.      plt.ylabel('Eigenvalues')
16.      plt.title('Eigenvalues Curve')
17.      plt.show()
```

本段代码用于绘制特征值曲线。第 12 行：获取特征值列表。pca_gray.explained_variance_ 是 PCA 应用于灰度图像后得到的解释方差。解释方差是指每个主成分所占的方差。pca_gray.explained_variance_ 是一个数组，其中的每个元素表示对应主成分的解释方差。数组的长度等于选定的主成分数量。例如，如果进行了 PCA 并选择了保留前 5 个主成分，那么 pca_gray.explained_variance_ 数组的前 5 个元素就分别表示这 5 个主成分的解释方差。解释方差可以用来评估每个主成分所携带的信息量。通常情况下，希望保留解释方差较大的主成分，以尽可能地保留原始数据的信息。第 13～17 行：绘制特征值曲线。

```
18.      cumulative_variance_ratio = np.cumsum(pca_gray.explained_variance_ratio_)
19.      plt.plot(np.arange(1, len(cumulative_variance_ratio) + 1), cumulative_
    variance_ratio)
20.      plt.xlabel('Principal Components')
21.      plt.ylabel('Cumulative Variance Ratio')
22.      plt.title('Cumulative Variance Ratio Curve')
23.      plt.show()
```

本段代码用于绘制累积解释方差比率曲线。第 18 行的 pca_gray.explained_variance_ratio_ 是 PCA 应用于灰度图像后的解释方差比率。解释方差比率是指每个主成分所占的方差在总方差中的比例。通过计算解释方差比率，可以了解每个主成分对原始数据的重要程度。pca_gray.explained_variance_ratio_ 是一个数组，其中每个元素表示对应主成分的解释方差比率。数组的长度等于选定的主成分数量。例如，pca_gray.explained_variance_ratio_ 数组的前 5 个元素就分别表示这 5 个主成分所占的解释方差比率。解释方差比率的和等于 1，即所有主成分的解释方差比率之和为 1。这个值可以用来评估保留的主成分数量是否合适，通常希望保留解释方差比率较高的主成分，以尽可能保留原始数据的信息。第 19～23 行绘制累加曲线。

（2）compress_image 函数

```
24. def compress_image(image_path, num_components_list):
25.      image = Image.open(image_path)
26.      gray_image = image.convert('L')
27.      plt.subplot(2, 2, 1)
28.      plt.imshow(gray_image, cmap='gray')
29.      plt.axis('off')
30.      plt.title('Original')
```

本段代码加载并绘制原始图像。第 25 行：读取彩色图像。第 26 行：将彩色图像转换为灰度图像。第 27～30 行：显示原始灰度图像。效果如图 8-3 左上角所示。

```
31.      gray_array = np.array(gray_image)
32.      gray_float = gray_array.astype(np.float32) / 255.0
```

第 31、32 行：将图像数组转换为浮点型，并将像素值调整到 0、1 范围内。

```
33.      for i, num_components in enumerate(num_components_list):
34.          pca_gray = PCA(n_components=num_components)
```

```
35.        compressed_gray = pca_gray.fit_transform(gray_float)
36.        restored_gray = pca_gray.inverse_transform(compressed_gray)
37.        restored_gray = np.clip(restored_gray * 255.0, 0, 255).astype(np.uint8)
38.        compressed_image = Image.fromarray(restored_gray)
39.        compressed_file_path = image_path.replace('.jpg', f'_compressed_{num_
components}.jpg')
40.        compressed_image.save(compressed_file_path)
41.        print(f"Compressed image saved to {compressed_file_path}")
42.        plt.subplot(2, 2, i+2)
43.        plt.imshow(compressed_image, cmap='gray')
44.        plt.axis('off')
45.        plt.title(f'top-{num_components}')
46.    plt.tight_layout()
47.    plt.show()
```

本段代码绘制图 8-3 左上角之外的其他 3 幅图片，通过循环遍历 num_components_list 中的每一个元素，对灰度图像进行 PCA 压缩、压缩图像恢复、保存和显示。第 34、35 行：对灰度图像进行 PCA 压缩。第 36~38 行：进行压缩图像恢复。第 39~41 行：保存恢复图像。第 42~45 行：显示压缩图像。第 46、47 行：调整显示效果并输出呈现。

（3）主程序入口

```
48. if __name__ == "__main__":
49.     image_path = "data/ch08 主元分析/image.jpg"
50.     plot_eigenvalues_curve(image_path)
51.     num_components_list = [5, 50, 500]
52.     compress_image(image_path, num_components_list)
```

第 48~52 行：分别调用 plot_eigenvalues_curve 函数和 compress_image 函数，完成特征值曲线绘制和 PCA 压缩及恢复操作。

图 8-4 是特征值曲线。根据该曲线可知，仅排在前几位的特征值有较大取值，而绝大多数特征值的大小接近于 0。图 8-5 是累积解释方差比率曲线。例如，k=23 时，累积解释方差比率就已经超过 80%，这意味着，使用前 23 个特征向量，便可以保留原始图像中 80% 以上的重要信息。而 k=64 时，累积解释方差比率就已经超过 90%。图 8-3 是不同 k 值条件下 PCA 压缩恢复效果对比，左上角子图为原始图像，其他 3 个子图的 k 值分别为 5、50、500。显然，当 k=50 时，原始图像的绝大多数信息都被保留下来。

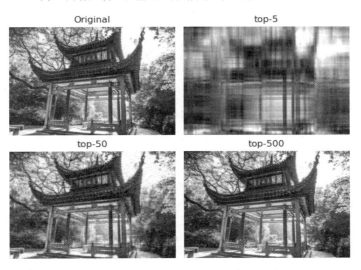

图 8-3　不同 k 值下 PCA 压缩恢复效果对比

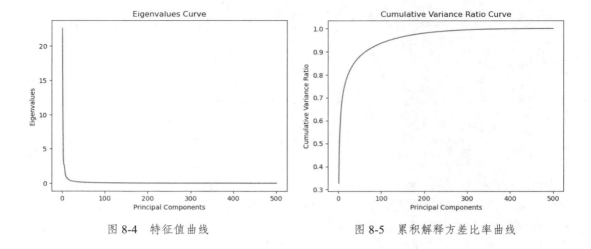

图 8-4　特征值曲线　　　　　　　　　图 8-5　累积解释方差比率曲线

8.4　综合案例：基于 PCA 的鸢尾花数据集可视化分析

8.4.1　案例概述

本案例展示了如何使用 PCA 对高维数据进行降维，以便在二维空间中可视化数据。将以鸢尾花数据集为基础进行展示，分别绘制原始数据和降维后的数据的散点图。鸢尾花数据集包含了三个不同品种的鸢尾花的测量数据，每个品种各有 50 个样本。该数据集包含了四个特征：花萼长度、花萼宽度、花瓣长度和花瓣宽度。该数据集更多信息请参考 2.3 节。由于该数据集包含了四个特征，无法直接在二维或者三维空间中进行可视化。本案例将使用 PCA 对其进行降维，以便在二维空间中进行可视化。

8.4.2　案例实现：Python 版

本案例主要由 pca 函数和主程序入口两部分组成。

```
1.    import numpy as np
2.    import matplotlib.pyplot as plt
3.    from sklearn.datasets import load_iris
4.    from sklearn.preprocessing import StandardScaler
```

本段代码导入所需的库和模块。第 1 行：导入 NumPy 包并将其命名为 np。第 2 行：导入 Matplotlib 的 pyplot 模块并将其命名为 plt。第 3 行：从 sklearn.datasets 模块中导入鸢尾花数据集。第 4 行：从 sklearn.preprocessing 模块中导入 StandardScaler 类。

（1）pca 函数

```
5.    def pca(X, n_components):
6.        X_std = (X - np.mean(X, axis=0)) / np.std(X, axis=0)
7.        cov_matrix = np.cov(X_std.T)
8.        eigenvalues, eigenvectors = np.linalg.eig(cov_matrix)
```

本段代码计算特征值和特征向量。第 5 行：定义了一个名为 pca 的函数，该函数接受两个参数：原始数据 X 和要保留的主成分数量 n_components。第 6 行：对原始数据进行标准化处理，使每个特征具有相同的重要性。第 7 行：计算标准化后的数据的协方差矩阵，并使用 np.cov 函数进行计算。第 8 行：使用 np.linalg.eig 函数计算协方差矩阵的特征值和特征向量。

```
9.      sorted_indices = np.argsort(eigenvalues)[::-1]
10.     sorted_eigenvalues = eigenvalues[sorted_indices]
11.     sorted_eigenvectors = eigenvectors[:, sorted_indices]
```

本段代码对特征值和特征向量进行排序。第 9 行：使用 numpy.argsort 函数返回特征值从大到小的排序索引，并使用[::-1]将其反转，以便按特征值递减顺序排列。第 10 行：使用排序后的索引重新排序特征值。第 11 行：使用排序后的索引重新排序特征向量。

```
12.     plt.plot(range(n_features), sorted_eigenvalues)
13.     plt.xlabel('Features')
14.     plt.ylabel('Eigenvalues')
15.     plt.title('Eigenvalues Curve')
16.     plt.show()
```

本段代码绘制特征值曲线。效果如图 8-6 所示。后两个特征值非常小。

```
17.     cumulative_sum = np.cumsum(sorted_eigenvalues)
18.     plt.plot(range(1, n_features + 1), cumulative_sum / np.sum(sorted_eigenvalues))
19.     plt.xlabel('Number of Features')
20.     plt.ylabel('Cumulative Explained Variance Ratio')
21.     plt.title('Explained Variance Ratio vs Number of Features')
22.     plt.show()
```

本段代码绘制累积解释方差比率曲线。效果如图 8-7 所示。前两个方差的累积解释比率已经超过 95%。

```
23.     selected_eigenvectors = sorted_eigenvectors[:, :n_components]
24.     X_pca = np.dot(X_std, selected_eigenvectors)
25.     return X_pca
```

本段代码计算函数返回值。第 23 行：选择要用于降维的特征向量，并将它们保存在 selected_eigenvectors 变量中。第 24 行：使用 numpy.dot 函数将标准化后的数据投影到新的低维空间中，以得到新的数据 X_pca。第 25 行：返回新的数据 X_pca。

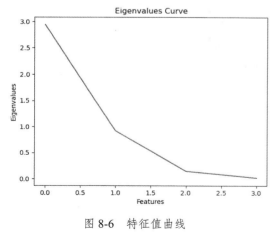

图 8-6　特征值曲线

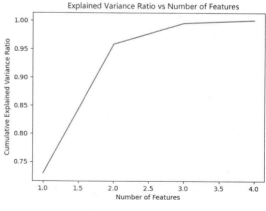

图 8-7　累积解释方差比率曲线

（2）主程序入口

```
26. if __name__ == "__main__":
27.     iris = load_iris()
28.     X = iris.data
```

```
29.        y = iris.target
30.        scaler = StandardScaler()
31.        X_scaled = scaler.fit_transform(X)
32.        n_features = X_scaled.shape[1]
```

本段代码加载数据集并进行预处理。第 26 行：检查该模块是否被直接运行，如果是，则执行以下操作。第 27 行：加载鸢尾花数据集。第 28、29 行：将数据进行标准化处理，并分别存储特征和目标变量。第 30 行：实例化 StandardScaler 对象并对数据进行标准化处理。第 31 行：计算原始数据的特征数，并将结果存储在 n_features 变量中。

```
33.        plt.scatter(X_scaled[:, 0], X_scaled[:, 1], c=y)
34.        plt.xlabel('Feature 1')
35.        plt.ylabel('Feature 2')
36.        plt.title('Data Visualization using Original Features')
37.        plt.show()
```

本段代码，以数据集的前两个特征为基础，绘制原始数据的散点图。效果如图 8-8 所示。其中的两类数据重叠部分较多。

```
38.        n_components = 2
39.        X_pca = pca(X_scaled, n_components)
40.        plt.scatter(X_pca[:, 0], X_pca[:, 1], c=y)
41.        plt.xlabel('Principal Component 1')
42.        plt.ylabel('Principal Component 2')
43.        plt.title('Data Visualization using Principal Components')
44.        plt.show()
```

本段代码进行 PCA 降维并绘制降维后数据的散点图。第 39～44 行：以特征值最大的两个向量为基础，绘制使用 PCA 降维后数据的散点图。效果如图 8-9 所示，相对于图 8-8，重叠部分明显减少。

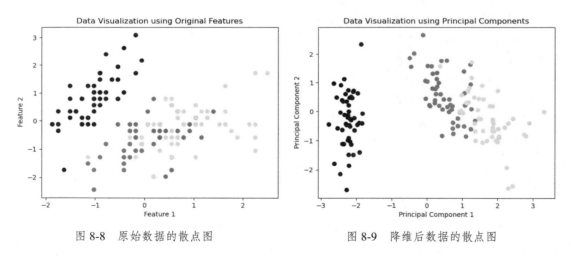

图 8-8　原始数据的散点图　　　　图 8-9　降维后数据的散点图

8.4.3　案例实现：Sklearn 版

```
1.    import numpy as np
2.    import matplotlib.pyplot as plt
3.    from sklearn.datasets import load_iris
4.    from sklearn.preprocessing import StandardScaler
5.    from sklearn.decomposition import PCA
```

本段代码导入所需的库和模块。

```
6.  iris = load_iris()
7.  X = iris.data
8.  y = iris.target
9.  scaler = StandardScaler()
10. X_scaled = scaler.fit_transform(X)
```

本段代码加载数据集并进行预处理。第 6～8 行：加载鸢尾花数据集，并将特征数据和目标数据存储在变量 X 和 y 中。第 9、10 行：使用 StandardScaler 对特征数据进行标准化处理。

```
11. pca = PCA()
12. X_pca = pca.fit_transform(X_scaled)
13. explained_variance = pca.explained_variance_
14. explained_variance_ratio = pca.explained_variance_ratio_
15. cumulative_explained_variance_ratio = np.cumsum(explained_variance_ratio)
```

本段代码进行主成分分析，并获取方差等信息。第 11、12 行：使用 PCA 进行主成分分析，得到降维后的数据 X_pca。第 13 行：获取每个主成分的方差。第 14 行：获取每个主成分的解释方差比率。第 15 行：计算累计解释方差比率。

```
16. plt.plot(np.arange(1, len(explained_variance) + 1), explained_variance, marker='o')
17. plt.xlabel('Principal Components')
18. plt.ylabel('Explained Variance')
19. plt.title('Eigenvalues Curve')
20. plt.show()
```

第 16～20 行：绘制展示特征值大小的曲线图。

```
21. plt.plot(np.arange(1, len(cumulative_explained_variance_ratio) + 1), cumulative_
explained_variance_ratio, marker='o')
22. plt.xlabel('Principal Components')
23. plt.ylabel('Cumulative Explained Variance Ratio')
24. plt.title('Cumulative Variance Ratio Curve')
25. plt.show()
```

第 21～25 行：绘制展示累计解释方差比率的曲线图。

```
26. plt.scatter(X_scaled[:, 0], X_scaled[:, 1], c=y)
27. plt.xlabel('Feature 1')
28. plt.ylabel('Feature 2')
29. plt.title('Data Visualization using Original Features')
30. plt.show()
```

第 26～30 行：绘制原始特征数据的散点图。

```
31. plt.scatter(X_pca[:, 0], X_pca[:, 1], c=y)
32. plt.xlabel('Principal Component 1')
33. plt.ylabel('Principal Component 2')
34. plt.title('Data Visualization using Principal Components')
35. plt.show()
```

第 31～35 行：绘制主成分数据的散点图。

习题 8

1. PCA 的全称是什么？
2. 什么是降维？
3. 什么是主成分？
4. 主成分是如何计算得到的？

5. 什么是解释方差比率？
6. 如何选择主成分的数量？
7. 如果主成分的解释方差比率不够高，应该怎么做？
8. 什么是正交性？
9. 在 PCA 中，主成分之间是否正交？为什么？

实训 8

1. 使用主成分分析法对乳腺肿瘤数据集进行处理并可视化。
2. 使用主成分分析法对手写数字数据集进行处理并可视化。
3. 使用主成分分析法对波士顿房价数据集进行处理并可视化。
4. 使用主成分分析法对葡萄酒数据集进行处理并可视化。

第9章 奇异值分解

奇异值分解是一种十分重要且广泛应用的矩阵分解方法。它通过将原始的矩阵分解为三个特定矩阵的乘积，以帮助找到矩阵中的主要特征和结构，进而帮助理解和处理复杂的数据结构。奇异值分解在数据压缩、降维、矩阵逆的计算、最小二乘问题的求解、图像压缩、推荐系统、自然语言处理等领域有着广泛的应用。本章将介绍奇异值分解基础及综合案例。

【启智增慧】

机器学习与社会主义核心价值观之"爱国篇"

机器学习可以在爱国主义实践中发挥作用。通过机器学习技术，可以更好地服务于国家和人民的利益，提升国家治理和民生水平。利用机器学习技术对文物古迹进行数字化保护，可促进文化传承和弘扬，增强人们对中华民族优秀传统文化的认同和尊重。机器学习可以应用于国家安全领域，如边境监控、恐怖主义预防等，有助于提升国家安全水平，保护国家的利益和人民的生命财产安全。需要关注技术发展可能带来的社会伦理和道德问题，促进科技与人文的有机结合，实现科技与爱国价值观的有机融合。

9.1 奇异值分解概述

奇异值分解（singular value decomposition，SVD）和特征值分解是两种常见的矩阵分解方法，它们之间有一些区别和联系。特征值分解针对的是方阵，而 SVD 可以应用于任意大小的矩阵。特征值和奇异值都是矩阵分解中的重要概念，它们分别对应于方阵的特性和一般矩阵的特性。特征值分解和奇异值分解的目的都是一样的，即提取出一个矩阵最重要的特征。特征值分解只能应用于方阵，而且要求方阵是可对角化的。SVD 不要求矩阵是方阵，因此更加灵活。

9.1.1 矩阵与特征值

矩阵是一个由数值按照一定规则排列成的矩形阵列，它在机器学习领域有广泛的应用。矩阵的秩是指矩阵中线性无关的行或列的最大个数，它可以通过对矩阵进行行变换或列变换来确定。矩阵的秩具有以下性质：矩阵的秩不会超过其维度的最小值。例如，一个 $m×n$ 的矩阵的秩不会超过 m 和 n 中的较小值。如果一个矩阵的秩等于其最大可能秩（即等于其维度的最小值），则称该矩阵为满秩矩阵。

矩阵的特征值（eigenvalue）是线性代数中一种重要的概念，它与矩阵和线性变换的特性息息相关。对于一个 n 阶方阵 A，如果存在标量 λ 和非零向量 v，使得 $Av=\lambda v$，那么 λ 称为矩阵 A 的特征值，v 称为对应于特征值 λ 的特征向量。

特征值描述了线性变换在特定方向上的表现，特征向量则指出了这个特定方向。特征向量表示矩阵 A 在某个方向上的不变性，而特征值表示在该方向上的缩放因子。特征值可能为复数，而特征向量是在取定的复数域上的向量。

特征值和特征向量具有以下性质。

（1）矩阵 A 的特征值是它的特征多项式的根。特征多项式是一个 n 次多项式，定义为 $p(\lambda)=\det(A-\lambda I)$，其中 I 是单位矩阵。

（2）矩阵 A 的特征值的个数等于它的秩。

（3）特征向量可以通过解线性方程组 $(A-\lambda I)v=0$ 来确定。

（4）如果矩阵 A 是对称矩阵，则它的特征向量是正交的，并且对应不同特征值的特征向量是正交归一的。

特征值分解是将一个方阵分解为特征向量和特征值的过程。对于一个 n 阶方阵 A，如果它有 n 个线性无关的特征向量，那么可以进行特征值分解。特征值分解可以写成以下形式：

$$A = Q \Sigma Q^{-1}$$

其中，Q 是矩阵 A 的特征向量组成的矩阵，Σ 是一个对角阵，每一个对角线上的元素就是 A 的一个特征值。

接下来，从线性变换的角度理解矩阵的特征值分解。一个矩阵其实就是一个线性变换。一个矩阵乘以一个向量后会得到一个新的向量。这其实就相当于对原来的向量进行了一次线性变换。例如，令矩阵 $A = \begin{bmatrix} 2 & 0 \\ 0 & 1 \end{bmatrix}$ 乘以向量 $[x, y]^{\mathrm{T}}$，可得如下等式：

$$\begin{bmatrix} 2 & 0 \\ 0 & 1 \end{bmatrix} \begin{bmatrix} x \\ y \end{bmatrix} = \begin{bmatrix} 2x \\ y \end{bmatrix}$$

矩阵 A 对应的线性变换如图 9-1 所示。

矩阵 A 是对角矩阵，对应的线性变换是一个对 x 或 y 轴方向的一个拉伸变换（每一个对角线上的元素将会对相应的维度进行缩放操作。当元素值大于 1 时，进行拉伸，当元素值小于 1 时缩短）。

当矩阵不是对角矩阵时，例如，假定矩阵为 $B = \begin{bmatrix} 1 & 1 \\ 0 & 1 \end{bmatrix}$，则有等式：

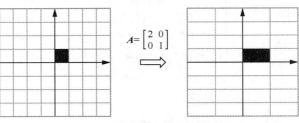

图 9-1　对角矩阵与线性变换示例

$$\begin{bmatrix} 1 & 1 \\ 0 & 1 \end{bmatrix} \begin{bmatrix} x \\ y \end{bmatrix} = \begin{bmatrix} x+y \\ y \end{bmatrix}$$

矩阵 B 描述的线性变换如图 9-2 所示。

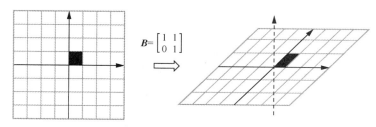

图 9-2　非对角矩阵与线性变换示例

特征值分解可以得到特征值与特征向量。特征值分解得到的 Σ 矩阵是一个对角阵,对角线上的特征值是由大到小排列的(即从主要的变化到次要的变化排列)。不同特征值所对应的特征向量就是描述变化方向,而特征值描述的是在对应方向上的缩放幅度。

高维矩阵对应的是高维空间中的一个线性变换。尽管无法像在二维或者三维空间中那样以图形化的形式表示出来,但不难理解,高维变换同样有很多变换方向,而通常只需要把握这个线性变换主要的变化方向。通过特征值分解可以提取这个矩阵最重要的特征。特征值表示的是这个特征到底有多重要,而特征向量表示这个特征是什么,可以将每一个特征向量理解为一个线性的子空间。矩阵分解得到的前 k 个特征向量,代表了线性变换最主要的 k 个变化方向。利用前 k 个主要变化方向,就可以对这个矩阵(变换)进行近似表达。

特征值和特征向量在很多领域具有广泛的应用,如求解线性方程组、主成分分析、图论中的中心性度量等。它们帮助理解矩阵的结构和性质,并且在许多数学和工程问题中提供了重要的工具和方法。在机器学习和数据分析中,特征值和特征值分解也经常被用于降维、特征选择和数据压缩等方面。

9.1.2　奇异值分解

特征值分解可以提取矩阵特征,然而它只适用于方阵。在现实世界中,绝大多数矩阵都不是方阵。以学生成绩为例,假定有 n 个学生,m 门课程,可以得到一个 $n \times m$ 的矩阵。该矩阵通常就不是方阵。为了描述此类普通矩阵的重要特征,引入奇异值分解(SVD)。SVD 和特征值分解是两种不同的矩阵分解方法,它们在适用范围和具体表达形式上存在区别,但在某些情况下存在联系,特别是对于对称矩阵。

SVD 是一种适用于任意矩阵的分解方法。它可以将一个任意大小的矩阵 A 分解为 U、Σ 和 V 三个矩阵的乘积,U 和 V 都是正交矩阵,Σ 是一个对角矩阵。它们之间满足如下关系:

$$A = U\Sigma V^{\mathrm{T}}$$

假定 A 是数域上维度为 $n \times m$ 的矩阵,则 SVD 分解的结果中,U 是一个 $n \times n$ 的实正交矩阵(方阵,U 的列向量称为 A 的左奇异向量,向量是正交的),Σ 是一个 $n \times m$ 的非负对角矩阵(除了对角线的元素外都是 0,对角线上的元素称为 A 的<u>奇异值</u>),V 是一个 $m \times m$ 的实正交矩阵(方阵,V 的列向量称为 A 的右奇异向量,向量是正交的)。U 和 V 的列向量分别代表了 A 的左奇异向量和右奇异向量,分别构成了 A 的行空间和列空间的一组基。对角矩阵 Σ 上的元素表示了 A 在相应方向上的奇异值,是按照非递增顺序排列的非负实数,包含矩阵 A 的主要特征信息。通过 SVD 分解,将矩阵 A 转化为一个由其左奇异向量组成的正交基与其右奇异向量组成的正交基张成的空间中的一个矩阵 Σ,其中 Σ 的对角线元素称为奇异值,表示矩阵 A 的主要特征。SVD 分解可以用图 9-3 表示。

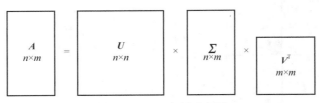

图 9-3　SVD 分解示意图

奇异值 σ 与特征值类似。接下来，具体分析奇异值和特征值之间的关系。首先，以矩阵 A 为基础构造方阵 $A^{\mathrm{T}}A$。对该方阵求特征值可以得到 $(A^{\mathrm{T}}A)v_i = \lambda_i v_i$。式中的 v_i 就是 SVD 中的右奇异向量。此外还可以得到：$\sigma_i = \sqrt{\lambda_i}$，$u_i = \sigma_i^{-1}Av_i$。其中，$\sigma_i$ 是奇异值，u_i 是左奇异向量。

矩阵 Σ 中的奇异值按照从大到小排列，并且奇异值减少得特别快。在很多情况下，前 10%甚至 1%的奇异值的和就占了全部奇异值之和的 99%以上了。因此，可以用 top-k 个奇异值来近似描述矩阵。如图 9-4 所示，通过保留前 k 个最大的奇异值，可以得到一个近似的矩阵 $A \approx U_k\Sigma_kV_k^{\mathrm{T}}$，其中 U_k、Σ_k 和 V_k 分别是 U、Σ 和 V 的前 k 列。k 是一个远小于 m、n 的数，通过这种操作，可以实现对矩阵 A 进行降维或压缩。

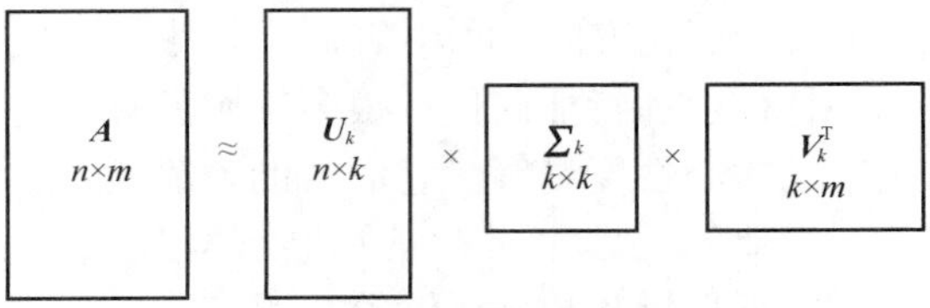

图 9-4 右边的三个矩阵相乘的结果是一个矩阵 A 的近似描述。k 越接近于 n 或 m，右侧相乘的结果越接近于 A。通常 k 是一个较小的值，图 9-4 右侧三个矩阵的尺寸之和

图 9-4　SVD 分解与矩阵近似描述

（存储量开销之和）要远远小于矩阵 A，因此可以用来替换原有的 A，从而实现存储空间的压缩。

通常可以通过各种数值计算库来计算一个矩阵的奇异值分解，如 Python 中的 Numpy、Scipy 等。如果需要手动计算一个矩阵的 SVD，可以参考矩阵分析之类的教材。需要注意的是，在实际计算中，由于数值计算的精度和稳定性问题，可能会采用一些优化和稳定性处理的方法。因此建议使用成熟的数值计算库来进行 SVD 的计算。

SVD 通过将原始的矩阵分解为特定形式的矩阵相乘，从而能够找到矩阵中的主要特征和结构。在数据分析中，SVD 被广泛应用于降维技术，以便对高维数据进行可视化、特征提取和数据压缩。在推荐系统中，SVD 用于协同过滤算法，通过对用户-物品评分矩阵进行分解，可以挖掘出潜在的用户偏好和物品特征。在自然语言处理中，SVD 被用于词嵌入、主题建模等任务，帮助发现文本数据中的语义信息。

9.1.3　奇异值和奇异向量

在奇异值分解（SVD）中，奇异值和奇异向量是与原矩阵相关的重要概念。奇异值矩阵 Σ 描述了原矩阵 A 的重要特征，它们决定了矩阵 A 在不同方向上的影响程度。奇异值提供了矩阵 A 在每个方向上的"拉伸"或"压缩"程度，它们是描述矩阵变换性质的重要指标。U 和 V 的列向量分别被称为 A 的左奇异向量和右奇异向量。奇异向量 U 和 V 描述了矩阵 A 的变换方式。左奇异向量描述了 A 在行空间上的变换，而右奇异向量描述了 A 在列空间上的变换。奇异值和奇异向量作为 SVD 的核心结果，提供了对原矩阵 A 的重要信息

描述。通过奇异值分解，可以理解矩阵 A 的结构和特性，实现矩阵的降维、去噪、压缩、特征提取等操作。

矩阵的奇异值代表了矩阵的主要特征，具有以下性质。

（1）非负性：矩阵的奇异值始终是非负数。

（2）顺序性：矩阵的奇异值按照从大到小的顺序排列。奇异值的大小可以用来衡量矩阵的重要性，越大的奇异值表示矩阵在该方向上的特征越显著。

（3）特征提取：通过选择前 k 个最大的奇异值，可以对矩阵进行降维或压缩，得到一个近似的矩阵。这种降维或压缩可以用于数据的特征提取和去除冗余信息。

（4）正交性：矩阵的奇异值分解中，左奇异向量和右奇异向量是正交的。左奇异向量构成了矩阵的行空间，右奇异向量构成了矩阵的列空间。这种正交性使得奇异值分解在矩阵的特征提取和降维中具有重要作用。

（5）矩阵逆和伪逆：矩阵的奇异值分解可以用于求解矩阵的逆和伪逆。如果一个矩阵 M 的奇异值分解为 $M = U\Sigma V^T$，则矩阵的逆可以表示为 $M = V\Sigma^{-1}U^T$，其中 Σ^{-1} 是将 Σ 中的非零奇异值取倒数得到的对角矩阵。

9.1.4　奇异值分解变体

紧奇异值分解和截断奇异值分解是两种常见的 SVD 变体。在实际应用中，如果矩阵非常大，通常会采用紧奇异值分解或截断奇异值分解来减少计算成本和存储空间。紧奇异值分解适用于满秩矩阵。相比于标准奇异值分解，紧奇异值分解的优势在于，只需要计算 r 个奇异值，从而大大降低了计算成本。截断奇异值分解则是对奇异值分解结果进行截断，只考虑前 k 个奇异值，然后近似重构原始矩阵，得到一个低秩近似矩阵。这种低秩近似矩阵可以用于降维、压缩，或者去除噪声和冗余信息等。

1．紧奇异值分解

在实际计算中，常常会遇到矩阵规模非常大的情况，使得标准奇异值分解的计算成本高昂。此时，可以通过采用紧奇异值分解来简化问题。紧奇异值分解（compact singular value decomposition，compact SVD）是 SVD 的一种代表性变种，它可以帮助更有效地处理大规模数据集的奇异值分解问题。

紧奇异值分解将矩阵 A 分解为 $M = U'\Sigma'V'^T$，其中 U'、Σ'、V' 分别是 $n \times r$、$r \times r$ 和 $m \times r$ 的矩阵，r 是 A 的秩，通常小于 m 和 n。相比于标准奇异值分解，紧奇异值分解的优势在于，只需要计算 r 个奇异值，从而大大降低了计算成本。此外，由于 Σ' 是一个对角矩阵，可以被表示为 $\Sigma' = \mathrm{diag}(\sigma\_1, \cdots, \sigma\_r)$，因此也无须显式计算出完整的 Σ 矩阵。

需要注意的是，紧奇异值分解只适用于满秩矩阵。对于秩不满的矩阵，可以采用截断奇异值分解，将大部分奇异值舍去，从而得到一个低秩近似矩阵，以达到降维和压缩数据的目的。

紧奇异值分解在很多领域都有应用，如推荐系统、自然语言处理、图像处理等，可以更有效地处理大规模数据集，并提高计算效率和精度。

2．截断奇异值分解

截断奇异值分解（truncated singular value decomposition，truncated SVD）是 SVD 的另一种代表性变体，用于降低原始数据的维度并找到其最重要的特征，在处理大型矩阵时非常有用。与标准奇异值分解不同，截断奇异值分解只考虑最大的 k 个奇异值，因此可以将矩阵压缩得更小，同时仍然保留其主要特征。例如，在推荐系统中，需要对用户与物品之间的交互矩阵进行处理，这个矩阵通常非常稀疏且规模很大。可以使用截断奇异值分解来压缩矩阵，并提取出其主要特征，然后使用这些特征进行推荐。

对于一个 $m×n$ 的实数矩阵 A，其截断奇异值分解形式为：

$$M \approx U_k \Sigma_k V_k^{\mathrm{T}}$$

其中，U_k 和 V_k 都是正交矩阵，分别表示 M 的左、右奇异向量的前 k 个。Σ_k 是一个 $k×k$ 的对角矩阵，其对角线上的元素按奇异值的降序排列而得出，表示 M 在前 k 个方向上的奇异值。注意，这里的"≈"符号表示近似相等，表示截断奇异值分解后的矩阵并不完全等于原始矩阵 M，但是在某些应用场景中，这种近似已经足够精确。

在实际应用中，原始数据可能具有非常高的维度，而其中只有少数维度包含了大部分信息。截断奇异值分解可以帮助识别这些重要的维度，并将原始数据投影到一个更低维度的空间中，从而实现数据的压缩和降维。截断奇异值分解常被用于图像压缩和降维处理。通过将矩阵缩减为其主要特征的前 k 个奇异值，可以获得一个更小的矩阵，并保留数据中最重要的特征，从而显著减少存储和计算成本。此外，截断奇异值分解还可以用于去除矩阵中的噪声和冗余信息，保留主要的信号成分，提高数据分析的精确度和效率。

3．三者关系

SVD（奇异值分解）、紧奇异值分解和截断奇异值分解都是与矩阵分解和特征提取相关的方法，它们之间存在密切关系。

SVD 是最基本的分解方法：SVD 是将一个矩阵分解为三个矩阵的乘积，其中，U 和 V 都是正交矩阵，Σ 是对角矩阵。SVD 可以用来分解任何形状的矩阵，包括非方阵和非满秩矩阵。

紧奇异值分解是 SVD 的一种特殊情况。紧奇异值分解适用于满秩矩阵，对于秩不满的矩阵，无法直接进行紧奇异值分解。相比于标准奇异值分解，紧奇异值分解只需要计算 r 个奇异值，从而减少了计算成本和存储空间，适用于大规模矩阵的分解。紧奇异值分解只能提供矩阵的部分特征信息，不能完全还原原始矩阵。

截断奇异值分解是对 SVD 结果的进一步处理。截断奇异值分解是在 SVD 的基础上，将原始矩阵的奇异值进行截断，只保留前 k 个较大的奇异值，然后近似重构原始矩阵，得到一个低秩近似矩阵。截断奇异值分解可以用来压缩矩阵，从而减少存储空间，并去除噪声和冗余信息，提高数据的效率和准确性。截断奇异值分解是通过截断奇异值来近似重构矩阵，所得的低秩近似矩阵可能无法完全保留原始矩阵的所有特征。截断奇异值分解的结果受到选择的截断参数 k 的影响，选择不当可能导致信息损失或者过度保留噪声。

总结而言，SVD 是最基本的矩阵分解方法，紧奇异值分解是 SVD 在满秩矩阵上的特殊情况，而截断奇异值分解则是对 SVD 结果的进一步处理，通过截断奇异值来获得低秩近似矩阵。这些方法在降维、压缩和特征提取等领域都有广泛的应用。

9.1.5　SVD 的典型应用领域

SVD 是一种重要的矩阵分解技术。SVD 可以将原始的高维数据矩阵分解成低维的表示，保留了数据中最重要的特征和结构信息，从而实现了数据的降维和信息压缩。这种降维后的数据表示可以被用于可视化、特征提取、分类等任务。SVD 在提取潜在特征、降低数据维度和提高数据表示效率等方面都具备优势。它可以在去除噪声和冗余信息的同时，保留矩阵主要特征，使得数据分析更加高效和准确。SVD 在推荐系统、数据降维、信号处理和图像压缩等很多领域都有广泛应用。以下是一些代表性应用场景。

（1）推荐系统：SVD 在协同过滤推荐算法中被广泛应用。通过将用户-物品评分矩阵进行奇异值分解，可以将其分解为三个矩阵的乘积形式，其中包含用户特征、物品特征和奇异值。基于这些特征，可以挖掘出潜在的用户偏好和物品特征，对用户进行个性化的推荐。

（2）图像压缩：SVD 可以用于图像的压缩和去噪。SVD 可以将图像表示为一个较低秩的逼近矩阵，从而实现图像压缩。通过保留最重要的奇异值和对应的奇异向量，可以显著减少图像的存储空间和传输带宽，并在压缩后的图像中保留主要特征。

（3）文本挖掘：在自然语言处理中，SVD 被用于词嵌入、主题建模等任务，帮助发现文本数据中的语义信息。SVD 可以用于降维和特征提取，对高维文本数据进行处理。通过将文档-词语矩阵进行奇异值分解，可以得到文档和词语的潜在语义表示，从而实现文本分类、聚类和相似度计算等任务。

（4）信号处理：在信号处理领域，SVD 被广泛应用于信号的去噪、压缩和恢复。通过对信号矩阵进行奇异值分解，可以得到信号的主要成分和噪声成分。通过滤除低能量的噪声部分，保留高能量的信号成分，可以实现信号的恢复和增强。

（5）数据压缩和降维：SVD 可以将高维数据降维为低维表示，同时保留数据的主要特征。这在大数据分析、图像处理、模式识别等领域具有重要意义，可以减少计算成本，提高算法效率，并帮助发现数据中的隐藏结构。在数据分析中，SVD 被广泛应用于降维技术，以便对高维数据进行可视化、特征提取和数据压缩。SVD 为数据分析和处理提供了强大的工具和方法。

SVD 的优点是能够提取出数据的主要特征，降低数据维度，去除冗余信息，从而提高算法的运行效率和推荐系统的准确度。SVD 的缺点在于它需要对整个矩阵进行计算，因此计算复杂度较高，不适合直接对大规模稀疏矩阵进行处理。此外，SVD 通常只适用于数值型数据，对于非数值型数据，需要进行额外的处理。

9.2　基于 SVD 的协同过滤

9.2.1　协同过滤

协同过滤是一种常见的无监督学习技术，常用于推荐系统。它基于用户对物品的历史行为数据（如评分、购买记录等），利用用户或物品之间的相似性来预测用户对物品的评分或偏好，进而做出推荐。协同过滤可以分为基于用户（user-based）和基于物品（item-based）两种类型。

基于用户的协同过滤（user-based collaborative filtering）：该方法首先计算用户之间的相似度，常见的相似度度量包括余弦相似度和皮尔逊相关系数等；然后，根据相似用户的历史行为，预测目标用户对尚未评价的物品的兴趣程度。例如，如果目标用户与某个相似用户在过去喜欢的物品上有较高的重叠，那么可以假设目标用户也可能对该物品感兴趣。

基于物品的协同过滤（item-based collaborative filtering）：该方法首先计算物品之间的

相似度；然后，根据用户的历史行为和相似物品的评级情况，预测目标用户对尚未评价的物品的兴趣程度。例如，如果目标用户喜欢某个物品，而该物品与其他某个物品有很高的相似度，那么可以假设目标用户也可能对该相似物品感兴趣。

协同过滤的优点是可以捕捉到用户与物品之间的复杂关系，不需要事先对用户或物品相关的特征进行特征工程。然而，它也存在一些挑战，如数据稀疏性、冷启动问题（针对新用户或新物品的推荐）和可扩展性等。

在实际应用中，协同过滤算法通常会结合 SVD 等技术来提高推荐的准确度和效率。为了提高协同过滤的性能，还可以结合其他技术，如加权协同过滤、基于模型的协同过滤（如矩阵分解方法）以及混合方法等。此外，协同过滤也可以与其他推荐算法（如内容过滤和深度学习模型）结合使用，以获得更好的推荐效果。

9.2.2 基于 SVD 的协同过滤原理

SVD 在推荐系统中的应用主要体现在协同过滤算法中，通过对用户-物品评分矩阵进行奇异值分解，得到用户和物品的低维度表示。这种表示可以帮助发现潜在的用户偏好和物品特征，从而实现对用户行为的理解和推荐。具体而言，主要包括下面三个步骤。

1．奇异值分解

假设有一个用户-物品评分矩阵 R，其中行代表用户，列代表物品，R_{ij} 表示用户 i 对物品 j 的评分。例如在电影推荐系统中，可以构造一个用户-电影评分矩阵，行表示用户，列表示电影，每个元素表示用户对电影的评分。希望根据用户历史评分数据，向其推荐新电影。可以使用奇异值分解将评分矩阵 R 分解成用户矩阵 U、物品矩阵 V 和奇异值矩阵 Σ 的乘积形式：$R = U\Sigma V^{T}$。其中，R 是一个 $n \times m$ 的用户-物品评分矩阵；U 是一个 $n \times n$ 的正交矩阵，每一行代表用户在潜在特征空间中的表示；Σ 是一个 $n \times m$ 的对角矩阵，对角线上的元素称为奇异值，表示用户和物品的重要程度；V 是一个 $m \times m$ 的正交矩阵，每一列代表物品在潜在特征空间中的表示。

这个分解的意义在于，将每个用户和物品都表示成一组隐含因子，即用户和物品的特征向量，从而可以估计用户对未评价物品的评分。基于 SVD 的推荐算法可以通过挖掘隐藏在评分数据中的潜在特征，填补评分矩阵中的缺失值，提高推荐的准确性。通过对用户-物品评分矩阵进行奇异值分解并压缩，得到用户和物品的低维度表示。这种表示可以帮助发现潜在的用户偏好和物品特征，从而实现对用户行为的理解和推荐。

2．降维

在实际应用中，可以选择保留其中的部分特征来近似还原原始的评分矩阵。进行奇异值分解后，往往只保留奇异值矩阵 Σ 中最重要的 k 个奇异值及其对应的特征向量，即进行截断奇异值分解。这样可以将原始的高维空间降维到一个更低维度的空间，从而提取出用户和物品的主要特征。

如图 9-5 所示，假设只保留了 k 个奇异值，那么可以得到一个近似的评分矩阵：$R' = U_k \Sigma_k V_k^{T}$。其中，$U_k$ 是由 U 的前 k 列组成的子矩阵，Σ_k 是由 Σ 的前 $k \times k$ 的子矩阵组成，V_k 是由 V 的前 k 行组成的子矩阵。

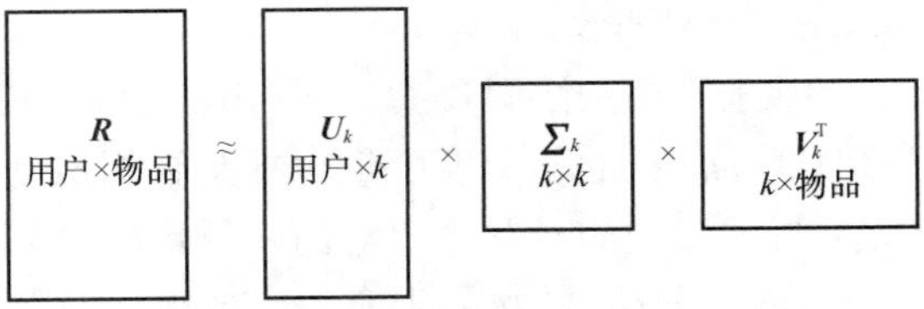

图 9-5 基于 SVD 的协同过滤

3．推荐计算

对于一个特定的用户，可以通过其对应的特征向量在降维后空间中的位置，结合电影的特征向量，计算出用户对未评分电影的评分预测值。通常可以使用余弦相似度或其他相似度度量来衡量用户与电影之间的关联程度，然后基于这些相似度计算出推荐结果。假设有一位用户 A，经过奇异值分解后，发现用户 A 的特征向量在降维后的空间中与某部电影 B 的特征向量非常接近，那么就可以推荐电影 B 给用户 A。

例如，通过上一步的近似评分矩阵，可以对用户对物品的评分进行预测。例如，对于用户 u 和物品 i，其评分可以通过如下公式进行估计：$\hat{R}_{ui} = \sum_{f=1}^{k} U_{uf} \sigma_f V_{if}$。其中，$U_{uf}$ 和 V_{if} 分别表示用户 u 和物品 i 在潜在特征空间中的表示，σ_f 是第 f 个奇异值。通过这种方法，可以利用奇异值分解的结果来进行协同过滤推荐，预测用户对未评分物品的喜好程度，并据此进行推荐。

在实际推荐系统中，基于 SVD 的协同过滤算法通常会结合其他技术如正则化、偏置项处理等，以提高推荐的准确性和稳定性。通过 SVD 的特征提取和降维能力，推荐系统可以更好地理解用户和物品的特征，并实现精准的个性化推荐。

基于 SVD 的协同过滤技术并不局限于特定的协同过滤类型，而是可以根据实际情况灵活应用于基于用户的协同过滤和基于物品的协同过滤中。对于基于用户的协同过滤，可以利用奇异值分解后的用户特征矩阵和奇异值矩阵，结合用户之间的相似度来预测某个用户对于某个物品的评分。通过计算用户之间的特征相似度，并结合已知评分，可以预测出目标用户对于目标物品的评分。而对于基于物品的协同过滤，同样可以利用奇异值分解后的物品特征矩阵和奇异值矩阵，结合物品之间的相似度来进行推荐。通过计算物品之间的特征相似度，并结合用户的历史行为数据，可以预测出用户对于未评分物品的喜好程度。

9.3 综合案例：基于 SVD 的电影推荐系统

9.3.1 案例概述

Movielens 是一个知名的电影评分数据集，用于推荐系统和协同过滤算法的研究。该数据集包含了大量用户对电影的评分信息，以及电影的元数据，如类型、演员等。研究人员经常使用 Movielens 数据集来评估推荐系统和协同过滤算法的性能，并进行相关的实证研究。

这个数据集通常用于测试协同过滤算法，包括基于用户的协同过滤和基于物品的协同过滤。研究人员可以利用这些数据开发和比较不同的推荐算法，以提高对用户兴趣的理解，并提供准确的推荐。

Movielens 数据集在推荐系统领域被广泛应用，并为研究人员提供了一个标准化的平台，用于评估他们的算法在真实世界数据上的表现。

9.3.2 案例分析

本小节对电影评分数据集进行简要分析，以帮助读者了解该数据集基本信息。

```
1.  import pandas as pd
2.  import matplotlib.pyplot as plt
3.  ratings_df = pd.read_csv('data\\ch09SVD\\ratings.csv', usecols=[0, 1, 2, 3])
4.  print(ratings_df.head())
```

第 3 行代码加载 Movielens 数据集。第 4 行代码查看数据集前 5 行。输出结果如图 9-6 所示。该数据文件包含四列，分别是用户 ID（userId）、电影 ID（movieId）、电影评分（rating）和时间戳（timestamp）。时间戳使用 UNIX 时间戳形式存储。UNIX 时间戳是一个整数，表示自 1970 年以来经过的秒数，可以对其进行格式转换。

```
5.   ratings_df['timestamp'] = pd.to_datetime(ratings_df['timestamp'], unit='s')
6.   print(ratings_df.head())
```

第 5 行代码使用 pd.to_datetime 函数将 timestamp 列转换为 Pandas 中的 datetime64 格式，这是 Pandas 中用于表示日期和时间的标准格式，可以很好地支持日期和时间的各种操作和分析。第 6 行代码查看转换后的数据集前 5 行。输出结果如图 9-7 所示。

	userId	movieId	rating	timestamp
0	1	1	4.0	964982703
1	1	3	4.0	964981247
2	1	6	4.0	964982224
3	1	47	5.0	964983815
4	1	50	5.0	964982931

图 9-6　数据集前 5 行

	userId	movieId	rating	timestamp
0	1	1	4.0	2000-07-30 18:45:03
1	1	3	4.0	2000-07-30 18:20:47
2	1	6	4.0	2000-07-30 18:37:04
3	1	47	5.0	2000-07-30 19:03:35
4	1	50	5.0	2000-07-30 18:48:51

图 9-7　时间戳格式转换后的前 5 行

```
7.   rating_counts = ratings_df['rating'].value_counts().sort_index()
8.   plt.bar(rating_counts.index, rating_counts.values)
9.   plt.xlabel('Rating')
10.  plt.ylabel('Count')
11.  plt.title('Distribution of Ratings')
12.  plt.show()
```

第 7 行代码统计评分分布情况。第 8～12 行代码绘制评分分布直方图，输出结果如图 9-8 所示。不难发现峰值位于 4，此分值的电影数量最多。该数据集中 1 分左右的"垃圾"电影其实并不多。

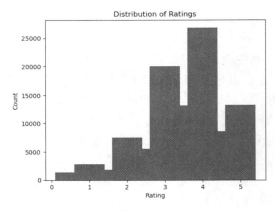

图 9-8　电影评分分布直方图

```
13.  movie_ratings = ratings_df.groupby('movieId')['rating'].mean()
14.  top_rated_movies = movie_ratings.nlargest(5)
15.  print("\n 评分前 5 的电影")
16.  print(top_rated_movies)
```

第 13 行代码计算不同电影的平均分。第 14～16 行代码查看评分前 5 的电影。输出结果如下。

```
评分前 5 的电影:
movieId
53      5.0
99      5.0
148     5.0
467     5.0
495     5.0
Name: rating, dtype: float64
```

输出结果第 1 列为电影 ID，第 2 列是平均分。排在前 5 名的电影平均分都是 5.0。事实上，有 296 部电影的平均分都是 5.0，爱看电影的读者有福了。想知道这些高分电影的名称吗？

```
17. movies_df = pd.read_csv('data\\ch09SVD\\movies.csv')
18. top_movies_info = movies_df.loc[top_rated_movies.index, ['title', 'genres']]
19. print("\n 评分前 5 的电影:")
20. print(top_movies_info)
```

本段代码查看评分前 5 的电影，并显示电影的标题（title）和类型（genres）。第 17 行代码加载 movies.csv 文件到 movies_df 中。第 18 行代码根据电影 ID 从 movies_df 中查询更详细电影标题（title）和类型（genres）。输出结果如图 9-9 所示。

movieId	title	genres
53	Indian in the Cupboard, The (1995)	Adventure|Children|Fantasy
99	Rumble in the Bronx (Hont faan kui) (1995)	Action|Adventure|Comedy|Crime
148	Living in Oblivion (1995)	Comedy
467	Shadowlands (1993)	Drama|Romance
495	Ciao, Professore! (Io speriamo che me la cavo)...	Drama

图 9-9   评分前 5 的电影

编者在使用过程中发现，部分电影 ID 在 movies.csv 中找不到对应的电影记录。该数据的这个 bug 可能会引发代码执行错误。例如，如果将第 14 行代码中的 5 改成 296 以试图查看所有平均分为 5.0 的电影，那么将由于部分电影 ID 缺失而报错。有兴趣的读者可以自行解决此类问题。

9.3.3 案例实现

这段代码中主要包括 getMatrix、svd、predict、getPredicts、RMSE、recommend 等函数。

```
1.  import pandas as pd
2.  import numpy as np
3.  from tqdm import tqdm
```

本段代码导入相关库。第 1 行：导入 Pandas 库，并将其命名为 pd，Pandas 是 Python 中用于数据分析的重要库。第 2 行：导入 numpy 库，并将其命名为 np，numpy 是 Python 中用于科学计算的库。第 3 行：从 tqdm 库中导入 tqdm，tqdm 是一个用于显示循环进度的 Python 库。

（1）getMatrix 函数
- 输入：trainset（训练集数据，包括用户 id、物品 id 和评分）
- 输出：df（用户-物品评分矩阵）、userList（用户 id 列表）和 itemList（物品 id 列表）

```
4.  def getMatrix(trainset):
5.      userSet, itemSet = set(), set()
6.      for d in trainset.values:
7.          userSet.add(int(d[0]))
8.          itemSet.add(int(d[1]))
9.      userList = list(userSet)
10.     itemList = list(itemSet)
11.     df = pd.DataFrame(0, index=userList, columns=itemList, dtype=float)
12.     for d in tqdm(trainset.values):
13.         df[d[1]][d[0]] = d[2]
14.     return df, userList, itemList
```

此函数的作用是将输入的训练集数据转换为用户-物品评分矩阵，并返回该矩阵以及用户 id 列表和物品 id 列表。第 4 行：定义一个名为 getMatrix 的函数，该函数接受一个参数 trainset。第 5 行：初始化两个空集合 userSet 和 itemSet。第 6~8 行：遍历 trainset 的数值，将用户 id 和物品 id 添加到对应的集合中。第 9、10 行：将集合转换为列表 userList 和 itemList。第 11 行：创建一个以 userList 为行索引、itemList 为列索引的 DataFrame，并用 0 填充，dtype 为 float。第 12、13 行：遍历 trainset 的数值，将评分填入 DataFrame 中对应的位置。第 14 行：返回结果。

（2）svd 函数

- 输入：m（评分矩阵）、k（选取的奇异值数量）
- 输出：u（前 k 个左奇异向量）、i（前 k 个奇异值构成的对角矩阵）和 v（前 k 个右奇异向量）

```
15. def svd(m, k):
16.     u, i, v = np.linalg.svd(m)
17.     return u[:, 0:k], np.diag(i[0:k]), v[0:k, :]
```

这个函数实现了奇异值分解（SVD），对输入的评分矩阵进行奇异值分解，并返回前 k 个左奇异向量、前 k 个奇异值构成的对角矩阵和前 k 个右奇异向量。第 15 行：定义一个名为 svd 的函数，接受两个参数 m 和 k。第 16 行：使用 numpy 的 linalg.svd 函数对矩阵 m 进行奇异值分解，得到左奇异向量 u、奇异值 i 和右奇异向量 v。第 17 行：返回前 k 个左奇异向量、前 k 个奇异值构成的对角矩阵和前 k 个右奇异向量。

（3）predict 函数

- 输入：u（左奇异向量）、i（奇异值对角矩阵）、v（右奇异向量）、user_index（用户索引）、item_index（物品索引）
- 输出：预测评分值

```
18. def predict(u, i, v, user_index, item_index):
19.     return float(u[user_index].dot(i).dot(v.T[item_index].T))
```

此函数利用奇异值分解得到的三个矩阵，以及输入的用户索引和物品索引，计算出预测评分，并返回预测评分值。第 18 行：定义一个名为 predict 的函数，接受 5 个参数 u、i、v、user_index 和 item_index。第 19 行：根据用户索引和物品索引，利用奇异值分解得到的三个矩阵计算出预测评分，返回计算得到的预测评分。

（4）getPredicts 函数

- 输入：testSet（测试集数据，包括用户 id、物品 id 和评分）、userList（用户 id 列表）、itemList（物品 id 列表）、u（左奇异向量）、i（奇异值对角矩阵）、v（右奇异向量）

- 输出：真实评分和预测评分

```
20. def getPredicts(testSet, userList, itemList, u, i, v):
21.     y_true, y_hat = [], []
22.     for d in tqdm(testSet.values):
23.         user = int(d[0])
24.         item = int(d[1])
25.         if user in userList and item in itemList:
26.             user_index = userList.index(user)
27.             item_index = itemList.index(item)
28.             y_true.append(d[2])
29.             y_hat.append(predict(u, i, v, user_index, item_index))
30.     return y_true, y_hat
```

第 20 ~ 30 行：定义一个名为 getPredicts 的函数，接受 6 个参数 testSet、userList、itemList、u、i 和 v。此函数的作用是根据测试集数据和奇异值分解得到的三个矩阵，计算测试集上的真实评分和预测评分，并返回这些评分值。

（5）RMSE 函数

- 输入：a（真实评分）、b（预测评分）
- 输出：均方根误差的值

```
31. def RMSE(a, b):
32.     return (np.average((np.array(a) - np.array(b)) ** 2)) ** 0.5
```

第 31 行：定义一个名为 RMSE 的函数，接受两个参数 a 和 b，计算均方根误差（RMSE）。第 32 行：返回均方根误差的值。这个函数用于计算均方根误差（RMSE），接受两个参数 a 和 b，返回均方根误差的值。

（6）recommend 函数

- 输入：user_id（用户 id）、kk（推荐物品数量）、userList（用户 id 列表）、itemList（物品 id 列表）、u（左奇异向量）、v（右奇异向量）
- 输出：推荐列表

```
33. def recommend(user_id, kk, userList, itemList, u, i, v):
34.     user_index = userList.index(user_id)
35.     user_vector = u[user_index]
36.     scores = np.dot(user_vector, i) * v
37.     scores = np.array(scores)
38.     scores = scores.squeeze()
39.     sorted_indices = np.argsort(scores)
40.     recommendations = [itemList[index] for index in sorted_indices[:kk]]
41.     return recommendations
```

第 33 ~ 41 行：定义一个名为 recommend 的函数，接受 6 个参数 user_id、kk、userList、itemList、u 和 v，用于根据用户 id 生成推荐列表。该函数的作用是根据用户 id 生成推荐列表，接受用户 id、推荐物品数量 kk、用户 id 列表、物品 id 列表、左奇异向量 u 和右奇异向量 v 作为参数，并返回推荐列表。

（7）主程序入口

```
42. if __name__ == '__main__':
43.     ratings_df = pd.read_csv('data\\ch09SVD\\ratings.csv', usecols=[0, 1, 2, 3])
44.     testset = ratings_df.sample(frac=0.2, axis=0, random_state=42)
45.     trainset = ratings_df.drop(index=testset.index.values.tolist(), axis=0)
46.     k = 200
47.     df, userList, itemList = getMatrix(trainset)
48.     u, i, v = svd(np.mat(df), k)
49.     train_y_true, train_y_hat = getPredicts(trainset, userList, itemList, u, i, v)
```

```
50.    test_y_true, test_y_hat = getPredicts(testset, userList, itemList, u, i, v)
51.    print(RMSE(train_y_true, train_y_hat))
52.    print(RMSE(test_y_true, test_y_hat))
53.    user_id = 1
54.    kk = 5
55.    recommendations = recommend(user_id, kk, userList, itemList, u, i, v)
56.    print(recommendations)
57.    movies_df = pd.read_csv('data\\ch09SVD\\movies.csv')
58.    selected_movies = movies_df[movies_df['movieId'].isin(recommendations)]
59.    print(selected_movies.to_string(index=False))
```

第 42 行：主程序入口，开始执行以下操作。第 43 行：使用 Pandas 的 read_csv 函数读取文件 ratings.csv 中的数据，指定使用的列为 0、1、2 和 3。第 44 行：从 ratings_df 中随机抽取 20%的数据作为测试集 testset。第 45 行：将剩下的数据作为训练集 trainset。第 46 行：设定参数 k 的值为 200。第 47 行：调用 getMatrix 函数处理 trainset，得到用户-物品评分矩阵 df 以及用户 id 列表 userList 和物品 id 列表 itemList。第 48 行：调用 svd 函数对评分矩阵进行奇异值分解，得到三个矩阵 u、i、v。第 49 行：利用训练集数据和得到的奇异值分解结果，调用 getPredicts 函数得到训练集上的真实评分和预测评分。第 50 行：利用测试集数据和得到的奇异值分解结果，调用 getPredicts 函数得到测试集上的真实评分和预测评分。第 51、52 行：分别输出训练集和测试集上的均方根误差。第 53 ～ 56 行：设定用户 id 和推荐物品数量 kk，调用 recommend 函数得到针对该用户的推荐列表，并输出推荐列表。第 57 行：使用 Pandas 的 read_csv 函数读取文件 movies.csv 中的数据。第 58、59 行：选取推荐列表中包含的电影，将其详细信息打印输出。

9.4 综合案例：基于 SVD 的图像压缩

9.4.1 案例概述

在 8.3 节中给出了一个基于 PCA 的图像压缩案例。本节将给出一个基于 SVD 的图像压缩案例。事实上，PCA 可以使用 SVD 来计算主成分。通过对图像矩阵进行奇异值分解，保留较少的奇异值，可以实现对图像信息的压缩和降维，从而达到图像压缩的效果。在实际应用中，SVD 常常会结合其他压缩技术和编码方法，以进一步提高压缩率和保证图像质量。

9.4.2 案例实现：累积能量占比分析

```
1.    import numpy as np
2.    import matplotlib.pyplot as plt
3.    from PIL import Image
4.    image = Image.open("data\\ch09SVD\\image.jpeg")
5.    image_gray = image.convert('L')
6.    image_array = np.array(image_gray)
7.    U, s, Vt = np.linalg.svd(image_array, full_matrices=False)
8.    total_energy = np.sum(s)
9.    energy_ratio = np.cumsum(s) / total_energy
```

第 4 ～ 6 行代码加载图像并转换为灰度图。第 7 行代码对图像矩阵进行奇异值分解。第 8、9 行代码计算奇异值的能量占比。

```
10.   plt.figure(figsize=(12, 6))
11.   plt.subplot(1, 2, 1)
12.   plt.plot(s, 'b-')
```

```
13.   plt.title('Singular Values')
14.   plt.xlabel('Index')
15.   plt.ylabel('Singular Value')
16.   plt.subplot(1, 2, 2)
17.   plt.plot(energy_ratio, 'r-')
18.   plt.title('Cumulative Energy Ratio')
19.   plt.xlabel('Number of Components')
20.   plt.ylabel('Cumulative Energy Ratio')
21.   plt.show()
```

第 10～15 行代码绘制奇异值曲线。第 16～21 行代码绘制累积能量占比曲线。输出效果如图 9-10 和图 9-11 所示。

根据图 9-10，奇异值下降速度非常快。最大的奇异值超过 80 000，排在第 3 位的奇异值已经小于 8 400，而绝大多数奇异值都在 100 以内。根据图 9-11，累积能量占比增加得非常快。本案例中，k=30 时，累积能量占比已经超过 67%；k=100 时，累积能量占比已经超过 84%。在 9.4.3 小节的实验中，将看到，k=30 时，原始图像中绝大多数细节在重构过程中都已经被恢复。而 k=100 时，重构图像已经达到了与原始图像相似的效果。

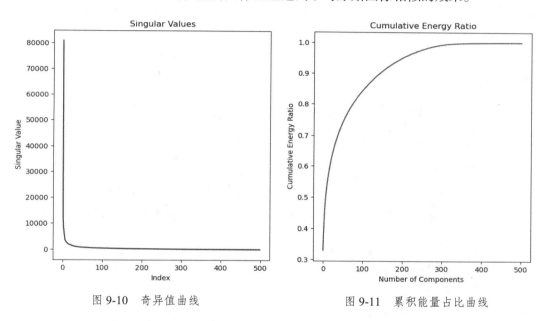

图 9-10　奇异值曲线　　　　　　　　　　图 9-11　累积能量占比曲线

9.4.3　案例实现：图像压缩

```
1.    from PIL import Image
2.    import numpy as np
3.    import matplotlib.pyplot as plt
4.    image = Image.open("data\\ch09SVD\\image.jpeg")
5.    image_gray = image.convert('L')
6.    image_array = np.array(image_gray)
```

第 4 行代码加载图像。第 5 行代码将图像转换为灰度图。第 6 行代码将灰度图转换为 numpy 数组。

```
7.    k_values = [5, 10, 30, 50]
8.    fig, axes = plt.subplots(3, 2, figsize=(15, 15))
9.    axes[0, 0].imshow(image_gray, cmap='gray')
10.   axes[0, 0].set_title('Original Image')
```

第 7 行代码设置 k 值列表。第 8 行代码创建子图，展示不同 k 值下的压缩效果。第 9、10 行代码绘制原始图像。

```
11.  U, s, Vt = np.linalg.svd(image_array, full_matrices=False)
12.  compressed_image = np.dot(U[:, :100], np.dot(np.diag(s[:100]), Vt[:100, :]))
13.  axes[0, 1].imshow(compressed_image, cmap='gray')
14.  axes[0, 1].set_title('Compressed Image (k = 100)')
```

第 11 行代码使用 numpy 的 SVD 函数进行奇异值分解。第 12 行代码使用前 100 个奇异值进行重构。第 13、14 行代码绘制 k=100 时的压缩重构图像。

```
15.  for i, k in enumerate(k_values):
16.      compressed_image = np.dot(U[:, :k], np.dot(np.diag(s[:k]), Vt[:k, :]))
17.      row_index = (i // 2) + 1
18.      col_index = (i % 2)
19.      axes[row_index, col_index].imshow(compressed_image, cmap='gray')
20.      axes[row_index, col_index].set_title('Compressed Image (k = {})'.format(k))
21.  plt.show()
```

第 15～21 行代码展示 k_values 中 4 个不同 k 值下的压缩重构效果。第 16 行代码保留前 k 个最大的奇异值，进行图像压缩重构。第 17～19 行代码计算子图绘制位置的行索引和列索引。第 19、20 行代码绘制不同 k 值基础上重构后的图像。第 21 行代码显示绘制图像。效果如图 9-12 所示。该图包含 6 个子图，分为三行两列。第 1 行两个子图，分别是原始图像和 k=100 时的重构图像。第 2、3 行 4 个子图，分别是 k_values 中 4 个不同 k 值下的压缩重构效果。

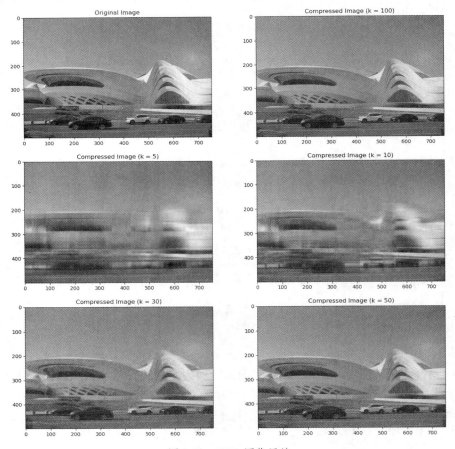

图 9-12　SVD 图像压缩

习题 9

1. 什么是 SVD（奇异值分解）？请简要描述其原理和应用。
2. SVD 与特征值分解有何区别？
3. 如何计算一个矩阵的 SVD？
4. SVD 中的奇异值和奇异向量有何含义？
5. 介绍一下截断奇异值分解（truncated SVD）的概念及其在降维中的应用。
6. SVD 在推荐系统中是如何应用的？请举例说明。

实训 9

1. 加载波士顿房价数据集，对其执行奇异值分解。然后，使用计算得到的奇异向量和奇异值重新构造原始矩阵，并计算重构误差。

2. 自然语言处理中的词-文档矩阵，每行表示一个词在文档中出现的频率，请从文件中加载词-文档矩阵，使用奇异值分解，获取词嵌入结果。

3. 推荐系统中的用户-物品评分矩阵，每行表示一个用户在不同物品的评分值，请从文件中加载用户-物品评分矩阵，使用奇异值分解，获取用户和物品的低维表示结果。

4. 对图像进行奇异值分解，使用从大到小排序的前 50 个奇异值重构图像，然后显示原始图像和重构图像以对比重构效果。

第4篇　进阶篇

　　进阶篇着眼于深入探讨机器学习领域的高级概念、技术和应用。在这一阶段，读者将进一步深化对机器学习原理的理解，并学习如何应用先进的算法和技术来解决更加复杂和更具挑战性的问题。

　　本篇将介绍集成学习、特征工程、深度学习三个进阶主题。

第10章 集成学习

集成学习旨在通过组合多个基础学习器的预测结果，来获得更好的预测性能或泛化能力。集成学习在提高模型准确性和鲁棒性方面具有明显的优势。通过增加模型多样性和选择合适的集成方法，集成学习可以在各种任务中取得优异性能。本章将介绍集成学习基础及综合案例。

【启智增慧】

机器学习与社会主义核心价值观之"敬业篇"

敬业强调对事业的忠诚和热情，追求专业技能和创新精神，为社会、国家和人民的利益而努力奋斗。机器学习领域的科研人员、工程师等应该秉持专业精神，不断学习、钻研，提升自身技能水平，致力于技术创新和进步。在机器学习项目中，要为社会和人民负责，确保算法的公正性、透明性和安全性，避免因技术错误或滥用带来的负面影响。在国家重大发展战略和关键领域，机器学习从业者应该以国家利益为重，服务国家战略需求，为国家发展和繁荣作出积极贡献。敬业不仅要求专业技能的提升，更需要遵守伦理规范，确保技术应用符合法律法规，保护用户权益和社会公平。

10.1 集成学习概述

集成学习是通过结合多个基础学习器的预测结果来完成学习任务的一种机器学习方法。

10.1.1 基本原理

集成学习（ensemble learning）将多个基础学习器（base learner）或弱学习器（weak learner）集成起来，形成一个更强大的学习器。集成学习的核心思想是"三个臭皮匠顶个诸葛亮"，即通过将多个相对独立的基础学习器模型集成在一起，来达到优化整体性能的效果。这些模型可以是同质的（如相同的决策树）也可以是异质的（如使用不同的算法）。这样做的好处在于，不同的模型可能在数据的不同子集或特征空间上表现出色，因此通过组合它们的输出，可以减少单个模型的局限性，提高整体预测的准确性和鲁棒性。

集成学习的工作原理可以概括为以下几个步骤。

（1）数据采样：对训练数据进行采样，生成多个不同的训练子集。集成学习将生成一组弱学习器，每个弱学习器都在不同的子集上进行训练，以增加学习器之间的差异性。

（2）弱学习器训练：使用不同的训练子集，对弱学习器进行独立训练。弱学习器可以是同质的（如不同参数设置的同一算法），也可以是异质的（如不同算法的学习器）。弱学习器通常是对训练数据做出比较简单的预测，可能存在一定的错误率。集成学习倾向于使用弱学习器，因为弱学习器更容易组合和泛化，从而形成强大的集成模型。

（3）预测结果整合：根据具体任务和数据特征，选择适当的集成方法来整合弱学习器的预测结果。常见的集成方法包括投票法、加权平均法和基于学习器性能的动态调整方法等。

集成学习的核心思想是通过结合多个模型的预测结果，弥补单个模型的局限性，从而达到更好的泛化能力和预测性能。不同的弱学习器在学习过程中可能会出现不同的错误，但通过集成，这些误差可以互相抵消，从而提高整体的准确性和稳定性。集成学习通过结合多个弱学习器的预测结果，以提高模型的泛化能力和预测准确性。

集成学习的效果取决于两个关键因素：弱学习器的多样性和集成方法的选择。弱学习器应尽量具有差异性，即通过不同的方式对训练数据进行建模。而选择合适的集成方法可以进一步优化预测结果，提高集成学习的性能。

10.1.2　常见类型

对集成学习进行分类可以从不同角度展开，根据模型生成方式可以将集成学习分为三类。

1．Bagging

Bagging（bootstrap aggregating）通过对训练数据进行有放回的重采样（bootstrap），从原始训练数据集生成多个独立的训练子集，每个子集用于训练一个独立的基础模型（弱学习器，weak learner）。最终将这些模型的预测结果通过平均或投票等方式进行整合，以获得更稳健的预测结果。每个子模型的训练数据都是通过对原始数据集的重采样得到的，可以使得各个子模型之间具有一定的差异性。

2．Boosting（提升法）

Boosting 通过迭代地训练一系列弱学习器，每个弱学习器都根据前一个学习器的表现进行调整，使得每一轮迭代都更加关注之前学习器未能正确分类的样本。在每一轮迭代中，通过调整样本的权重或梯度来使得前一个弱学习器预测错误的样本在下一轮中得到更多关注。这使得每一轮迭代都会逐步纠正前一轮的错误，从而提高整体模型的准确性。

Bagging 中的弱学习器是相互独立地并行训练的，而 Boosting 中的弱学习器是按顺序串行训练的，每个学习器都试图修正前一个学习器的错误。

3．Stacking（堆叠法）

Stacking 通过使用多个不同的弱学习器产生的预测结果作为新的特征，再训练一个元学习器（元模型）来得出最终的预测结果。不同的基础模型可以使用不同的算法或超参数组合，以增加模型的多样性。堆叠法通常包含多层结构，由多个基本模型和一个元模型组成。基本模型生成预测结果作为元模型的输入，元模型则负责生成最终的预测结果。

此外，还可以根据集成方法将其分为投票法、加权平均法、学习器排名法。

（1）投票法：对多个弱学习器的预测结果进行投票，选择获得最高票数的类别或回归值作为最终集成模型的预测结果。投票法可以分为绝对多数投票和相对多数投票两种方式。

（2）加权平均法：对多个弱学习器的预测结果进行加权平均，其中权重可以根据学习器的性能或其他指标进行分配。可以是简单平均或根据学习器表现调整权重的加权平均。

（3）学习器排名法：对于分类问题，对每个类别的预测概率进行排序，然后选择排名靠前的类别作为最终集成模型的预测结果。学习器排名法通常适用于具有概率输出的学习器。

10.1.3 优势和不足

集成学习在机器学习领域具有以下优势。

（1）提高泛化能力：集成学习能够通过结合多个模型的预测结果，减少个别模型的偏差和方差，从而提高整体模型的泛化能力。通过多个模型的共同决策，可以减少过拟合现象，提高模型对未知数据的预测准确性。

（2）减少过拟合：集成学习能够通过引入多个不同的模型，增加模型的多样性，有效减少过拟合的风险。当个别弱学习器存在错判时，整体集成模型可以通过多数投票或加权平均的方式降低这些错误的影响。

（3）增强鲁棒性：集成学习可以通过结合多个不同的模型，增强模型的鲁棒性和稳定性。即使某些模型出现错误或异常情况，整体集成模型仍然能够保持较好的表现。

然而，集成学习也存在一些不足之处。

（1）计算开销大：集成学习通常需要训练和维护多个模型，这会增加计算和存储资源的开销。在大规模数据集或复杂任务中，集成学习可能需要更多的计算资源和时间。

（2）可解释性较差：由于集成学习涉及多个模型的结合，其预测过程相对复杂，导致整体模型的解释性较差。相比于单个模型，集成模型的决策过程难以理解和解释。

（3）对数据质量敏感：如果训练数据存在噪声或错误，集成学习可能会将这些错误传播到整体模型中。因此，对于数据质量的要求较高，需要进行数据清洗和处理，以保证模型的准确性和稳定性。

（4）模型选择与调参困难：集成学习涉及多个模型的选择和调参，需要考虑模型之间的关系和权衡。选择适当的弱学习器和集成方法，并进行调参优化，是集成学习中的挑战之一。

集成学习并不是万能的，它存在计算开销大、可解释性较差和对数据质量敏感等不足之处，需要在实际应用中综合考虑。如果基本模型之间的相关性过高，集成学习可能无法带来明显的性能提升。

10.2 Bagging 和随机森林算法

10.2.1 Bagging 原理

Bagging 的基本原理和步骤可以概括如下。

（1）初始化训练子集：给定一个包含 N 个样本的训练数据集，通过有放回的重采样（bootstrap），生成 B 个大小为 n 的训练子集，其中 $n \leqslant N$。

（2）独立训练：对于每个训练子集，使用同样的学习算法（弱学习器）进行独立训练，得到 B 个弱学习器。这些弱学习器是相互独立的，它们在不同的训练子集上进行训练，因此可以并行生成。

（3）集成预测：对于分类问题，通过投票或多数表决的方式来确定最终预测结果；对于回归问题，通过平均弱学习器的预测值来计算最终预测结果。

Bagging 的关键特征包括以下几点。

（1）有放回抽样：在生成训练子集时，采用有放回的随机采样方式。这意味着每个样本都可能在一个训练子集中出现多次，也可能在某个训练子集中没有出现。

（2）弱学习器的独立性：每个训练子集都是独立采样得到的，相应地，每个弱学习器在不同的训练子集上独立训练。这使得弱学习器之间没有关联，可以并行生成。

（3）集成预测的多样性：通过多个独立训练子集和弱学习器的组合，Bagging 能够提高模型的泛化能力和稳定性。由于训练子集的随机性和弱学习器的多样性，Bagging 可以减少模型对噪声数据的过拟合程度，并平均了各个弱学习器的偏差。

随机森林（random forest）是一种典型的 Bagging 方法，它是一种基于决策树的集成学习方法。通过构建多个决策树并组合它们的预测结果来实现集成学习。通过在 Bagging 的基础上进一步引入特征随机选择，随机森林能够降低特征间的相关性，提高模型的多样性。

10.2.2　随机森林算法

随机森林（random forest）算法是一种基于决策树的集成学习方法。它通过构建多个决策树并组合它们的预测结果来进行分类和回归任务。在随机森林中，每个子模型都是一个决策树，通过对原始数据集进行有放回的重采样，并且在每次分裂节点时，不是使用全部特征进行选择，而是随机选择部分特征进行分裂。这样做的目的是增加子模型之间的差异性，提高整个模型的泛化能力。随机森林是 Bagging 思想的一种具体实现，它利用了 Bagging 的并行训练和平均预测的特点，并结合了随机特征选择的策略，在实际应用中取得了较好的效果。

随机森林的算法步骤如下。

（1）初始化：设定要构建的决策树数量（n_estimators）和每棵决策树的最大深度（max_depth）等参数。

（2）对于每棵决策树，进行如下三步操作。

随机采样：从原始训练数据集中进行有放回的随机抽样，构建一个训练子集。这个训练子集的大小与原始数据集相同，但是某些样本可能会重复出现，而其他样本则可能被排除。

随机特征选择：对于每个决策树的节点，在节点分裂时随机选择一部分特征进行评估。这一步的目的是降低特征之间的相关性，增加模型的多样性。

决策树构建：根据训练子集和选定的特征，使用特定的决策树算法（如 ID3、CART等）构建一棵决策树。

（3）预测：对于分类问题，通过在所有决策树上执行分类操作并采用投票机制（多数表决）来预测最终的分类结果。对于回归问题，通过在所有决策树上执行回归操作并取平均值来预测最终的回归结果。

随机森林的关键特征包括以下几点。

（1）随机采样和特征选择：通过对训练数据集进行有放回的随机采样和随机特征选择，随机森林能够增加模型的多样性和泛化能力，减少过拟合的风险。

（2）独立构建决策树：每棵决策树都是基于不同的训练子集和随机特征选择独立构建的，它们之间没有关联。这样做使得随机森林能够在保持决策树算法的优势的同时，减少了模型方差。

随机森林在实践中表现良好，具有较高的准确性和鲁棒性。它在处理大规模数据集、高维特征和处理缺失数据等方面都具有优势，并且能够估计特征的重要性。同时，由于可以并行构建决策树，随机森林在处理大量数据时具有较快的训练速度。

10.3 综合案例：基于随机森林的心脏病预测

10.3.1 案例概述

心脏病数据集（UCI heart disease）是一个公开的医疗数据集，通常用于心脏疾病的分类任务。该数据集由克利夫兰诊所基金会提供，收集了来自美国俄亥俄州凯斯西储大学医院的心脏病患者的一些医疗特征和临床指标。

该数据集包含 14 个特征，涵盖了受访者的个人属性、身体指标和心电图结果等方面。下面是这些特征的简要描述。

数据集中包含了 303 个样本，用于构建和评估心脏疾病分类模型。

在这个案例中，首先使用 Pandas 库从 UCI 机器学习库中读取 heart disease 数据集。然后，将数据预处理为可用于训练随机森林模型的格式，即将目标值转换为二进制形式，删除包含缺失值的行，并将特征和目标变量分开。

接下来，将数据集随机拆分为训练集和测试集。然后创建一个随机森林分类器，并使用训练集对其进行训练。最后，使用测试集进行预测，并计算预测结果的准确率。

【实例 10-1】心脏病数据集简要分析。

本实例对心脏病数据集进行简要分析，以帮助读者了解该数据集基本信息。

```
1.   import pandas as pd
2.   import matplotlib.pyplot as plt
3.   import seaborn as sns
4.   url = 'https://archive.ics.uci.edu/ml/machine-learning-databases/heart-disease/
processed.cleveland.data'
5.   names = ['age', 'sex', 'cp', 'trestbps', 'chol', 'fbs', 'restecg', 'thalach',
'exang', 'oldpeak', 'slope', 'ca', 'thal', 'target']
6.   df = pd.read_csv(url, header=None, names=names)
7.   print(df.head())
```

本段代码加载数据集，查看数据集的前 5 行内容，输出结果如图 10-1 所示。

	age	sex	cp	trestbps	chol	fbs	restecg	thalach	exang	oldpeak	slope	ca	thal	target
0	63.0	1.0	1.0	145.0	233.0	1.0		150.0		2.3	3.0	0.0	6.0	0
1	67.0	1.0	4.0	160.0	286.0	0.0	2.0	108.0	1.0	1.5	2.0	3.0	3.0	2
2	67.0	1.0	4.0	120.0	229.0	0.0	2.0	129.0	1.0	2.6	2.0	2.0	7.0	1
3	37.0	1.0	3.0	130.0	250.0	0.0		187.0		3.5	3.0	0.0	3.0	0
4	41.0	0.0	2.0	130.0	204.0	0.0	2.0	172.0		1.4	1.0	0.0	3.0	0

图 10-1　数据集的前 5 行内容

本数据集共有 14 列，最后一列 target 常用作目标变量，表示是否患病，以及患病的程度。各个特征的详细含义如表 10-1 所示。

```
8.   plt.figure(figsize=(3, 3))
9.   df['target'].value_counts().plot(kind='pie', autopct='%1.2f%%')
10.  plt.title('Heart Disease Distribution')
11.  plt.show()
```

表 10-1　数据集各特征含义

特征	含义	备注
age	患者年龄	
sex	患者性别	1 为男性，0 为女性
cp	胸痛类型	值为 0~3，分别代表不同类型的胸痛
trestbps	静息血压	以 mmHg 为单位
chol	血清胆固醇浓度	以 mg/dL 为单位
fbs	空腹血糖>120 mg/dL	1 表示是，0 表示否
restecg	静息心电图结果	值为 0~2，代表不同的结果
thalach	最大心率	
exang	运动诱发心绞痛	1 表示有，0 表示无
oldpeak	运动引起的 ST 节段下降	
slope	运动引起的 ST 节段斜率	
ca	主要血管数	0~3
thal	Thalium 心肌灌注缺陷	值为 3~7，分别代表不同的缺陷类型
target	目标变量，即是否患有心脏病	0 为无心脏病，1~4 为不同程度的心脏病

本段代码根据 target 取值，统计不同类型患者及非心脏病患者比例。结果如图 10-2 所示。

```
12. print(df.describe())
```

第 12 行代码查看数据集的统计摘要信息，了解各特征分布情况，输出如图 10-3 所示。细心的读者可以发现，在图 10-3 中并未显示 ca 和 thal 两列数据，这是因为受原始数据集的影响，ca 和 thal 两列数据被 Pandas 识别成了 object 类型，而非数值类型，所以未显示。读者可以通过 df.info() 或者 df.dtypes 查看各列数据的类型，并强制将这两列数据的类型转换成数值类型进行显示。限于篇幅，此处不再展开介绍。

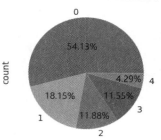

图 10-2　不同类型患者的比例

	age	sex	cp	trestbps	chol	fbs	restecg	thalach	exang	oldpeak	slope	target
count	303.000000	303.000000	303.000000	303.000000	303.000000	303.000000	303.000000	303.000000	303.000000	303.000000	303.000000	303.000000
mean	54.438944	0.679868	3.158416	131.689769	246.693069	0.148515	0.990099	149.607261	0.326733	1.039604	1.600660	0.937294
std	9.038662	0.467299	0.960126	17.599748	51.776918	0.356198	0.994971	22.875003	0.469794	1.161075	0.616226	1.228536
min	29.000000	0.000000	1.000000	94.000000	126.000000	0.000000	0.000000	71.000000	0.000000	0.000000	1.000000	0.000000
25%	48.000000	0.000000	3.000000	120.000000	211.000000	0.000000	0.000000	133.500000	0.000000	0.000000	1.000000	0.000000
50%	56.000000	1.000000	3.000000	130.000000	241.000000	0.000000	1.000000	153.000000	0.000000	0.800000	2.000000	0.000000
75%	61.000000	1.000000	4.000000	140.000000	275.000000	0.000000	2.000000	166.000000	1.000000	1.600000	2.000000	2.000000
max	77.000000	1.000000	4.000000	200.000000	564.000000	1.000000	2.000000	202.000000	1.000000	6.200000	3.000000	4.000000

图 10-3　数据集的统计摘要

```
13. plt.figure(figsize=(6, 2.5))
14. plt.subplot(1, 2, 1)
15. df[df['target'] == 0]['age'].hist(alpha=0.6, color='skyblue')
16. plt.title('Age Distribution for Non Disease')
```

```
17.  plt.xlabel('Age')
18.  plt.ylabel('Count')
19.  plt.subplot(1, 2, 2)
20.  df[df['target'] >0]['age'].hist(alpha=0.6, color='skyblue')
21.  plt.title('Age Distribution for All Disease ')
22.  plt.xlabel('Age')
23.  plt.ylabel('Count')
24.  plt.tight_layout()
25.  plt.show()
```

本段代码对比非心脏病患者和心脏病患者的年龄分布情况。输出结果如图 10-4 所示，不难发现心脏病患者峰值年龄更大。

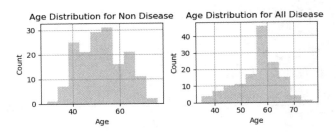

图 10-4　非心脏病患者和心脏病患者的年龄分布对比

```
26.  plt.figure(figsize=(6, 4))
27.  for i in range(1,5):
28.      plt.subplot(2, 2, i)
29.      df[df['target'] == i]['age'].hist(alpha=0.6, color='skyblue')
30.      plt.title(f'Age Distribution for Type {i}')
31.      plt.xlabel('Age')
32.      plt.ylabel('Count')
33.  plt.tight_layout()
34.  plt.show()
```

本段代码绘制不同类型心脏病患者的年龄分布图。输出结果如图 10-5 所示。

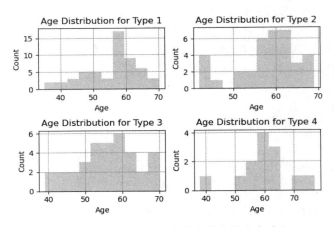

图 10-5　不同类型心脏病患者的年龄分布对比

```
35.  plt.figure(figsize=(6, 4))
36.  sns.countplot(data=df, x='target', hue='sex')
37.  plt.title('Gender Distribution in Heart Disease Patients')
38.  plt.xlabel('Target')
39.  plt.ylabel('Count')
40.  plt.show()
```

本段代码绘制不同类型心脏病患者的性别差异。输出结果如图10-6所示。

```
41.  numeric_cols =['age', 'trestbps', 'chol', 'thalach']
42.  plt.figure(figsize=(6, 4))
43.  sns.boxplot(data=df[numeric_cols])
44.  plt.title('Boxplot of Numeric Features')
45.  plt.xlabel('Features')
46.  plt.ylabel('Values')
47.  plt.show()
```

第41行代码提取数值型特征列，第42～47行代码绘制箱线图。输出结果如图10-7所示，根据该图可以发现除了age列，其他三列都存在一定数量的异常值。

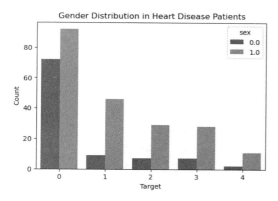

图10-6　不同类型心脏病患者的性别差异

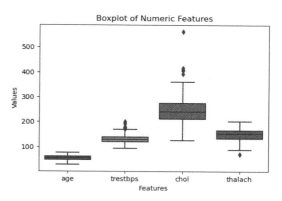

图10-7　箱线图

10.3.2　案例实现：Python 版

本案例代码展示了如何使用随机森林算法构建一个用于分类的模型，并且在心脏病数据集上进行训练和预测。随机森林通过组合多个决策树的预测结果来实现更准确的分类。这段代码主要由决策树类、随机森林类和主函数构成。

1. 决策树类

决策树类用于构建决策树模型，其原理已在第3章详细介绍。决策树类主要由构造函数__init__、训练函数train、预测函数predict等6个函数构成。完整代码如下：

```
1.   import numpy as np
2.   import pandas as pd
3.   class DecisionTree:
4.       def __init__(self, max_depth=None):
5.           self.max_depth = max_depth
```

第4、5行代码定义DecisionTree类的构造函数__init__。该函数接受一个可选参数max_depth，用于限制决策树的最大深度。

```
6.       def train(self, X, y):
7.           self.tree = self._build_tree(X, y, depth=0)
```

第6、7行代码的决策树成员函数train用于训练决策树模型。给定特征矩阵X和目标变量y，它调用内部的_build_tree函数来构建决策树。

```
8.       def _build_tree(self, X, y, depth):
9.           num_samples, num_features = X.shape
10.          classes = len(np.unique(y))
11.          if depth == self.max_depth or classes == 1:
```

```
12.            return np.argmax(np.bincount(y))
13.        features = np.random.choice(range(num_features),
   int(np.sqrt(num_features)), replace=False)
14.        best_feature, best_threshold = None, None
15.        best_gini = 1.0
16.        for feature in features:
17.            thresholds = np.unique(X[:, feature])
18.            for threshold in thresholds:
19.                y_left = y[X[:, feature] <= threshold]
20.                y_right = y[X[:, feature] > threshold]
21.                gini = (len(y_left) * self._gini_impurity(y_left) + len(y_right)
   * self._gini_impurity(y_right)) / num_samples
22.                if gini < best_gini:
23.                    best_feature, best_threshold = feature, threshold
24.                    best_gini = gini
25.        indices_left = X[:, best_feature] <= best_threshold
26.        X_left, y_left = X[indices_left], y[indices_left]
27.        X_right, y_right = X[~indices_left], y[~indices_left]
28.        tree = {'feature': best_feature, 'threshold': best_threshold}
29.        tree['left'] = self._build_tree(X_left, y_left, depth + 1)
30.        tree['right'] = self._build_tree(X_right, y_right, depth + 1)
31.        return tree
```

第 8~31 行代码的 _build_tree 函数是一个递归函数，用于构建决策树。函数 _build_tree 接收特征矩阵 X 和目标变量 y，以及当前深度 depth，作为输入。第 11、12 行代码检查停止条件。如果深度达到最大深度或所有样本属于同一类别，则返回当前节点的预测类别（即叶节点）。第 13 行代码随机选择特征。与第 3 章做法不同，在构建决策树的每个节点时，随机选择一个特征子集用于分割。第 14~24 行代码从所选的特征子集中找到最佳分割点。本段代码通过计算基尼不纯度选择使得基尼系数最小化的分割点。基尼不纯度计算（第 21 行代码）通过 _gini_impurity 函数实现。第 25~31 行代码分割数据集并递归构建子树。根据所选择的最佳分割点，对数据集进行分割，并递归构建子树。根据最佳分割点将数据集分成左右两个子集，并递归地构建左右子树。

```
32.    def _gini_impurity(self, y):
33.        _, counts = np.unique(y, return_counts=True)
34.        probs = counts / len(y)
35.        return 1 - np.sum(probs ** 2)
```

第 32~35 行代码的函数 _gini_impurity 计算基尼不纯度。对于给定目标变量 y，它首先计算每个类别的样本数量，然后根据基尼不纯度的定义计算基尼指数。

```
36.    def predict(self, X):
37.        return [self._predict(x, self.tree) for x in X]
```

第 36、37 行代码的 predict 函数用于对给定的特征矩阵 X 进行预测。它遍历特征矩阵的每一行，对每个样本调用内部的 _predict 函数来进行预测，并将预测结果存储在一个列表中返回。

```
38.    def _predict(self, x, tree):
39.        if type(tree) != dict:
40.            return tree
41.        feature, threshold = tree['feature'], tree['threshold']
42.        if x[feature] <= threshold:
43.            return self._predict(x, tree['left'])
44.        else:
45.            return self._predict(x, tree['right'])
```

第 38~45 行代码的函数 _predict 用于对单个样本 x 进行预测。如果当前节点为叶节点，则返回该节点的预测类别。否则，根据样本在当前节点上的划分做出递归预测。

2．随机森林类

随机森林类 RandomForest 用于实现随机森林分类器。它主要由构造函数__init__、训练函数 train 和预测函数 predict 等组成。随机森林类的完整代码如下。

```
1.  class RandomForest:
2.      def __init__(self, n_estimators=100, max_depth=None):
3.          self.n_estimators = n_estimators
4.          self.max_depth = max_depth
```

第 2～4 行代码定义构造函数，该函数接受两个可选参数 estimators 和 max_depth。n_estimators 表示决策树的数量，max_depth 表示每个决策树的最大深度。

（1）训练

```
5.      def train(self, X, y):
6.          self.trees = []
7.          for _ in range(self.n_estimators):
8.              tree = DecisionTree(max_depth=self.max_depth)
9.              indices = np.random.choice(range(len(X)), len(X), replace=True)
10.             X_bootstrap, y_bootstrap = X[indices], y[indices]
11.             tree.train(X_bootstrap, y_bootstrap)
12.             self.trees.append(tree)
```

第 5～12 行代码的 train 函数用于训练随机森林模型。它首先创建一个空列表来存储决策树。然后，对于每个决策树，在训练集中进行有放回的重采样（即 bootstrap 采样），并使用采样后的数据对决策树进行训练。最后，将训练好的决策树添加到列表中。

```
13.     def predict(self, X):
14.         return [self._predict(x) for x in X]
15.     def _predict(self, x):
16.         predictions = [tree.predict([x])[0] for tree in self.trees]
17.         return np.argmax(np.bincount(predictions))
```

（2）进行预测

第 13、14 行代码的 predict 函数用于对给定的特征矩阵 X 进行预测。对于每个样本，它调用内部的_predict_single 方法，从每个决策树中获取预测结果，并返回预测结果的列表。

第 15～17 行代码的_predict_single 函数用于对单个样本 x 进行预测。它遍历随机森林中的每个决策树，从每个决策树中获取预测结果，并返回在所有决策树预测结果中出现次数最多的类别作为最终预测结果。

3．主函数

主函数 main 主要完成数据集读取和预处理、创建和训练随机森林模型、使用模型进行预测和性能评估。主函数的完整代码如下：

```
1.  if __name__ == "__main__":
2.      url = 'https://archive.ics.uci.edu/ml/machine-learning-databases/heart-
disease/processed.cleveland.data'
3.      names = ['age', 'sex', 'cp', 'trestbps', 'chol', 'fbs', 'restecg', 'thalach',
'exang', 'oldpeak', 'slope', 'ca', 'thal', 'target']
4.      df = pd.read_csv(url, header=None, names=names)
5.      df.replace('?', np.nan, inplace=True)
6.      df.dropna(inplace=True)
7.      X = df.drop('target', axis=1).values
8.      y = df['target'].values
9.      y = np.where(y > 0, 1, 0)
10.     indices = np.arange(len(X))
11.     np.random.seed(10)
```

```
12.        np.random.shuffle(indices)
13.        split = int(len(X)*0.8)
14.        train_indices, test_indices = indices[:split], indices[split:]
15.        X_train, y_train, X_test, y_test = X[train_indices], y[train_indices],
X[test_indices], y[test_indices]
```

这一部分主要包括读取数据集、数据预处理、数据集划分三个方面的内容。

第 2 ~ 4 行代码读取数据集。本程序将从 UCI 机器学习库中读取 heart disease 数据集。使用 pd.read_csv 从给定的 URL 读取 CSV 文件,加载数据集,header 参数设为 None 表示文件中没有列名,使用 names 参数定义列名。

第 5 ~ 9 行代码进行数据预处理。使用 df.replace 替换缺失值（'?'）为 NaN,使用 df.dropna 删除包含 NaN 值的行。将特征和目标变量分别存储在 X 和 y 中。使用 df.drop 方法将'target'列从 DataFrame 中删除,得到特征变量 X。使用 df['target'].values 获取目标变量 y 的值,并将其转换为二进制形式,将大于 0 的值设为 1,小于或等于 0 的值设为 0。

第 10 ~ 15 行代码将数据集划分成训练集和测试集。其中 80%为训练集,20%为测试集。

```
16.        rf = RandomForest(n_estimators=100, max_depth=3)
17.        rf.train(X_train, y_train)
18.        predictions = rf.predict(X_test)
19.        accuracy = np.mean(predictions == y_test)
20.        print("准确率: {:.2f}%".format(accuracy * 100))
```

本段代码构建随机森林模型,并进行预测和评估。第 16、17 行代码创建一个具有 100 个决策树和最大深度为 3 的随机森林模型,并使用训练集对其进行训练。第 18 ~ 20 行代码使用测试集进行预测,并计算预测结果的准确率。

10.3.3　案例实现：Sklearn 版

Sklearn 版本随机森林案例代码如下所示。这段代码与上一节的纯 Python 版本的主函数部分基本相同,差别在于,此版本中,相关函数直接从 Sklearn 中导入。

```
1.  import pandas as pd
2.  import numpy as np
3.  from sklearn.model_selection import train_test_split
4.  from sklearn.ensemble import RandomForestClassifier
5.  from sklearn.metrics import accuracy_score
6.  url = 'https://archive.ics.uci.edu/ml/machine-learning-databases/heart-disease/
processed.cleveland.data'
7.  names = ['age', 'sex', 'cp', 'trestbps', 'chol', 'fbs', 'restecg', 'thalach',
'exang', 'oldpeak', 'slope', 'ca', 'thal', 'target']
8.  df = pd.read_csv(url, header=None, names=names)
9.  df.replace('?', np.nan, inplace=True)
10. df.dropna(inplace=True)
11. X = df.drop('target', axis=1).values
12. y = df['target'].values
13. y = np.where(y > 0, 1, 0)
14. X_train, X_test, y_train, y_test = train_test_split(X, y, test_size=0.2, random_
state=42)
```

第 6 ~ 13 行代码使用与上一节 Python 版相同的方式读取和预处理数据集。第 14 行代码使用 sklearn.model_selection 中的 train_test_split 函数将特征变量 X 和目标变量 y 划分为训练集和测试集,其中测试集占总样本的 20%。设置 random_state 参数为 42,以便结果可重现。

```
15. model = RandomForestClassifier(n_estimators=100, random_state=42)
16. model.fit(X_train, y_train)
17. y_pred = model.predict(X_test)
```

```
18.  accuracy = accuracy_score(y_test, y_pred)
19.  print("准确率: {:.2f}%".format(accuracy * 100))
```

本段代码进行模型训练与评估。第 15、16 行代码进行模型训练。使用 sklearn.ensemble 中的 RandomForestClassifier 代替了 DecisionTree 和 RandomForest。实例化 RandomForestClassifier 类时，设置 n_estimators 参数为 100，random_state 参数为 42。然后使用训练集数据训练随机森林分类器。第 17～19 行代码进行模型评估。使用随机森林分类器模型在测试集上进行预测。然后使用 sklearn.metrics 中的 accuracy_score 计算准确率，作为模型的评估指标。最后打印输出准确率。

10.4　Boosting 及其代表性算法

10.4.1　Boosting 原理

Boosting 通过迭代训练构建多个弱学习器，并将它们组合成一个强学习器。它的核心思想是通过循环迭代的方式不断调整训练样本的权重或者特征的权重，以便更好地拟合数据集中难以分类的样本。每个弱学习器都对样本进行预测，并根据预测结果进行调整，使得下一个弱学习器能够更好地处理前一个弱学习器未正确分类的样本。最终，将所有弱学习器进行加权组合，形成最终的预测模型。其基本步骤可以概括如下。

（1）初始化权重：给定一个训练数据集，初始时为每个样本分配相等的权重。假设训练数据集包含 N 个样本，每个样本有一个对应的权重 $w(i)$，其中 i 表示样本的索引。

（2）生成弱学习器：通过迭代训练一系列弱学习器（也称为基学习器），每个弱学习器都在当前权重下对训练数据进行学习。

（3）更新权重：根据当前弱学习器的性能调整样本的权重，使得在下一轮训练中模型更关注之前错误分类的样本。

（4）组合弱学习器：将生成的弱学习器组合起来形成一个强学习器。在组合过程中，通常会根据每个弱学习器的表现确定其权重，权重越高的学习器对最终预测的影响越大。

（5）迭代过程：重复执行步骤（2）至步骤（4），直到满足停止条件（如达到预定的迭代次数或达到指定的性能要求）。

在 Boosting 的训练过程中，每一轮迭代都会针对学习器的性能进行调整。常见的调整方式包括以下几种。

（1）提高错误分类样本的权重：将之前被错误分类的样本的权重调高，使得下一轮训练中模型更加关注这些样本，以便更好地进行分类。

（2）降低正确分类样本的权重：为了保持样本的平衡，已经被正确分类的样本的权重会相应减小。

通过不断迭代、调整权重和生成新的弱学习器，Boosting 能够将多个弱学习器组合成一个强学习器，具有更好的泛化能力和预测性能。

Boosting 有很多种具体实现，代表性的包括 AdaBoost（adaptive boosting，自适应提升）、XGBoost（极端梯度提升）和 LightGBM（轻量级梯度提升）等，它们在权重调整、损失函数优化等方面有所不同，但基本的 Boosting 原理是相通的。AdaBoost 通过调整数据分布来迭代地训练多个弱学习器，并将它们组合成一个强学习器。AdaBoost 是提升算法的一种变体，但不属于梯度提升算法。XGBoost 和 LightGBM 都是 Gradient Boosting（梯度提升）算法的变体。梯度提升算法是 Boosting 框架的一种具体实现。它利用梯度下降的思想来逐步优化模型的预测能力。它通过串行训练多个弱学习器，并利用梯度下降的方法最小化损失函数来不断优化模型的预测性能。在梯度提升算法中，每个弱学习器的构建都是通过最小化损失函数的负梯度来进行的。梯度提升算法的核心思想是通过不断迭代地拟合当前模型对训练集的残差，使得模型能够逐渐纠正先前模型的错误。尽管 AdaBoost、XGBoost 和 LightGBM 在具体实现和性能上有所不同，但它们都是 Boosting 算法的变种，通过迭代地构建弱学习器来提升整体模型的性能。

10.4.2 AdaBoost

AdaBoost 是提升算法最早的一种变体，它使用了调整样本权重的方法来重点关注被错误分类的样本，从而逐步提升模型性能。它通过调整样本权重来不断迭代地训练多个弱学习器，并将它们进行加权组合来形成一个强学习器。每个弱学习器的构建都会根据前一个弱学习器的分类结果对样本权重进行调整，使得前一轮被错误分类的样本在下一轮中获得更高的权重。通过重点关注被错误分类的样本，下一个弱学习器能够更好地处理前一个学习器未正确分类的样本。AdaBoost 最终将多个弱学习器进行加权组合，得到一个强学习器。

AdaBoost 的算法步骤如下。

（1）初始化训练样本权重：对于一个包含 N 个样本的训练数据集，初始化每个样本的权重，使其在初始时都相等。

（2）每个弱学习器的训练步骤如下。

训练弱学习器：使用当前样本权重下的训练数据集，训练一个弱学习器。可以选择不同的分类算法，如决策树、神经网络等。

计算分类误差率 ε：使用训练好的弱学习器对训练数据集进行分类，并计算分类误差率。分类误差率 ε 被定义为被错误分类的样本的权重之和除以所有样本权重之和。

计算弱学习器权重 α：根据分类误差率计算弱学习器的权重，使分类误差率越小的弱分类器权重越大。具体计算公式为 $\alpha = \dfrac{1}{2}\ln\left(\dfrac{1-\varepsilon}{\varepsilon}\right)$。

更新权重向量 D：将被错误分类的样本的权重增加，被正确分类的样本的权重减少，以便下一个弱学习器能够更关注于先前分类错误的样本。如果某个样本被正确分类，那么权重更改为 $D_i^{(t+1)} = \dfrac{D_i^{(t)}\mathrm{e}^{-\alpha}}{\mathrm{Sum}(D)}$。如果某个样本被正确分类，那么权重更改为 $D_i^{(t+1)} = \dfrac{D_i^{(t)}\mathrm{e}^{\alpha}}{\mathrm{Sum}(D)}$。

（3）集成预测：

对于分类问题，通过对每个弱学习器的分类结果进行加权投票来预测最终的分类结果。

对于回归问题，通过对每个弱学习器的回归结果进行加权平均来预测最终的回归结果。

AdaBoost 的关键点包括以下几点。

（1）自适应性：AdaBoost 通过调整样本权重，使弱学习器更加关注先前分类错误的样本。这样，后续的弱学习器可以更有针对性地学习和纠正这些错误，从而构建出强学习器。

（2）弱学习器的加权组合：AdaBoost 通过对每个弱学习器的权重进行加权组合，将它们的分类决策结合起来形成最终的强学习器。权重取决于弱学习器的分类准确性。

AdaBoost 在实际应用中表现良好，它能够有效地处理复杂的分类问题和噪声数据。然而，在噪声数据过多和弱学习器过于简单的情况下，AdaBoost 可能会出现过拟合的问题。因此，在实践中需要根据具体情况选择合适的弱学习器和参数调整方法，以获得更好的性能。

10.4.3 XGBoost

XGBoost（extreme gradient boosting，极端梯度提升）是一种优化的梯度提升决策树模型。相比于传统的梯度提升算法，XGBoost 采用了一些技巧来提高模型的效率和准确性，例如使用正则化技术控制模型的复杂度，使用二阶近似的方法优化目标函数以加速计算，引入了特征分裂点精确查找算法和并行处理技术，利用特征的梯度信息进行样本分裂，支持并行化处理。它通过结合梯度提升树和正则化技术，提供了更高的模型性能和更快的训练速度，在优化速度和准确性方面有着显著的改进。XGBoost 在各种机器学习竞赛和实际应用中都表现出色，被广泛应用于分类、回归、排名和推荐等任务。

XGBoost 的主要特点如下。

（1）可扩展性：XGBoost 能够处理大规模的数据集，具备高效的并行处理和内存利用功能。

（2）正则化：XGBoost 支持多种正则化技术，如 L1 正则化和 L2 正则化，用于控制模型的复杂度，防止过拟合。

（3）自动特征选择：XGBoost 可以自动对特征进行选择，识别出对问题最重要的特征，提高模型的泛化能力。

（4）缺失值处理：XGBoost 能够处理缺失值，无须对缺失值进行特殊处理。

（5）灵活性：XGBoost 支持自定义损失函数、评估指标和优化目标，用户可以根据具体问题进行定制。

10.4.4 LightGBM

LightGBM 是由微软开发的基于梯度提升算法的决策树模型，与 XGBoost 相似，LightGBM 也是基于梯度提升框架的算法。它采用了基于直方图的决策树算法，并在训练过程中采用了基于梯度单边采样（gradient-based one-side sampling，GOSS）和互斥特征捆绑等技术，以提高模型的训练速度和准确性。LightGBM 通过将连续特征离散化为离散的直方图区间，降低了内存消耗，并且支持并行化训练。它在大规模数据和高维特征数据上具有出色的性能。通常情况下，具有比其他梯度提升决策树模型更高的准确性和更快的训练速度。

LightGBM 的主要优点如下。

（1）高效性：LightGBM 基于直方图算法和 GOSS 算法优化了训练算法，使得其在大规模数据集和高维特征数据上具有很高的效率和很好的扩展性。

（2）高精度：LightGBM 使用以下两种技术可以提高预测精度，即 GOSS 和 exclusive feature bundling。这些技术是前向分步算法的一部分，通过对梯度和 Hessian 矩阵的估计来实现更好的拟合程度。

（3）可扩展性：LightGBM 可以处理超过 10 万个特征的数据集，并且可以在 GPU 上进行加速。

（4）支持多种任务：除了二分类、多分类和回归任务之外，LightGBM 还支持 LambdaRank、分位数回归以及其他多个任务类型。

（5）可解释性：LightGBM 具有可解释性，能够输出特征重要性和模型的树结构，从而方便调试和模型优化。

10.5 综合案例：AdaBoost、XGBoost 和 LightGBM 实践

10.5.1 案例概述

本案例采用乳腺肿瘤数据集，进行 AdaBoost、XGBoost 和 LightGBM 实践演示。关于乳腺肿瘤数据集的详细信息，请参考教材的 5.4 节。

10.5.2 案例实现：AdaBoost 版

```
1.  import pandas as pd
2.  import numpy as np
3.  from sklearn.model_selection import train_test_split
4.  from sklearn.tree import DecisionTreeClassifier
5.  from sklearn.ensemble import AdaBoostClassifier
6.  from sklearn.metrics import accuracy_score
7.  data = load_breast_cancer()
8.  X, y = data.data, data.target
9.  X_train, X_test, y_train, y_test = train_test_split(X, y, test_size=0.2, random_
    state=42)
```

本段代码主要导入相关包并完成数据集准备。第 7、8 行代码加载乳腺肿瘤数据集。第 9 行代码划分训练集和测试集。

```
10. base_clf = DecisionTreeClassifier(max_depth=1, random_state=42)
11. ada_clf = AdaBoostClassifier(estimator=base_clf, n_estimators=100, learning_rate=
    0.5, random_state=42)
12. ada_clf.fit(X_train, y_train)
13. y_pred = ada_clf.predict(X_test)
14. accuracy = accuracy_score(y_test, y_pred)
15. print("准确率: {:.2f}%".format(accuracy * 100))
```

本段代码主要完成模型构建训练和评估。第 10 行代码实例化决策树分类器作为基分类器。第 11 行代码实例化 AdaBoost 分类器，并使用第 10 行的基分类器作为弱学习器，同时设定迭代次数和学习率。第 12 行代码在训练集上拟合 AdaBoost 分类器。第 13 ~ 15 行代码在测试集上预测，计算并输出准确率。

10.5.3 案例实现：XGBoost 版

本小节案例代码中将使用 xgboost 库，请运行下面指令安装。

```
pip install xgboost
```

详解案例代码及介绍如下。

```
1.  import numpy as np
2.  import pandas as pd
3.  import xgboost as xgb
4.  from sklearn.datasets import load_breast_cancer
5.  from sklearn.metrics import accuracy_score
6.  from sklearn.model_selection import train_test_split
7.  data = load_breast_cancer()
8.  X, y = data.data, data.target
9.  X_train, X_test, y_train, y_test = train_test_split(X, y, test_size=0.2, random_state=22)
```

本段代码主要导入相关包并完成数据集准备。第 7、8 行代码加载乳腺肿瘤数据集。第 9 行代码划分训练集和测试集。

```
10.  dtrain = xgb.DMatrix(X_train, label=y_train)
11.  dtest = xgb.DMatrix(X_test, label=y_test)
12.  params = {'max_depth': 5,
13.      'eta': 0.1,
14.      'objective': 'binary:logistic',
15.      'eval_metric': 'logloss'}
16.  num_rounds = 100
17.  model = xgb.train(params, dtrain, num_rounds)
18.  y_pred = model.predict(dtest)
19.  y_pred = np.round(y_pred)
20.  accuracy = accuracy_score(y_test, y_pred)
21.  print("准确率: {:.2f}%".format(accuracy * 100))
```

本段代码主要完成模型构建训练和评估。第 10、11 行代码创建 DMatrix 对象。通过使用 XGBoost 中的 DMatrix 函数，将训练集和测试集数据转换为 XGBoost 特定的数据结构。DMatrix 是 XGBoost 中用于存储数据的类，它将数据集存储为稀疏矩阵的形式，并提供了高效的数据读取和传递给 XGBoost 模型的功能。每个 DMatrix 对象包含一个特征矩阵和一个标签向量（或标签矩阵），用于训练和评估模型。例如，X_train 是训练集的特征矩阵，y_train 是训练集的标签向量。第 12 ~ 15 行代码设置参数。params 中的每个字段都代表了 XGBoost 模型中的一项超参数，下面是各个字段的含义解释。

（1）max_depth：决策树的最大深度，用于控制树的复杂度。较大的值可以让模型学习到更复杂的规则，但也容易导致过拟合。

（2）eta：学习率，控制每次迭代的步长大小。较小的学习率可以使模型更稳定，但需要更多的迭代次数才能收敛。

（3）objective：模型的优化目标，对于二分类问题，可以选择'binary:logistic'表示二分类逻辑回归。

（4）eval_metric：模型的评估指标，'logloss'表示对数损失函数，用于评估模型预测的概率分布与真实标签之间的接近程度。

第 16、17 行代码训练模型。num_rounds 是 XGBoost 中的一个超参数，代表训练的迭代轮数（或树的数量）。在每一轮中，XGBoost 会构建一棵新的决策树，并将其添加到模型中。num_rounds 并不是越大越好，过大的值可能会增加训练时间和内存消耗。第 18 ~ 21 行代码，在测试集上预测，计算并输出准确率。

10.5.4　案例实现：LightGBM 版

本小节案例代码中将使用 lightgbm 库，请运行下面指令安装。

```
pip install lightgbm
```

详解案例代码及介绍如下。

```
1.   import pandas as pd
2.   import numpy as np
3.   import lightgbm as lgb
4.   import numpy as np
5.   import pandas as pd
6.   from sklearn.datasets import load_breast_cancer
7.   from sklearn.metrics import accuracy_score
8.   from sklearn.model_selection import train_test_split
```

```
9.   data = load_breast_cancer()
10.  X, y = data.data, data.target
11.  X_train, X_test, y_train, y_test = train_test_split(X, y, test_size=0.2, random_
state=42)
```

本段代码主要导入相关包并完成数据集准备。第 9、10 行代码，加载乳腺肿瘤数据集。第 11 行代码，划分训练集和测试集。

```
12.  train_data = lgb.Dataset(X_train, label=y_train)
13.  params = { 'task': 'train',
14.      'boosting_type': 'gbdt',
15.      'objective': 'binary',
16.      'metric': {'binary_logloss'},
17.      'num_leaves': 31,
18.      'learning_rate': 0.05,
19.      'feature_fraction': 0.9 }
20.  gbm = lgb.train(params, train_data, num_boost_round=100)
21.  y_pred = gbm.predict(X_test)
22.  y_pred = np.round(y_pred)
23.  accuracy = accuracy_score(y_test, y_pred)
24.  print("准确率: {:.2f}%".format(accuracy * 100))
```

本段代码主要完成模型构建训练和评估。第 12 行代码，创建一个 LightGBM 的训练数据集对象（lgb.Dataset）。在使用 LightGBM 进行模型训练时，需要将原始的训练数据转换为特定的数据结构，以便于 LightGBM 进行高效的训练和优化。第 13～19 行代码，设定模型超参数。params 中的每个字段都代表了 LightGBM 模型中的一项超参数，下面是各个字段的含义解释：

- task：指定任务类型，可以是'train'（训练）或'predict'（预测）。
- boosting_type：指定 Boosting 算法的类型，可以是'gbdt'（梯度提升决策树）、'rf'（随机森林）或'dart'（基于 dropout 的多重加性回归树）。
- objective：定义模型的优化目标，对于二分类问题，可以选择'binary'（二分类逻辑回归）。
- metric：定义模型评估指标，可以使用多个指标，例如{'binary_logloss','auc'}表示同时计算二分类 log 损失和 AUC。
- num_leaves：定义决策树上的叶节点数，通常设置为较大的值以获得更复杂的模型。较大的 num_leaves 会增加模型的复杂性和训练时间，但也可能导致过拟合。
- learning_rate：学习率，控制每次迭代的步长大小。较小的学习率可以使模型更稳定，但需要更多的迭代次数才能收敛。
- feature_fraction：用于训练每棵树时随机选择的特征比例。较小的值可以减少模型的方差，但可能会增加偏差。

第 20 行代码，训练模型。num_boost_round 是 LightGBM 模型的一个超参数，表示要进行的提升迭代（boosting rounds）的数量。每一轮提升迭代都会构建一个新的决策树模型，并将其加入到集成模型中。num_boost_round 并不是越大越好，过大的值可能会增加训练时间和内存消耗。第 21～24 行代码，在测试集上预测，计算并输出准确率。

10.6 Stacking 概述

堆叠法（Stacking）是近年来模型融合领域最为热门的方法之一，它不仅是竞赛冠军队最常采用的融合方法之一，也是工业中实际落地人工智能时会考虑的方案之一。Stacking 集模型效果好、可解释性强、适用复杂数据三大优点于一身，属于模型融合领域最为实用的方法。

堆叠法通过将多个基础模型的预测结果作为输入，再经过一个元分类器进行最终的预测。堆叠法通常包括两个阶段：首先，在第一阶段，将原始数据集分成训练集和测试集，在训练集上训练多个不同的基础模型，然后用这些基础模型对测试集进行预测，得到基础模型的预测结果。接着，在第二阶段，将这些基础模型的预测结果作为输入，再训练一个元模型（有时也称为次级学习器），用于整合基础模型的预测结果并做出最终的预测。

如图 10-8 所示，Stacking 结构中有两层算法串联，第一层由 n 个基础学习器构成，第二层由 1 个元学习器构成。元学习器以 n 个基础学习器得到的 n 个预测结果为输入，处理后得到最终预测结果。

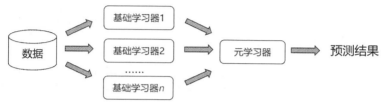

图 10-8　堆叠法结构示意图

Stacking 的流程与投票法、均值法基本一致。Stacking 本质上是通过算法找出最优的融合规则。如图 10-9 所示，在均值法中，用求均值方式融合基础学习器的结果；在投票法中，用投票方式融合基础学习器的结果；在堆叠法中，用算法（元学习器）融合基础学习器结果。均值法是将输出结果平均，投票法是对输出结果进行投票，它们都是人为定义简单融合方法。而 Stacking 是通过算法找一个最佳的融合方法。堆叠法的优势在于能够整合多个基础模型的优点，并且通过训练元模型来进一步提高预测性能。

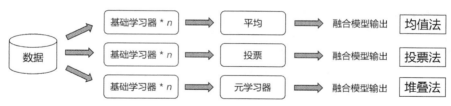

图 10-9　均值法、投票法和堆叠法对比

10.7　综合案例：基于 Stacking 的葡萄酒分类

10.7.1　案例概述

本案例基于葡萄酒数据集，对集成学习中的 Stacking 方法进行演示。关于葡萄酒数据集的更详细信息请参考教材 3.2 节。

10.7.2　案例实现

```
1.  from sklearn.model_selection import cross_val_score
2.  from sklearn.ensemble import StackingClassifier
```

```
3.  from sklearn.linear_model import LogisticRegression
4.  from sklearn.tree import DecisionTreeClassifier
5.  from sklearn.neighbors import KNeighborsClassifier
6.  from sklearn.datasets import load_wine
7.  wine = load_wine()
8.  X, y = wine.data, wine.target
```

本段代码导入相关包，并加载葡萄酒数据集。

```
9.  estimators = [ ('DecisionTree', DecisionTreeClassifier()),
10.    ('KNN', KNeighborsClassifier())]
11. meta_learner = LogisticRegression()
```

本段代码定义基础学习器和元学习器。第 9、10 行代码，定义基础学习器，本代码中，将使用决策树和 K 近邻两个分类器。第 11 行代码，定义元学习器，这里使用的是逻辑回归模型。

```
12. stacking_clf = StackingClassifier(estimators=estimators, final_estimator=meta_learner)
13. scores = cross_val_score(stacking_clf, X, y, cv=5)
14. print("Stacking 准确率: ", scores.mean())
```

本段代码，构建 Stacking 分类器并进行性能评估。第 12 行代码，构建 Stacking 分类器，并将之前定义的基础学习器和元学习器作为参数传入。第 13、14 行代码，使用交叉验证评估模型性能。

习题 10

1. 什么是集成学习？
2. 请列举两种常见的集成学习方法。
3. 请解释一下 Bagging 的工作原理。
4. Boosting 和 Bagging 之间有什么主要区别？
5. 举例说明一种 Boosting 算法。
6. 随机森林是属于 Bagging 还是 Boosting？
7. 请解释一下 Stacking 的工作原理。
8. 在集成学习中，偏向于使用哪种类型的基础学习器？强学习器还是弱学习器？

实训 10

1. 使用糖尿病数据集构建随机森林模型，完成集成学习实践。
2. 使用 MNIST 数据集构建随机森林模型，完成集成学习实践。
3. 使用鸢尾花数据集构建 AdaBoost 模型，完成集成学习实践。
4. 使用泰坦尼克号数据集构建 XGBoost 模型，完成集成学习实践。
5. 使用波士顿房价数据集，完成集成学习中的 Stacking 方法实践。

第11章 特征工程

特征工程是指对原始数据进行处理和转换，以提取并构建更有用的特征，以便于机器学习算法的训练和预测。特征工程在机器学习任务中非常重要，因为好的特征能够提供更多信息，帮助模型更好地理解数据，提高模型的准确性。本章将介绍特征工程基础及综合案例。

【启智增慧】

机器学习与社会主义核心价值观之"诚信篇"

机器学习可以增强社会交往的诚信度。例如，在金融领域，机器学习技术可以应用于风险评估和欺诈检测，通过对大量交易数据的分析和模式识别，识别潜在的欺诈行为，保护客户资产和维护金融市场的诚信。在电子商务领域，机器学习技术可以应用于信用评估和用户认证，通过对用户行为数据的学习和分析，确定用户的信用水平和真实身份，建立可靠的交易环境，增强电商平台的诚信度。机器学习从业者在践行"诚信"的过程中，需要不断加强自律意识，遵守伦理规范，确保技术应用符合道德标准，维护社会和个人权益。

11.1 特征工程概述

特征工程的目标是从原始数据中提取出最具有预测能力、最相关的特征，以便于模型进行学习和预测。在业界有一个很流行的说法：数据与特征工程决定了模型的上限，改进算法只不过是逼近这个上限而已。

11.1.1 特征和数据

数据和特征密切相关，它们都是机器学习和数据分析中非常重要的概念。在进行数据分析和机器学习任务时，需要同时考虑数据的质量和特征的选择，以确保得到可靠和有效的结果。

1. 特征和数据的关系

特征是对数据的抽象和表示，用来描述数据的属性或者变量。而数据则是特征的具体观测和记录。特征是对数据进行抽象和表示的方式，通过特征可以提取出数据中的关键信息，用于机器学习、数据分析等任务。

在机器学习和数据分析中，通常将数据表示为一个矩阵或者表格形式，其中每行代表一个样本或者观测，每列代表一个特征。每个特征对应着数据的某个方面或者属性。例如，在一个房屋价格预测的问题中，可能会将特征定义为房屋的面积、卧室数量、地理位置等，而每个特征对应的数据就是实际观测的房屋面积、卧室数量和地理位置信息。

2．常见的数据种类

数据可以分为不同的种类，常见的数据类型如下。

（1）数值型数据：数值型数据是用实数或整数类型等数字表示的数据，包括连续型特征和离散型特征。例如，温度、身高、体重、收入等连续型的数据就属于数值型数据，这类数据可以进行数学运算、统计分析和建模。

（2）类别型数据：类别型数据是指具有固定的、有限的取值范围的数据，通常使用字符串或枚举类型表示，可以用于表达不同类别或标签等信息。例如性别、颜色、品牌、职业等都属于类别型数据。这类数据不具有数学含义，不能直接进行数值计算，通常编码转换后使用。

（3）有序型数据：有序型数据是一种特殊的类别型数据，虽然是类别型数据，但数据之间存在一定的顺序或级别关系。例如，衣服尺码的大小（S、M、L），教育程度的高低（小学、初中、高中）等。这类特征可以通过编码方式进行转换，例如将"差、中、好"转化为1、2、3来表示。例如评分、评价等。

（4）文本型数据：文本型数据是由文字或符号组成的数据，包括句子、段落、文档等。这类数据具有自然语言形式，例如文本评论、新闻标题等。通常需要通过NLP（自然语言处理）等技术进行转换和处理。这类数据可以用于文本分类、情感分析、关键词提取等任务。

（5）时间序列数据：时间序列数据是指具备时序关系的数据，通常以日期、时间、时间戳等形式表示。这类数据可以用于时序分析、趋势预测和时间序列建模。例如股市每天的交易数据、气象数据、出生日期等。

（6）图像和视频数据：图像和视频数据指图像、视频等多媒体类型数据，它们是由像素组成的数据。这类数据通常需要特殊的图像处理和计算机视觉技术进行转换和提取。例如图像识别、人脸识别等。

（7）地理空间数据：地理空间数据是描述地理位置和空间属性的数据，包括经纬度、地图数据等。这类数据通常需要地理信息系统（geographic information system，GIS）技术进行处理。

数据还有很多种其他类型划分方式。例如，数据可以分为结构化数据和非结构化数据。大部分存储在关系型数据库、Excel表格内的数据，都是结构化数据；而语音、图像、视频、文本等属于非结构化数据。再例如，数据还可以分为定量数据和定性数据。定量数据通常是指数值型数据，用于衡量数量与大小，如长度、高度、面积、体积、湿度、温度等测量值。定性数据通常是指类别型数据，用于描述物品性质，如纹理、味道、气味、颜色等。

在机器学习和数据分析中，对于不同类型的数据，需要选择合适的算法和预处理方法进行处理。例如，对于数值型目标变量可以使用回归算法，对于类别型目标变量可以使用分类算法，对于文本型数据可以使用自然语言处理技术等。

11.1.2　特征工程

特征工程是指在机器学习和数据分析任务中，通过对原始数据进行处理和转换，从中提取、选择或构建出更有用、更能代表问题的特征集合，以便更好地描述数据，并提高机器学习算法的性能和效果。特征工程的作用包括：降低模型复杂度，提高模型泛化能力，加速模型训练等。特征工程通常包括数据预处理、特征构建、特征选择等内容。通过合理的特征工程，可以改善模型的训练效果和预测能力。

不同类型的机器学习方法，对特征工程的要求是不一样的。例如，决策树模型对特征数值幅度不敏感，可以不进行规范化、标准化或统计变换处理。而线性回归、SVM 等依赖样本距离的模型，需要数值型特征进行此类处理，以使得不同特征之间的值具有可比性。再例如，LightGBM 和 XGBoost 都能进行缺失值处理。

构建特征的有效性和数据及业务分布强相关，对数据和业务的深刻理解是实施高质量特征工程的重要前提。诸如，与领域专家充分交流、进行探索性数据分析等活动都有利于加强对数据和业务的理解。在进行特征工程时，需要结合领域知识和数据的特点，灵活运用各种方法，并进行实验和验证，以找到最优的特征集合。

11.2 数据预处理

数据预处理是指在进行应用机器学习相关算法之前对原始数据进行一系列操作，以使数据更好地适配机器学习算法。数据预处理需要针对具体问题和数据的特点进行分析和考虑。

11.2.1 数据清洗

数据清洗是指从原始数据中去除无效、重复、缺失、异常或错误的数据。这些数据可能会对训练模型产生不良影响，因此需要先对数据进行清洗。例如，可以使用插补方法填充缺失值，使用统计方法或者机器学习模型检测和处理异常值。

1. 缺失值处理

在数据分析和机器学习任务中，经常会遇到数据中存在缺失值的情况。缺失值指的是数据中某些条目或特征的值缺失或未记录的情况。处理缺失值是数据预处理的一个重要环节。下面介绍几种常见的缺失值处理方法。

（1）删除含有缺失值的样本或特征：如果缺失值的比例较小且对整体数据影响较小，可以直接删除含有缺失值的样本或特征。但需要注意，删除数据会降低样本量和特征维度，可能会导致信息损失。

（2）填充缺失值：填充缺失值是处理缺失值的常见方法之一。填充缺失值的策略可以根据数据的性质和分布进行选择。常见的填充方式如下。

- 均值填充：用特征的均值填充缺失值。
- 中位数填充：用特征的中位数填充缺失值。
- 众数填充：用特征的众数填充缺失值（对于类别型特征）。
- 固定值填充：用指定的固定值（如 0 或者 -1）填充缺失值。
- 插值方法：对于时间序列数据或者具有连续性的数据，可以使用插值方法来填充缺失值。常见的插值方法包括线性插值、多项式插值、样条插值等，这些方法可以根据已有的数据点进行推断并填充缺失值。
- 模型预测：对于某个特征存在较多缺失值的情况，可以使用其他特征作为自变量，建立模型来预测缺失值。常见的模型包括线性回归、随机森林、决策树等。

（3）使用特殊值表示缺失值：有时可以将缺失值视为一种特殊状态，用特殊值（如 NaN、-9999 等）来表示。

在选择缺失值处理方法时，需要考虑数据的缺失情况、特征的类型和数据分析的目标。不同的处理方法可能会对结果产生不同的影响，因此需要谨慎选择。同时，要注意处理缺失值时不能引入额外的偏差或者误差，以保证分析结果的准确性和可靠性。

2．异常值处理

异常值（outlier）是指在数据集中与其他观测值明显不同的数值。异常值可能是由于测量或数据录入错误、自然波动、实际异常情况等原因而产生。处理异常值的目标是减少其对数据分析和模型建立的影响，以下是常见的异常值处理方法。

（1）可视化检测：使用箱线图、散点图等可视化工具可以帮助直观地发现异常值。通过观察数据的分布、离群程度等特征，可以初步判断是否存在异常值。

（2）统计方法：使用统计量来判断是否存在异常值，如均值、标准差等。一种常见的方法是使用 Z-score 或者标准化残差来判断数据点的偏离程度，超过某个阈值的数据点可以被视为异常值。

（3）删除异常值：当异常值对于整体分析结果影响较大且符合逻辑时，可以选择将其删除。但需要谨慎操作，以免引入额外的偏差。只有在确定异常值是由于错误的测量或录入导致的情况下，才应该考虑删除。

（4）填充或替换异常值：对于特定情况下的异常值，可以使用插值、均值填充等方法进行填充或替换。但需要谨慎处理，确保替换值与其他观测值的分布和趋势一致。

（5）异常值处理模型：使用专门的异常值检测算法或模型来识别异常值。常见的方法包括聚类、孤立森林、LOF（局部离群因子）等。

在处理异常值时，需要综合考虑数据集的特点、异常值的数量和分布情况，以及对分析结果的影响。同时，注意异常值可能包含有用的信息，可能是数据集中真实存在的特殊情况，因此仔细评估异常值的产生原因和影响，做出相应的处理策略。

11.2.2　数据集成

在实际应用中，往往会有多个数据源提供数据，数据集成就是将这些数据合并起来，构建一个完整的数据集。由于数据来自不同的时间点或不同的数据源，可能存在不一致的问题，需要进行数据对齐以消除不一致性。数据对齐是指将不同数据集中的数据按照某种规则进行匹配和对齐，以便进行进一步的分析和处理。数据对齐的目的通常有以下几种。

（1）统一数据格式：不同数据源的数据格式可能不同，需要进行数据对齐以使得数据具有一致的格式。例如，将日期格式统一为相同的格式，将数据类型进行一致化等。

（2）匹配相同实体：当数据来自多个来源时，可能会涉及相同实体或对象（如公司、产品等），需要匹配和关联。

（3）时间对齐：如果数据涉及时间序列，需要将不同数据集中的时间进行对齐，使相同时间点的数据可以对应起来。

数据对齐的方法可以根据具体情况选择，常见的方法包括索引对齐、键值对齐、时间对齐等。在进行数据对齐时，需要仔细考虑数据的特点和需求，确保对齐过程的准确性和一致性。

11.2.3　特征缩放

特征缩放是指对特征的值按比例进行调整，使其符合某个特定范围的过程。特征缩放使得特征具有相似的尺度，不同特征之间的取值范围大致相同，消除由于特征值范围不同造成的偏差，从而避免某些特征对模型的影响过大。某些机器学习算法中，特征缩放是必要的，因为这些算法对特征的尺度非常敏感，如果不进行特征缩放，可能导致某些特征对模型的影响过大，而忽略了其他特征。

常见的缩放方法包括标准化和归一化，它们可以将不同尺度或不同单位的数据转换为统一的标准尺度，以便更好地进行比较和分析。数据标准化是指将不同规格的数据按照统一的标准进行转化。归一化也可以理解成一种特殊类型的标准化，它通过 Min-Max 标准化等操作，将特征缩放到 0~1 范围内。常见的标准化方法如下。

（1）Min-Max 标准化：将数据线性映射到一个指定的范围，通常是[0, 1]或[-1, 1]，并保持原始数据的分布特征不变。具体计算代码如下：

```
x_normalized=(x-min(x))/(max(x)-min(x))
```

（2）Z-score 标准化：通过计算样本的均值和标准差，将数据转化为均值为 0、标准差为 1 的标准正态分布。具体计算代码如下：

```
x_normalized=(x-mean(x))/std(x)
```

一般而言，当数据的分布比较接近正态分布时，使用 Z-score 标准化效果较好；当数据分布比较偏态或存在极端离群值时，可以使用 Min-Max 标准化来缩放数据的范围。在分类、聚类算法中，需要使用距离来度量相似性时（如 SVM、KNN）或者使用 PCA 技术进行降维时，Z-score 标准化表现可能更好。

（3）Decimal Scaling 标准化：通过移动小数点的位置，将数据的绝对值限制在[-1, 1]之间。具体计算代码如下：

```
x_normalized=x/10^k
```

其中，k 为使得数据范围满足[-1, 1]的倍数。

（4）向量归一化：对于多维数据，可以对每个样本向量进行归一化，使得每个样本的向量长度为 1。常见的方法有 L1 范数归一化和 L2 范数归一化。

标准化方法的选择应根据数据的性质和具体任务的要求来决定，不同的方法可能适用于不同的场景。标准化可以在数据预处理阶段进行，也可以作为特征工程的一部分，在模型训练之前进行。通过标准化可以提高模型的收敛速度，增加模型的稳定性，从而更好地进行数据分析和建模。

11.3 综合案例：数据预处理实践

11.3.1 案例概述

泰坦尼克号（Titanic）数据集记录了泰坦尼克号沉船事件中一些船员的个人信息以及存活状况，广泛用于数据科学和机器学习等领域。泰坦尼克号数据集中存在数据缺失、数据冗余等问题。本案例将以泰坦尼克号数据集为基础，进行数据预处理演示。

11.3.2 案例实现

1．泰坦尼克号数据集简要分析

首先加载数据集。

```
1.  import pandas as pd
2.  df_titanic = pd.read_excel('data/ch11FE/titanic.xlsx')# 加载数据
3.  print(df_titanic.shape)
```

第 3 行代码的输出结果为(891, 15)。这表明该数据集目前有 891 条记录，每条记录包含 15 个字段。通常需要了解各列数据的含义。通过 DataFrame 对象的 columns 属性，可以进一步查看各列标签。输入如下代码。

```
4.  print(df_titanic.columns)
```

输出结果如下所示。

```
Index(['survived', 'pclass', 'sex', 'age', 'sibsp', 'parch', 'fare', 'embarked',
'class', 'who', 'adult_male', 'deck', 'embark_town', 'alive', 'alone'], dtype='object')
```

各列标签的含义如表 11-1 所示。

表 11-1   df_titanic 列标签及其含义

列标签	含义	说明
survived	乘客是否存活	0 表示未能存活；1 表示存活
pclass	乘客席位等级	用 1、2、3 分别代表一级、二级、三级
sex	乘客的性别	male 男性；female 女性
age	乘客的年龄	实数形式表示
sibsp	同行的兄弟姐妹和配偶数	Siblings 和 Spouse 的缩写组合，整数
parch	同行的家长和孩子数目	Parents 和 Children 的缩写组合，整数
fare	船票费用	实数形式表示
embarked	乘客上船时的港口	C、Q 或 S，embark_town 列的缩写
class	乘客席位等级	first、second、third，与 pclass 列类似
who	乘客类型	man、woman 或者 child
adult_male	是否是成年男人	True 或者 False
deck	仓位号	类似高铁座位号中的 A、B、C 等编号
embark_town	乘客上船时的港口	Cherbourg, Queenstown 或 Southampton
alive	是否存活	yes 或者 no
alone	是否独自一人乘船	True 或者 False

上述列标签及其含义等说明内容不够直观，因此有必要结合具体的数据进行理解。实际应用中，数据集的数据量非常大，通常并不会一次性输出所有数据。通过 head()、tail() 可以分别查看数据集中的前几条、最后几条记录。默认为 5 条，通过为这两个函数提供数字参数，也可以输出特定数量的记录。例如下面一行代码可以查看 df_titanic 前 3 条记录的内容。

```
5.  print(df_titanic.head(3))
```

输出结果如图 11-1 所示。

	survived	pclass	sex	age	sibsp	parch	fare	embarked	class	who	adult_male	deck	embark_town	alive	alone
0	0	3	male	22.0	1	0	7.2500	S	Third	man	True	NaN	Southampton	no	False
1	1	1	female	38.0	1	0	71.2833	C	First	woman	False	C	Cherbourg	yes	False
2	1	3	female	26.0	0	0	7.9250	S	Third	woman	False	NaN	Southampton	yes	True

图 11-1   df_titanic 的前 3 条记录

不同的数据缺失情况对应的处理方式是不一样的。应当根据不同列的缺失情况，选择合适的处理方法。为此，先查看各列数据的缺失情况，以决定后续处理的方式。输入如下代码。

```
6.   print('各列缺失数据的数目为：\n{}'.format(df_titanic.isnull().sum()))
7.   print('各列缺失值的比例为：\n{}'.format(df_titanic.isnull().sum()/df_titanic.shape[0]))
```

输出结果分别如图 11-2 所示。这里主要使用了 isnull 函数。通过对这个函数的输出结果求和，可以得到数据缺失情况的统计信息。

2．缺失值删除

根据图 11-2（b），deck 列缺失最为严重，超过77%的记录缺失该值。输入如下代码直接删除该列。

```
8.   df_titanic.drop(labels='deck',axis=1,inplace=
True)  #deck  0.772166
```

根据图 11-2（a），embarked 仅有两行数据缺失。由于整体数据量较多，一种简单的处理方式是直接删除这两行。下面代码根据 embarked 变量，删除了对应的缺失行。这里提供了两种方法。因为后续还会演示，如何使用其他方法对 embarked 列的缺失值进行处理，建议读者先使用非原位删除法进行练习。输入如下代码。

各列缺失数据的数目为：		各列缺失值的比例为：	
survived	0	survived	0.000000
pclass	0	pclass	0.000000
sex	0	sex	0.000000
age	177	age	0.198653
sibsp	0	sibsp	0.000000
parch	0	parch	0.000000
fare	0	fare	0.000000
embarked	2	embarked	0.002245
class	0	class	0.000000
who	0	who	0.000000
adult_male	0	adult_male	0.000000
deck	688	deck	0.772166
embark_town	2	embark_town	0.002245
alive	0	alive	0.000000
alone	0	alone	0.000000
dtype: int64		dtype: float64	

（a）缺失数　　　　　　（b）缺失比例

图 11-2　缺失值情况统计

```
9.    df_titanic.dropna(subset=['embarked'])                        #非原位删除
10.   #df_titanic.dropna(subset=['embarked'], inplace=True)        #原位删除
```

3．缺失值填充

由于 embarked 只有两个缺失值，也可以对其进行填充。embarked 是类别性数据，可以使用众数对缺失值进行填充。

```
11.   df_titanic['embarked'].isnull().sum()
12.   df_titanic['embarked'].fillna(df_titanic['embarked'].mode())
13.   #df_titanic['embarked'].fillna(df_titanic['embarked'].mode(), inplace=True)
```

由于 age（年龄）列缺失的数据较多，若直接对其用单一值进行填充，引入的误差可能比较大。这里介绍两种更为复杂的填充方式。

方法 1：分组填充。根据 sex、pclass 和 who 对 age 进行分组，如果落在相同的组别里，就用这个组别的均值（mean）或中位数（median）填充。

```
14.   import numpy as np
15.   df_titanic.groupby(['sex', 'pclass', 'who'])['age'].mean()
16.   age_group_mean = df_titanic.groupby(['sex', 'pclass', 'who'])['age'].mean().reset_index()
17.   def select_group_age_mean(row):
18.       condition = ((row['sex'] == age_group_mean['sex']) &
19.                    (row['pclass'] == age_group_mean['pclass']) &
20.                    (row['who'] == age_group_mean['who']))
21.       return age_group_mean[condition]['age'].values[0]
22.   df_titanic['age'] =df_titanic.apply(lambda x: select_group_age_mean(x) if np.isnan
(x['age']) else x['age'],axis=1)
```

方法 2：模型预测填充。用 sex、pclass、who、fare、parch、sibsp 6 个特征构建随机森林模型，填充 age 缺失值。

```
1.  import pandas as pd
2.  df_titanic = pd.read_excel('data/ch11FE/titanic.xlsx')# 加载数据
3.  df_titanic_age = df_titanic[['age', 'pclass', 'sex', 'who','fare', 'parch', 'sibsp']]
4.  df_titanic_age = pd.get_dummies(df_titanic_age)
5.  df_titanic_age.head()
```

第 3 行代码将 df_titanic 数据框中的列 age、pclass、sex、who、fare、parch 和 sibsp 提取出来，然后将结果赋值给 df_titanic_age 变量。这样做是为了在后续分析中只关注这些特定的列。

第 4 行代码使用 pd.get_dummies 函数对 df_titanic_age 数据框进行独热编码处理。独热编码是一种将分类变量转换为二进制（0 和 1）表示的方法，以便应用于机器学习模型。

第 5 行代码打印出经过独热编码处理后的 df_titanic_age 数据框的前几行，以便查看数据的样式和结构。

```
6.  known_age = df_titanic_age[df_titanic_age.age.notnull()]
7.  unknown_age = df_titanic_age[df_titanic_age.age.isnull()]
8.  y_age = known_age['age']
9.  X_train_age = known_age.drop(['age'], axis=1)
10. X_unknown_age=unknown_age.drop(['age'], axis=1)
```

第 6、7 行代码将乘客分成已知年龄和未知年龄两部分。第 8、9 行代码准备用于训练的数据集，X_train_age 是训练样本的特征值，y_age 是各个样本对应的目标年龄。第 10 行代码提取未知年龄样本的特征值。

```
11. from sklearn.ensemble import RandomForestRegressor
12. import seaborn as sns
13. model = RandomForestRegressor(random_state=0, n_estimators=2000, n_jobs=-1)
14. model.fit(X_train_age, y_age)
15. y_pred_age = model.predict(X_unknown_age)
16. df_titanic.loc[df_titanic.age.isnull(), 'age'] = y_pred_age
17. sns.distplot(df_titanic.age)
```

第 13、14 行代码，构建随机森林模型并进行训练。第 15 行代码，用得到的模型进行未知年龄结果预测。第 16 行代码，用得到的预测结果填补原缺失数据，第 17 行代码，以填充后的 age 列为基础绘制图形。

4．特征缩放

在进行特征缩放之前，需要对数据进行一些探索。这可以帮助了解数据的分布情况，以及哪些特征可能需要被缩放。

```
18. df_titanic.describe()
```

第 18 行代码使用 describe 方法查看每个特征的统计信息。结果如图 11-3 所示。从上面的结果可以看出，age 和 fare 特征的值域范围差异较大，因此可能需要进行特征缩放。

```
19. from sklearn.preprocessing import StandardScaler
20. scaler = StandardScaler()
21. df_titanic['age_scaled'] = scaler.fit_transform(df_titanic[['age']])
22. df_titanic['fare_scaled'] = scaler.fit_transform(df_titanic[['fare']])
23. df_titanic.describe()
```

可以使用 Sklearn 库中的 StandardScaler 类对数据进行标准化处理，使其符合标准正态分布（即均值为 0，方差为 1）。输出结果如图 11-4 所示。不难发现处理后的 age_scaled 和 fare_scaled 其均值都接近于 0，而它们的方差也接近于 1。

	survived	pclass	age	sibsp	parch	fare
count	891.000000	891.000000	714.000000	891.000000	891.000000	891.000000
mean	0.383838	2.308642	29.699118	0.523008	0.381594	32.204208
std	0.486592	0.836071	14.526497	1.102743	0.806057	49.693429
min	0.000000	1.000000	0.420000	0.000000	0.000000	0.000000
25%	0.000000	2.000000	20.125000	0.000000	0.000000	7.910400
50%	0.000000	3.000000	28.000000	0.000000	0.000000	14.454200
75%	1.000000	3.000000	38.000000	1.000000	0.000000	31.000000
max	1.000000	3.000000	80.000000	8.000000	6.000000	512.329200

图 11-3　特征的统计信息

	survived	pclass	age	sibsp	parch	fare	age_scaled	fare_scaled
count	891.000000	891.000000	891.000000	891.000000	891.000000	891.000000	8.910000e+02	8.910000e+02
mean	0.383838	2.308642	29.952436	0.523008	0.381594	32.204208	1.674680e-16	3.987333e-18
std	0.486592	0.836071	13.473648	1.102743	0.806057	49.693429	1.000562e+00	1.000562e+00
min	0.000000	1.000000	0.420000	0.000000	0.000000	0.000000	-2.193097e+00	-6.484217e-01
25%	0.000000	2.000000	22.000000	0.000000	0.000000	7.910400	-5.905529e-01	-4.891482e-01
50%	0.000000	3.000000	28.500000	0.000000	0.000000	14.454200	-1.078588e-01	-3.573909e-01
75%	1.000000	3.000000	37.000000	1.000000	0.000000	31.000000	5.233566e-01	-2.424635e-02
max	1.000000	3.000000	80.000000	8.000000	6.000000	512.329200	3.716564e+00	9.667167e+00

图 11-4　部分特征标准化处理后特征的统计信息

5．冗余列删除

根据图 11-1 和表 11-1，不难发现该数据集中存在许多冗余列。例如，pclass 和 class、embarked 和 embark_town 都是同一个内容的不同表示，有必要删除冗余部分。

```
24.  df_titanic.drop(['class', 'embark_town'], axis=1, inplace=True)
25.  print(df_titanic.head(3))
```

本段代码删除'class'和'embark_town'列，并显示处理后的 df_titanic 前 3 条记录。输出结果如图 11-5 所示。对比图 11-1，不难发现指定的两列都已经被删除。

	survived	pclass	sex	age	sibsp	parch	fare	embarked	who	adult_male	deck	alive	alone
0	0	3	male	22.0	1	0	7.2500	S	man	True	NaN	no	False
1	1	1	female	38.0	1	0	71.2833	C	woman	False	C	yes	False
2	1	3	female	26.0	0	0	7.9250	S	woman	False	NaN	yes	True

图 11-5　冗余列删除后的 df_titanic 的前 3 条记录

11.4　特征构建

数据预处理过程能保证拿到干净、整齐、准确的数据，但这些数据未必对于机器学习是最有效的，通常需要进一步进行特征构建。特征构建是指将原始数据转化为可供机器学习算法使用的特征表示的过程。在特征构建过程中，需要根据问题的特点、业务场景、领域知识构造新的特征来提升数据表达能力和模型建模效果。这些新特征通常由原始数据经过组合、转化、离散化等处理和编码操作得到，或者结合原始数据中的特征、人工设计的特征、外部数据等信息构建而成，能够更好地表达问题的关键信息。例如，对于房价预测问题，部分数据集的特征数量非常多，这些特征直接使用效果并不好，此时可以进行特征构建操作。一方面，可以通过结合原始数据中的特征进行特征构建，如可以从室内面积、建筑面积、地下室面积等特征中构建出总面积特征，可以从建筑年份和翻修年份等特征中构建出房龄特征。另一方面，也可以结合外部数据如地区人均收入、学区评级等构建新的特征。

11.4.1　数值特征

对于数值型的特征，可以直接使用原始值。如果存在缺失值，可以采用填充或插补的方法补齐缺失值。另外，还可以进行数值的归一化或标准化，以保证不同特征之间的尺度一致。

数值特征处理主要包括数据规范化、离散化、特征变换等。其中，数据规范化用于将数据缩放到特定的范围内，以便于不同特征之间进行比较；离散化则将连续数据分成若干段，便于将连续型数据转化为离散型数据进行处理；特征变换则是将原始特征映射到新的特征空间中，以便于算法的处理。也可以在数值特征之上，构造出新的特征。统计特征是一类非常有效的特征，代表性的包括四分位数、中位数、平均值、标准差等。

数据分桶，也叫作数据分箱或离散化，是对连续值进行离散化处理的一种常用方法，它指的是把连续数值切段，并把连续值归属到对应的段中。数据分桶可以进一步细分为等距分桶、等频分桶等不同类型。等距分桶是指按照相同宽度将数据分成几等份。等距分桶中，每个等份里面的实例数量可能不等。等频分桶是指将数据分成几等份，每等份数据里面的个数是一样的。在等频分箱中，区间的边界值要经过计算获得，最终每个区间包含大致相等的实例数量。

11.4.2　类别特征

类别特征是典型的离散变量。在数据分析和机器学习中，很多模型并不能直接处理离散变量，通常需要对其进行特征编码。常用的编码方法包括标签编码（label encoding）、独热编码（one-hot encoding）等。

1．标签编码

标签编码是一种将分类变量转换为数值型变量的编码方法。它将每个类别标签映射为一个整数值，从而使得机器学习算法可以对该变量进行处理。

标签编码过程中，首先确定所有可能的类别。然后为每个类别分配一个唯一的整数编码，通常从 0 开始递增。例如，假设有一个包含三个类别的分类变量："红色"、"绿色"和"蓝色"。使用标签编码后，可以将它们映射为整数编码："红色"：0；"绿色"：1；"蓝色"：2。

标签编码的主要优点是简单直观，不引入额外的特征维度。然而，在某些情况下，标签编码可能会导致机器学习算法错误地将类别之间的数值差异作为有序关系。在这种情况下，可以考虑使用独热编码来更准确地表示分类变量。

例如，在 12.2 节的综合案例中，Auto MPG 数据集的产地（origin）列采用的就是标签编码，该列有三个取值，分别代表不同产地。其中，1 代表 USA，2 代表 Europe，3 代表 Japan。由于 1～3 的数字具有天然的顺序特点，无形之中引入了有序关系。在处理过程中，借助独热编码，将其转换为 3 个新列：USA，Europe 和 Japan，分别代表是否来自对应的产地。

2．独热编码

独热编码是一种常用的特征编码方法，用于将分类变量转换为数值型变量，通常用于处理类别间不具有大小关系的特征。分类变量通常表示为文字或类别形式，机器学习算法无法直接处理这些变量。独热编码可以将每个分类变量的每个可能取值转化为一个二进制向量，使得模型能够更好地理解和处理分类变量。

对于一个包含 N 个不同类别的分类变量，进行独热编码的步骤如下。

（1）确定所有可能的类别，并为每个类别分配一个唯一的整数编码，通常从 0 开始递增。

（2）对于每个样本的类别，创建一个长度为 N 的向量，其中只有对应类别的位置为 1，其他位置为 0。这个向量就是该样本的独热编码表示。

在自然语言处理中，假设有一个词汇表，包含了 N 个不同的词汇。可以使用独热编码将每个词汇表示为一个长度为 N 的向量，其中只有对应词汇的位置为 1，其他位置为 0。这样的表示方法可以方便地用于神经网络等模型的输入。假设有一个词汇表包含 5 个词汇：['apple', 'banana', 'orange', 'pear', 'grape']，那么对应的独热编码如下：

```
'apple': [1, 0, 0, 0, 0]
'banana': [0, 1, 0, 0, 0]
'orange': [0, 0, 1, 0, 0]
'pear': [0, 0, 0, 1, 0]
'grape': [0, 0, 0, 0, 1]
```

在类别特征问题中，可以利用独热编码将离散的类别特征变量转换为若干个二元变量（可以视为一个向量），每个变量表示一个取值状态。最终生成的稀疏向量的维度与类别特征变量的类别数相同。例如，对于"颜色"特征，它有 red、blue、green 三个取值。可以将颜色特征转换为 red、blue、green 三个特征变量，这三个新的特征变量取值为 0 或 1，用于表示该样本在对应的颜色状态下是否存在。再例如，对于"血型"特征，一共有 4 种类别，采用独热编码后，会把血型变成一个 4 维的稀疏向量。

优点：独热编码解决了分类器不好处理类别数据的问题，在一定程度上也起到了扩充特征的作用。独热编码可以保留词汇/类别之间的独立性，它的值只有 0 和 1，不同的类型存储在垂直的空间。

缺点：存在维度灾难的问题，特别是在词汇表很大、类别的数量很多时，特征空间会变得非常大，会导致非常稀疏的高维向量。此时可以用 PCA 来减少维度。在自然语言处理中，通常会结合词嵌入等技术来对词汇进行更加紧凑的表示。

3．标签二值化

标签二值化（label binarizer）的功能与独热编码类似，但是独热编码只能对数值型变量二值化，无法直接对字符串型的类别变量编码，而标签二值化可以直接对字符型变量二值化。

【实例 11-1】标签二值化。

```
1.  from sklearn.preprocessing import LabelBinarizer
2.  lb=LabelBinarizer()
3.  labelList=['yes', 'no', 'no', 'yes','no2']
4.  dummY=lb.fit_transform(labelList)
5.  print("dummY:",dummY)
```

```
6.    yesORno=lb.inverse_transform(dummY)
7.    print("yesOrno:",yesORno)
```

第 4 行代码将标签列表二值化。第 6 行代码是第 4 行代码的逆过程。输出如下。

```
dummY: [[0 0 1]
 [1 0 0]
 [1 0 0]
 [0 0 1]
 [0 1 0]]
yesOrno: ['yes' 'no' 'no' 'yes' 'no2']
```

11.4.3　组合特征

有时，对原始特征进行数学运算、组合或交互可以生成新的有意义的特征。例如，可以对两个特征求和、相乘或者取比例，生成新的特征。

在特征构建的过程中，需要根据具体问题和数据的特点来选择合适的方法。特征构建的质量对机器学习算法的性能有着重要影响，因此需要在实践中不断进行尝试和优化。

以下为常用的特征组合构建方式。

（1）离散+离散：构建笛卡儿积（即两两组合成"且"关系）。

（2）离散+连续：连续特征分桶后进行笛卡儿积或基于类别特征 group by 构建统计特征。

（3）连续+连续：加减乘除，多项式特征，二阶差分等。

（4）多项式特征：针对连续值特征，对几个特征构建多项式特征，以达到特征组合与高阶增强的作用。

11.4.4　非线性变换

非线性变换通过对原始数据应用非线性函数进行转换，以改变数据的分布或特征表示。非线性变换可以帮助提取更多的信息，增加数据的可分性，并且在某些情况下能够提升模型的性能。常见的非线性变换方法包括如下几种。

（1）平方变换：将数据平方，即将原始数据 x 变换为 x^2。平方变换可以放大中间值附近的差异，缩小较大或较小值的差异。

（2）开方变换：将数据开方，即将原始数据 x 变换为 $sqrt(x)$。开方变换可以减小较大值的差异，放大较小值的差异。

（3）对数变换：将数据取对数，即将原始数据 x 变换为 $log(x)$。对数变换可以压缩较大值的差异，放大较小值的差异，对偏态分布的数据有较好的效果。

（4）指数变换：将数据取指数，即将原始数据 x 变换为 e^x。指数变换可将较小值的差异缩小，放大较大值的差异。

（5）Box-Cox 变换：Box-Cox 变换是一种通过参数 λ 来自适应选择变换类型的技术。它可以将原始数据进行幂函数变换，使得转换后的数据更加接近正态分布。

非线性变换可以帮助提取数据中的非线性关系，并且在某些情况下能够提升模型的性能。但是，在使用非线性变换时，需要谨慎选择合适的方法，并进行适当的验证和评估，以确保对数据进行有效的处理。非线性变换的选择应根据数据的特点和具体问题来决定。在应用非线性变换时，需要注意处理异常值和对变换后的数据进行逆变换，以便在需要时还原到原始数据空间。

11.5 综合案例：特征构建实践

11.5.1 案例概述

本案例基于泰坦尼克号数据集，演示如何构建新特征。

11.5.2 案例实现

1. 数值特征

（1）构建家庭规模特征

泰坦尼克号数据集中的成员之间有亲属关系。考虑到家族大小对于最终是否获救有影响，可以构建一个 family_size 的特征，用于表征家庭规模。

```
1.   import pandas as pd
2.   df_titanic = pd.read_excel('data/ch11FE/titanic.xlsx')
3.   df_titanic['family_size'] = df_titanic['sibsp'] + df_titanic['parch'] + 1
4.   df_titanic.head()
```

执行结果如图 11-6 所示。最后一列 family_size 是新增的家庭规模特征。

	survived	pclass	sex	age	sibsp	parch	fare	embarked	class	who	adult_male	deck	embark_town	alive	alone	family_size
0	0	3	male	22.0	1	0	7.2500	S	Third	man	True	NaN	Southampton	no	False	2
1	1	1	female	38.0	1	0	71.2833	C	First	woman	False	C	Cherbourg	yes	False	2
2	1	3	female	26.0	0	0	7.9250	S	Third	woman	False	NaN	Southampton	yes	True	1
3	1	1	female	35.0	1	0	53.1000	S	First	woman	False	C	Southampton	yes	False	2
4	0	3	male	35.0	0	0	8.0500	S	Third	man	True	NaN	Southampton	no	True	1

图 11-6　新增家庭规模特征后的前 5 条样本

（2）年龄特征离散化处理

对年龄（age）字段进行进一步处理，考虑到不同的年龄段对应的人群可能获救概率不同，根据年龄值分成不同区间段，对应到 child、young、midlife、old 等。

```
5.   def age_b(x):
6.       if x <= 18:
7.           return 'child'
8.       elif x <= 30:
9.           return 'young'
10.      elif x <= 60:
11.          return 'midlife'
12.      else:
13.          return 'old'
14.  df_titanic['age_b'] = df_titanic['age'].map(age_b)
15.  df_titanic.head()
```

输出结果如图 11-7 所示。最后一列的 age_b 是新增的离散化年龄特征。

	survived	pclass	sex	age	sibsp	parch	fare	embarked	class	who	adult_male	deck	embark_town	alive	alone	family_size	age_b
0	0	3	male	22.0	1	0	7.2500	S	Third	man	True	NaN	Southampton	no	False	2	young
1	1	1	female	38.0	1	0	71.2833	C	First	woman	False	C	Cherbourg	yes	False	2	midlife
2	1	3	female	26.0	0	0	7.9250	S	Third	woman	False	NaN	Southampton	yes	True	1	young
3	1	1	female	35.0	1	0	53.1000	S	First	woman	False	C	Southampton	yes	False	2	midlife
4	0	3	male	35.0	0	0	8.0500	S	Third	man	True	NaN	Southampton	no	True	1	midlife

图 11-7　年龄特征离散化处理后的前 5 条样本

（3）数据分桶

数据分桶可以有多种方式，例如可以采用等频分桶、等距分桶。这需要根据数据的分布特征确定。以船票价格为例，先分析船票价格的分布特征（第 17 或 18 行代码）。作为对比，还分析了年龄的分布特征（第 19 行代码）。

```
16. import seaborn as sns
17. #sns.displot(df_titanic.fare)
18. sns.histplot(df_titanic.fare)
19. sns.histplot(df_titanic.age)
```

输出结果如图 11-8 和图 11-9 所示。不难发现，船票价格（fare）呈现长尾分布特征，并不适合等距分桶。此时可以考虑对船票价格做一个等频分桶。

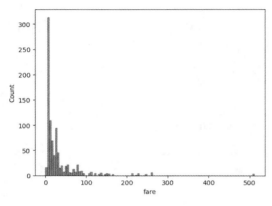

图 11-8　船票价格的分布特征　　　　　　　图 11-9　年龄的分布特征

```
20. df_titanic['fare_b'], bins = pd.qcut(df_titanic['fare'], 5, retbins=True)
21. print(df_titanic['fare_b'].value_counts())
22. print(bins)
23. df_titanic.head()
```

第 21、22 行代码输出结果如图 11-10 所示，第 21 行代码输出结果表明各区间段样本数量基本一致。第 22 行代码输出的列表给出了区间边界划分规则。第 23 行代码输出结果如图 11-11 所示。

```
fare_b
(7.854, 10.5]        184
(21.679, 39.688]     180
(-0.001, 7.854]      179
(39.688, 512.329]    176
(10.5, 21.679]       172
Name: count, dtype: int64
[  0.      7.8542  10.5     21.6792  39.6875 512.3292]
```

图 11-10　等频分桶结果

	survived	pclass	sex	age	sibsp	parch	fare	embarked	class	who	adult_male	deck	embark_town	alive	alone	family_size	age_b	fare_b
0	0	3	male	22.0	1	0	7.2500	S	Third	man	True	NaN	Southampton	no	False	2	young	(-0.001, 7.854]
1	1	1	female	38.0	1	0	71.2833	C	First	woman	False	C	Cherbourg	yes	False	2	midlife	(39.688, 512.329]
2	1	3	female	26.0	0	0	7.9250	S	Third	woman	False	NaN	Southampton	yes	True	1	young	(7.854, 10.5]
3	1	1	female	35.0	1	0	53.1000	S	First	woman	False	C	Southampton	yes	False	2	midlife	(39.688, 512.329]
4	0	3	male	35.0	0	0	8.0500	S	Third	man	True	NaN	Southampton	no	True	1	midlife	(7.854, 10.5]

图 11-11　新增 fare_b 列后的前 5 条样本

图 11-11 的最后一列（fare_b）为新增加的列，该列并不适合绝大多数机器学习算法。为此可以根据第 22 行代码输出的等频分桶区间规则将 fare_b 列值转换成 0～4 的数值编号。

```
24. def fare_cut(fare):
25.     if fare <= 7.8542:
26.         return 0
27.     if fare <= 10.5:
28.         return 1
29.     if fare <= 21.6792:
30.         return 2
31.     if fare <= 39.6875:
32.         return 3
33.     return 4
34. df_titanic['fare_b'] = df_titanic['fare'].map(fare_cut)
35. df_titanic.head()
```

输出结果如图 11-12 所示。

	survived	pclass	sex	age	sibsp	parch	fare	embarked	class	who	adult_male	deck	embark_town	alive	alone	family_size	age_b	fare_b
0	0	3	male	22.0	1	0	7.2500	S	Third	man	True	NaN	Southampton	no	False	2	young	0
1	1	1	female	38.0	1	0	71.2833	C	First	woman	False	C	Cherbourg	yes	False	2	midlife	4
2	1	3	female	26.0	0	0	7.9250	S	Third	woman	False	NaN	Southampton	yes	True	1	young	1
3	1	1	female	35.0	1	0	53.1000	S	First	woman	False	C	Southampton	yes	False	2	midlife	4
4	0	3	male	35.0	0	0	8.0500	S	Third	man	True	NaN	Southampton	no	True	1	midlife	1

图 11-12　将 fare_b 列转换成数值编号后的前 5 条记录

对比图 11-8 和图 11-9，不难发现，相比船票价格，年龄（age）字段的分布更加集中，且区间大小比较明确，可以自行定义较为均匀的切分方式，甚至可以采用等距分桶。

```
36. bins = [0, 20, 40, 60, 80]
37. df_titanic['age_b2']=pd.cut(df_titanic['age'], bins)
38. #print(df_titanic['age_b2'].unique())
39. print(df_titanic['age_b2'].value_counts())
```

本段代码对年龄（age）进行等距分桶。输出结果如下。

```
age_b2
(20, 40]    385
(0, 20]     179
(40, 60]    128
(60, 80]     22
Name: count, dtype: int64
```

2. 类别特征

（1）标签编码

```
40. from sklearn.preprocessing import LabelEncoder
41. le = LabelEncoder()
42. le.fit(df_titanic.age_b)
43. print('特征: {}'.format(list(le.classes_)))
44. print('转换标签值: {}'.format(le.transform(['child', 'midlife', 'child', 'young'])))
45. print('特征标签值反转: {}'.format(list(le.inverse_transform([1, 2, 1,0]))))
```

输出结果如下。

```
特征: ['child', 'midlife', 'old', 'young']
转换标签值: [0 1 0 3]
特征标签值反转: ['midlife', 'old', 'midlife', 'child']
```

（2）独热编码

下面对'sex','pclass'这两个字段进行独热编码。

```
46. pd.get_dummies(df_titanic, columns=['sex', 'pclass'],drop_first=True)
```

也可以提取指定的几列，然后对它们进行独热编码。

```
47. df_titanic_tmp = df_titanic[["survived",'sex', 'pclass',"embarked"]]
48. df_titanic_tmp = pd.get_dummies(df_titanic_tmp)
49. df_titanic_tmp.head()
```

输出结果如图 11-13 所示。其中 sex_female 和 sex_male 是 sex 列的独热编码结果。embarked_C、embarked_Q 和 embarked_S 是 embarked 列的独热编码结果。survived 和 pclass 都是数值特征，并没有发生改变。

3．特征组合

首先提取三个数值型特征列的数据。

```
50. df_titanic_num = df_titanic[['sibsp','fare','family_size']]
51. df_titanic_num.head()
```

输出结果如图 11-14 所示。接下来将以这三列数据为基础构建多项式特征。

	survived	pclass	sex_female	sex_male	embarked_C	embarked_Q	embarked_S
0	0	3	False	True	False	False	True
1	1	1	True	False	True	False	False
2	1	3	True	False	False	False	True
3	1	1	True	False	False	False	False
4	0	3	False	True	False	False	True

图 11-13　独热编码

	sibsp	fare	family_size
0	1	7.2500	2
1	1	71.2833	2
2	0	7.9250	1
3	1	53.1000	2
4	0	8.0500	1

图 11-14　三个数值型特征列

```
52. from sklearn.preprocessing import PolynomialFeatures
53. poly = PolynomialFeatures(degree=2, include_bias=False, interaction_only=False)
54. df_titanic_num_poly = poly.fit_transform(df_titanic_num)
55. pd.DataFrame(df_titanic_num_poly, columns=poly.get_feature_names_out()).head()
```

输出结果如图 11-15 所示。相比图 11-14，图 11-15 增加了 6 个新的特征。例如"sibsp^2"是"sibsp"的平方，"sibsp fare"是"sibsp"和"fare"的乘积。

	sibsp	fare	family_size	sibsp^2	sibsp fare	sibsp family_size	fare^2	fare family_size	family_size^2
0	1.0	7.2500	2.0	1.0	7.2500	2.0	52.562500	14.5000	4.0
1	1.0	71.2833	2.0	1.0	71.2833	2.0	5081.308859	142.5666	4.0
2	0.0	7.9250	1.0	0.0	0.0000	0.0	62.805625	7.9250	1.0
3	1.0	53.1000	2.0	1.0	53.1000	2.0	2819.610000	106.2000	4.0
4	0.0	8.0500	1.0	0.0	0.0000	0.0	64.802500	8.0500	1.0

图 11-15　构建多项式特征

在构建完成特征后，通过绘制热力图查看构建出的新特征变量的相关性情况。

```
56. sns.heatmap(pd.DataFrame(df_titanic_num_poly,
57.                          columns=poly.get_feature_names_out()).corr(), annot=True)
```

输出结果如图 11-16 所示。

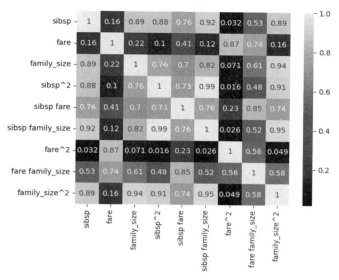

图 11-16　新构建特征的热力图

4. 非线性变换

下面对泰坦尼克号数据集中的船票价格字段进行 log 变换。

```
58. import numpy as np
59. sns.histplot(df_titanic.fare,kde=False)
60. df_titanic['fare_log'] = np.log((1+df_titanic['fare']))
61. sns.histplot(df_titanic.fare_log,kde=False)
```

第 59 行代码输出变换之前的数据分布情况，第 61 行代码输出变换之后的数据分布情况。输出结果如图 11-17 和图 11-18 所示。

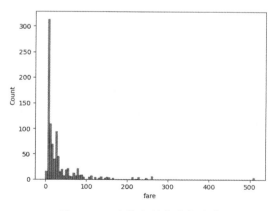

图 11-17　变换之前的数据分布

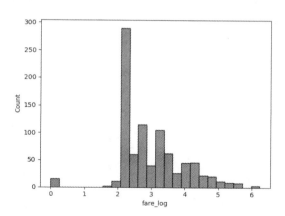

图 11-18　变换之后的数据分布

11.6　特征选择

特征选择（feature selection）是指从原始数据中选取最相关、最具有预测能力的特征，以提高机器学习模型的性能和泛化能力。在现实世界中，数据通常会包含成千上万个特征，而其中只有一部分特征对问题的解决有用。特征选择可以剔除无用的特征，从而减少模型的复杂度和计算时间，并且可以避免维度灾难和过拟合问题。特征选择的方法主要包括过滤式方法、包裹式方法、嵌入式方法等。特征选择的过滤式方法是通过对特征进行打分或排名，选择得分高的特征作为最终的特征集。与之相比，嵌入式方法和包裹式方法是在模型训练过程中进行特征选择。嵌入式方法通过在模型中引入正则化项，学习出更具有预测能力的特征权重。包裹式方法则通过迭代地训练模型，不断调整特征子集，选择最佳的特征子集。

11.6.1　过滤式

过滤式（filter）特征选择是一类独立于具体的机器学习算法的特征选择方法。过滤式特征选择是在训练模型之前，先对特征进行筛选。常见的方法包括方差分析、皮尔逊相关系数等。这种方法不考虑特征与目标变量之间的关系，只是通过特征本身的统计信息进行选择。这里的过滤是指以阈值为标准，过滤掉某些指标较高或者较低的特征。筛选出重要的特征子集，得到新的数据子集，用于后续机器学习模型的构建。过滤式特征选择一般从两个方面考察特征的重要性。其一是考察特征取值的差异程度，即认为只有特征取值差异明显的特征才可能是重要的特征。依据该思路实施的特征选择方法称为"低方差过滤法"。例如，存在一个极端情况，假如数据集中的某个特征的方差为0，这一特征取值没有波动，完全一样，对模型构建没有帮助，在特征选择时应当予以删除。其二，考察特征与目标变量的相关性，即认为只有与目标变量具有较高相关性的特征才是重要特征。依据该思路实施的特征选择方法称为"高相关过滤法"。特征相关性是通过统计方法进行度量的。问题的核心是如何考察相关性。

（1）低方差过滤法

低方差过滤法是过滤式特征选择的一种方法，它基于特征的方差来进行选择。方差是衡量数据分布的离散程度的统计量，方差较小表示特征的取值变化范围较小，而方差较大则表示特征的取值变化范围较大。

低方差过滤法的基本思想是，如果一个特征的方差接近于 0，说明该特征在样本中几乎没有变化，对于分类或回归任务来说，这样的特征对模型的预测能力没有贡献，可以删除。因此，低方差过滤可以用来去除那些方差较小的特征。

在使用低方差过滤法时，需要注意以下几点。首先，方差过滤只适用于数值型特征，对于类别型特征不适用。其次，需要根据具体问题和数据集的特点设置合适的阈值，或者根据经验选择固定数量的特征进行删除。此外，低方差过滤不考虑特征与目标变量之间的相关性，只关注特征自身的方差。在某些情况下，可能会删除与目标变量相关性较高但方差较小的特征。

低方差过滤法是一种简单且有效的特征选择方法，特别适用于高维数据集中存在许多噪声特征的情况。但在实际应用中，通常会结合其他特征选择方法来综合考虑特征的相关性和方差，以得到更好的特征子集。

（2）卡方过滤

卡方过滤是一种经典的过滤式特征选择方法，它基于卡方检验来衡量特征与目标变量之间的相关性。卡方检验是一种用于检验两个分类变量之间关联性的统计方法，它可以用来度量特征和目标变量之间的相关性。卡方检验的基本思想是比较观察频数和期望频数之间的差异。观察频数是指实际观测到的样本数量，而期望频数是在两个变量独立的假设下，根据总体比例计算得出的预期值。卡方值越大，观察频数与期望频数之间的差异越大，表示两个变量之间的相关性越显著。在使用卡方检验进行特征选择时，通常需要计算每个特征与目标变量之间的卡方值，并选择具有较高卡方值的特征作为重要特征。

卡方过滤的优点是简单快速，不依赖具体的学习算法。它可以剔除那些对目标变量没有贡献的特征，从而降低特征空间的维度，提高模型的泛化能力。但它也有一些缺点，例如，卡方过滤只考虑了特征与目标变量之间的相关性，而忽略了特征之间的相关性。卡方过滤对于类别数较少的特征效果较好，但对于类别数较多的特征效果较差。因此，在使用卡方过滤时，需要根据具体问题和数据集的特点选择合适的分类阈值，并结合其他特征选择方法进行综合考虑，以获得更好的特征子集。

（3）F 检验

F 检验是一种经典的过滤式特征选择方法，它可以用于衡量特征与目标变量之间的相关性。在 F 检验中，将数据集分成两组，一组包含目标变量中取值为正例的样本，另一组包含目标变量中取值为负例的样本。然后对于每个特征，计算其在两组样本中的方差比值，即 F 值，并将其作为该特征的得分。得分越高表示该特征与目标变量之间的相关性越大，越有可能被选择。

F 检验的优点是简单易用，不依赖具体的学习算法。它可以剔除那些对目标变量没有贡献的特征，从而降低特征空间的维度，提高模型的泛化能力。但它也有一些缺点，例如，F 检验只考虑了特征与目标变量之间的相关性，而忽略了特征之间的相关性。F 检验对于类别数较多的特征效果较差。

（4）互信息法

互信息法基于信息论中的互信息概念，通过计算特征与目标变量之间的互信息来评估它们的相关性。互信息是一种度量两个随机变量之间的相关性的指标，它可以衡量一个变量中的信息对另一个变量的预测能力。在互信息法中，对于每个特征，计算其与目标变量之间的互信息，并将互信息值作为该特征的得分。得分越高表示该特征与目标变量之间的相关性越大，越有可能被选择。

互信息法的优点是能够捕捉特征与目标变量之间的非线性关系，并且不受特征取值类型的限制。它可以发现特征与目标变量之间的复杂关联性，对于非线性分类问题有一定的优势。然而，互信息法也存在一些缺点，例如，互信息法在处理高维数据时可能会受到维度灾难的影响。此外，互信息法还可能会受到特征值数量和分布的影响。

11.6.2 包裹式

包裹式（wrapper）特征选择是一种基于机器学习模型的特征选择方法。它的基本思想是，将特征选择看作一个子集选择问题，采用模型进行特征选择，将特征子集作为模型的输入，在不同的特征子集上训练模型，并使用交叉验证或其他评估方式来评估特征子集的性能。通过遍历不同的特征子集，找到在目标模型上性能最好的特征子集。例如，递归特征消除（RFE）算法就是常用的包裹式特征选择算法之一。

包裹式特征选择的步骤如下：设定特征子集的大小和数量；使用某个学习算法来训练模型，并对每个特征子集进行评估；选择性能最好的特征子集作为最终的特征集合。

包裹式特征选择方法通过迭代地训练模型，不断调整特征子集，选择最佳的特征子集。与过滤式方法相比，包裹式方法可以更准确地评估特征的贡献；与嵌入式方法相比，包裹式方法对模型的选择不敏感，可以与任何模型结合使用。包裹式特征选择的优点是可以考虑特征之间的相互作用，能够更准确地选择与目标模型相关的特征。然而，包裹式特征选择需要在每个特征子集上训练模型，因为需要多次训练模型，需要耗费大量计算资源和时间，计算成本较高。包裹式特征选择可能会出现过拟合问题，选择的特征子集可能无法泛化到新数据集上。

11.6.3 嵌入式

嵌入式（embedded）特征选择是一种将特征选择与模型训练过程融合在一起的方法。它通过在模型训练过程中自动选择最佳特征子集，将特征选择作为优化问题的一部分。在嵌入式特征选择中，特征选择的过程与模型训练的过程是交织在一起的，两者同时进行，模型会自动选择对目标任务最有用的特征。模型的参数和特征权重是同时学习得到的。通过在目标函数中引入正则化项或惩罚项，可以实现对特征的选择和模型参数的约束。常见的嵌入式特征选择方法包括正则化（如 Lasso 和 ElasticNet）、决策树相关算法（如梯度提升树）等。

基于正则化的特征选择：通过在模型的损失函数中加入 L1 正则化项，使得某些特征的权重变为 0，从而实现特征选择。L1 正则化可以促使模型学习到稀疏的特征表示，适用于具有高维度、冗余特征的问题。例如，使用 feature_selection 库的 SelectFromModel 类结合带 L1 惩罚项的逻辑回归模型。

基于树模型的特征选择：树模型（如决策树、随机森林、梯度提升树等）本身具有天然的特征选择能力。树模型可以通过评估特征的重要性或信息增益来选择最佳特征子集，在模型训练的过程中完成特征选择。例如，可以使用 feature_selection 库的 SelectFromModel 类结合 GBDT 模型，来选择特征。

基于正交匹配追踪（orthogonal matching pursuit, OMP）的特征选择：OMP 是一种基于稀疏表示的特征选择方法。它通过迭代地选择与目标最相关的特征，并更新稀疏系数来实现特征选择和模型拟合的联合优化。

基于神经网络的特征选择：在神经网络模型中，可以通过调整模型的结构和参数，或者使用稀疏正则化技术（如 L1 正则化、Dropout 等），实现对特征的选择。同时，也可以利用神经网络中间层的特征表示进行特征选择。

嵌入式特征选择方法通常具有较好的效果和计算效率，因为它们能够在模型训练过程中自动选择最佳特征子集，避免了显式的特征选择步骤，无需额外的计算开销。

11.7 综合案例：特征选择实践

11.7.1 案例概述

本案例基于泰坦尼克号数据集，对三类代表性的特征选择方法进行演示。

11.7.2 案例实现

1．过滤式

（1）低方差过滤法

本段代码使用 Sklearn 库中的 VarianceThreshold 类，用于方差阈值特征选择。

```
1.  import pandas as pd
2.  from sklearn.feature_selection import VarianceThreshold
3.  df_titanic = pd.read_excel('data/ch11FE/titanic.xlsx')
4.  varthreshold = VarianceThreshold()
5.  df_titanic_num = df_titanic[['age','sibsp','parch','fare']]
6.  X_var = varthreshold.fit_transform(df_titanic_num)
7.  del_list = df_titanic_num.columns[varthreshold.get_support()==0].to_list()   #获得删除
的特征列表
```

第 4 行代码创建 VarianceThreshold 实例，此处未指定方差阈值，默认删除方差为 0 的特征。读者也可以指定具体的阈值，例如 VarianceThreshold(threshold=0.1)。较高的阈值会剔除更多的低方差特征，而较低的阈值可能会保留更多的特征。选择合适的阈值需要根据具体问题和数据集进行调整和评估。

第 5 行代码从 df_titanicDataFrame 中选择列 age、sibsp、parch 和 fare，并将结果存储在 df_titanic_num 变量中。后面将对这些列进行方差阈值特征选择。

第 6 行代码使用 fit_transform 方法将 df_titanic_numDataFrame 应用于方差阈值特征选择模型，得到删除不合格特征后的新特征矩阵 X_var。

第 7 行代码通过 get_support 方法获取不符合方差阈值要求的特征索引，然后使用 columns 属性获取这些特征的列名，并将结果转换为列表 del_list，得到被删除的特征列表。

（2）卡方过滤

本段代码使用 SelectKBest 类选择卡方值最高的 k 个特征。

```
8.  df_titanic_cat = df_titanic[['sex', 'class', 'embarked', 'who','alone']]
9.  df_titanic_num = df_titanic[['age','sibsp','parch','fare','pclass']]
10. df_titanic_cat_one_hot = pd.get_dummies(df_titanic_cat, columns=['sex', 'class',
    'embarked', 'who','alone'], drop_first=True)
11. df_titanic_con = pd.concat([df_titanic_num,df_titanic_cat_one_hot],axis=1)
12. y = df_titanic['survived']
13. X = df_titanic_con.iloc[:,1:]
14. from sklearn.feature_selection import chi2
15. from sklearn.feature_selection import SelectKBest
16. chi_value, p_value = chi2(X,y)
17. k = chi_value.shape[0] - (p_value > 0.05).sum()
18. print(k)
19. X_chi = SelectKBest(chi2, k=k).fit_transform(X, y)
20. print(np.shape(X),np.shape(X_chi))
```

第 8 行代码：选择类别型特征列。第 9 行代码：选择数值型特征列。

第 10 行代码：使用 pd.get_dummies 函数对 df_titanic_cat 进行独热编码。

第 11 行代码：使用 pd.concat 函数将 df_titanic_num 和 df_titanic_cat_one_hot 按列方向进行合并，得到新的 DataFrame df_titanic_con。

第 12 行代码：从 df_titanic DataFrame 中选择了 survived 列作为因变量，存储在 y 中。

第 13 行代码：选择 df_titanic_con DataFrame 中除第一列之外的所有列作为自变量，并将结果存储在 X 变量中。

第 14 行代码：从 Sklearn 库中导入 chi2 函数，用于卡方检验。

第 15 行代码：从 Sklearn 库中导入 SelectKBest 类，用于选择最好的 k 个特征。

第 16 行代码：使用 chi2 函数对 X 和 y 进行卡方检验，并将卡方值存储在 chi_value 变量中，将 p 值存储在 p_value 变量中。

第 17、18 行代码：根据 p 值大于 0.05 的特征数量，计算出最终选择的特征数量 k。

第 19 行代码：使用 SelectKBest 类选择卡方值最高的 k 个特征，存储在 X_chi 变量中。

第 20 行代码：打印特征选择前后的数据维度。

（3）F 检验

这段代码使用 f_classif 方法对自变量进行特征选择，选择与因变量相关性较高的特征。

```
21.  from sklearn.feature_selection import f_classif
22.  f_value, p_value = f_classif(X,y)
23.  k = f_value.shape[0] - (p_value > 0.05).sum()
24.  print(k)
25.  X_classif = SelectKBest(f_classif, k=k).fit_transform(X, y)
26.  print(np.shape(X),np.shape(X_classif))
```

第 21 行代码：导入 f_classif 特征选择函数，f_classif 函数是一种基于方差分析的统计方法，用于计算特征与目标变量之间的 F 值和相关的 p 值。

第 22 行代码：应用 f_classif 特征选择。f_classif 函数会返回每个特征的 F 值和相应的 p 值，存储在 f_value 和 p_value 变量中。

第 23、24 行代码：计算出最终选择的特征数量 k。通过对 p_value 进行布尔条件判断，p_value > 0.05 将返回一个布尔数组，其中 True 表示对应的 p 值大于 0.05，然后使用 .sum 函数计算布尔数组中 True 的数量，得到需要剔除的特征数量。最终，通过特征总数减去需要剔除的特征数量，确定了最终选择的特征数量 k。

第 25 行代码：使用 SelectKBest 类和 f_classif 函数，选择最好的 k 个特征，并将结果存储在 X_classif 变量中。SelectKBest 类是一个特征选择器，它根据指定的评分函数选择最好的特征。

第 26 行代码：打印特征选择前后的数据维度。

（4）互信息法

这段代码使用 mutual_info_classif 方法对自变量进行特征选择，选择与因变量之间互信息较高的特征，并输出最终选择的特征数量以及特征选择前后的自变量和新特征矩阵的维度。

```
27.  from sklearn.feature_selection import mutual_info_classif as MIC
28.  mic_result = MIC(X,y)
29.  k = mic_result.shape[0] - sum(mic_result <= 0)
30.  print(k)
31.  X_mic = SelectKBest(MIC, k=k).fit_transform(X, y)
32.  print(np.shape(X),np.shape(X_mic))
```

第 27 行代码：导入 mutual_info_classif 特征选择函数，这是一种用于计算特征与目标变量之间互信息的方法。

第 28 行代码：应用 mutual_info_classif 进行特征选择。函数会返回每个特征与目标变量之间的互信息，存储在 mic_result 变量中。

第 29、30 行代码：根据互信息结果小于或等于 0 的特征数量，计算出最终选择的特征数量 k。

第 31 行代码：使用 SelectKBest 类和 mutual_info_classif 函数，选择最好的 k 个特征，并将结果存储在 X_mic 变量中。

第 32 行代码：打印特征选择前后的数据维度。

2．包裹式

（1）递归特征消除法

这段代码使用 feature_selection 库的 RFE 类来选择特征。通过递归特征消除法选择特征，返回特征选择后的数据。参数 estimator 为基模型，n_features_to_select 为特征个数。

```
33. from sklearn.feature_selection import RFE
34. from sklearn.linear_model import LogisticRegression
35. X_ref = RFE(estimator=LogisticRegression(), n_features_to_select=10).fit_transform
(X, y)
36. print(np.shape(X),np.shape(X_ref))
```

（2）特征重要性评估

这段代码使用 Sklearn 库中的 ExtraTreesClassifier 模型进行特征重要性分析。

```
37. from sklearn.ensemble import ExtraTreesClassifier
38. model = ExtraTreesClassifier()
39. model.fit(X, y)
40. print(model.feature_importances_)
41. feature=list(zip(X.columns,model.feature_importances_))
42. feature=pd.DataFrame(feature,columns=['feature','importances'])
43. feature.sort_values(by='importances',ascending=False).head()
```

第 37 行代码：导入 ExtraTreesClassifier 类。它是一种基于决策树的集成学习算法，可以用于特征重要性分析。

第 38 行代码：初始化 ExtraTreesClassifier 模型。

第 39 行代码：使用训练数据拟合模型。

第 40 行代码：打印特征重要性。feature_importances_ 属性是 ExtraTreesClassifier 类中的一个属性，它返回每个特征的重要性得分，得分越高表示特征越重要。输出结果为：

[0.05286773 0.03555925 0.30870801 0.05757279 0.10067622 0.01869128 0.06473658 0.01310027 0.0237248　0.19340277 0.1169707　0.01398959]

第 41 行代码：使用 zip 函数将特征名称和其对应的重要性得分进行组合，并将结果存储在名为 feature 的列表中。

第 42 行代码：将 feature 列表转换为名为 feature 的 DataFrame，其中包含两列：'feature'列和'importances'列。

第 43 行代码：使用 sort_values 函数对'importances'列进行降序排序，以获取最重要的特征。输出结果如图 11-19 所示。

	feature	importances
2	fare	0.308708
9	who_man	0.193403
10	who_woman	0.116971
4	sex_male	0.100676
6	class_Third	0.064737

图 11-19　'importances'降序排序

3. 嵌入式

（1）基于惩罚项的特征选择法

下面这段代码使用了 Sklearn 库中的 SelectFromModel 类，结合 LogisticRegression 模型，来进行特征选择。

```
44. from sklearn.feature_selection import SelectFromModel
45. from sklearn.linear_model import LogisticRegression
46. lr = LogisticRegression(solver='liblinear',penalty="l1", C=0.1)
47. X_sfm = SelectFromModel(lr).fit_transform(X, y)
48. print(np.shape(X),np.shape(X_sfm))
```

第 44 行代码：导入 SelectFromModel 类。它是一个基于模型的特征选择方法。该方法通过训练一个评估特征重要性的模型，并根据其评估结果选择最重要的特征。

第 45 行代码：导入 LogisticRegression 类。它是一种广泛应用于分类问题的线性模型。该模型通过学习一组权重来对特征与目标变量之间的关系进行建模。

第 46 行代码：初始化 LogisticRegression 模型。solver 参数指定要使用的优化算法，penalty 参数指定正则化类型，C 参数控制正则化的强度。

第 47 行代码：通过.fit_transform 方法训练并选择最重要的特征。所选的模型为前述 LogisticRegression。

第 48 行代码：打印原始特征和选择后的特征数量。

下面这段代码使用 SelectFromModel 类结合 LinearSVC 模型，来进行特征选择。总的来说，这段代码与之前大致一样，不同的是，这里使用了 LinearSVC 作为特征选择的模型，而不是之前的 LogisticRegression。

```
49. from sklearn.feature_selection import SelectFromModel
50. from sklearn.svm import LinearSVC
51. lsvc = LinearSVC(C=0.01,penalty='l1',dual=False).fit(X, y)
52. model = SelectFromModel(lsvc,prefit=True)
53. X_sfm_svm = model.transform(X)
54. print(np.shape(X),np.shape(X_sfm_svm))
```

第 49 行代码：导入 SelectFromModel 类。

第 50 行代码：导入 LinearSVC 类并初始化模型。C 参数控制正则化的强度，penalty 参数指定正则化类型，dual 参数表示是否求解对偶问题。

第 51 行代码：使用 LinearSVC 进行特征选择。通过.fit 方法对 LinearSVC 模型进行训练，该模型会学习出对应特征的权重。然后将训练好的模型 lsvc 作为参数传递给 SelectFromModel 类的构造函数，同时设置 prefit=True，表示使用已经训练好的模型进行特征选择。

第 52、53 行代码：创建了一个 SelectFromModel 对象 model，并使用.transform 方法对特征矩阵 X 进行特征选择，得到了新的特征矩阵 X_sfm_svm。

第 54 行代码：打印原始特征和选择后的特征数量。

（2）基于决策树的特征选择

这段代码仍然是用于特征选择，但使用了 GradientBoostingClassifier 作为模型进行特征选择。该模型是一种基于梯度提升决策树的集成分类器，通过训练模型并选择重要特征。

```
55. from sklearn.feature_selection import SelectFromModel
56. from sklearn.ensemble import GradientBoostingClassifier
57. gbdt = GradientBoostingClassifier()
58. X_sfm_gbdt = SelectFromModel(gbdt).fit_transform(X, y)
59. print(np.shape(X),np.shape(X_sfm_gbdt))
```

第 55 行代码：导入 SelectFromModel 类。

第 56 行代码：导入 GradientBoostingClassifier 类并初始化模型。

第 58 行代码：创建了一个 SelectFromModel 对象 model，并使用.fit_transform 方法对特征矩阵 X 进行特征选择，得到了新的特征矩阵 X_sfm_gbdt。

第 59 行代码：打印原始特征和选择后的特征数量。

习题 11

1. 什么是特征工程？为什么在机器学习任务中进行特征工程很重要？
2. 什么是特征缩放？为什么在某些机器学习算法中需要进行特征缩放？
3. 什么是独热编码？为什么需要对分类变量进行独热编码？
4. 什么是特征选择的过滤方法？它与嵌入式方法和包裹式方法有什么区别？
5. 如何处理缺失值？列举两种常用的缺失值处理方法。

6. 什么是异常值？如何处理异常值？

7. 什么是特征编码？列举两种常见的特征编码方法。

8. 什么是特征选择的包裹式方法？与过滤式方法和嵌入式方法相比，包装式方法有何特点？

实训 11

1. 请使用鸢尾花数据集完成数据预处理实践。

（1）加载鸢尾花数据集，随机将其中少量数据设置为缺失值。

（2）完成缺失值删除或填充、特征缩放、特征列删除等数据预处理操作。

2. 请使用波士顿房价数据集完成特征构建和处理实践。实践内容包括数值特征处理、类别特征处理、特征组合、特征的非线性变换处理等。

3. 请使用糖尿病患者的数据集完成特征选择实践，实践内容包括过滤式、包裹式和嵌入式三类特征选择方案。

第12章 深度学习

深度学习是一种机器学习方法，通过构建具有多个嵌套层次的神经网络来模拟人类大脑的工作方式。它用于处理复杂的数据和任务，如图像分类、语音识别和自然语言处理。近年来，随着大数据、计算能力和算法的发展，深度学习得到迅速发展和广泛应用，成为人工智能领域的热门技术之一。本章将介绍深度学习基础及综合案例。

【启智增慧】
机器学习与社会主义核心价值观之"友善篇"

机器学习通过智能化和个性化的应用，可以提供更加友好和贴近人性需求的服务，促进人与技术的和谐互动。例如，智能语音助手使得人机交互更加自然和友好；智能推荐系统可以根据用户的兴趣和偏好，为其提供有针对性的信息和建议，增强用户满意度和互动的友善性。需要注意的是，应避免因友善而忽视伦理道德和法律规定，确保技术发展符合社会期待和法律法规。

12.1 深度学习概述

深度学习是机器学习的一个分支，它致力于使用类似人类大脑神经元之间相互连接的方式来解决复杂的模式识别问题。深度学习算法通过建立多层次的神经网络结构，可以自动地从数据中学习到抽象的特征表示，从而实现对复杂模式的学习和识别。

深度学习的核心是人工神经网络（artificial neural network，ANN），它由多个神经元（节点）组成的层次化结构构成。人工神经网络主要由输入层、隐藏层和输出层三部分组成。输入层接受原始输入数据，隐藏层通过一系列权重和激活函数对输入数据进行转换和处理，输出层给出最终预测结果。典型的深度学习模型有多层感知机（multi-layer perceptron，MLP）、卷积神经网络（convolutional neural network，CNN）和循环神经网络（recurrent neural network，RNN）等。

在深度学习中，数据被输入到神经网络中，通过多层神经元的计算和激活函数的处理，最终得到输出结果。为了使神经网络能够学习到数据中的特征表示，需要通过大量的数据来训练神经网络，并利用反向传播算法来调整神经元之间的连接权重，使得网络的输出尽可能接近真实值。

深度学习在计算机视觉、自然语言处理、语音识别、推荐系统等领域取得了显著的成就。例如，在计算机视觉领域，深度学习模型可以自动学习到图像中的抽象特征，从而实现对图像内容的准确识别和分类。

12.1.1　感知机和多层感知机

感知机是一种简单的人工神经网络模型，于 1957 年被提出。多层感知机引入了一个或多个隐藏层，使其具有更强大的表达能力和学习能力。

1．感知机

感知机是一种二元线性分类器，用于将输入数据分为两个类别。感知机接收多个输入信号，并产生一个输出信号，这个输出信号可以被看作是对输入加权求和后通过阈值的处理得到的结果。感知机模型从早期的 M-P 模型演变过来。M-P 模型是按照生物神经元的结构和工作原理构造出来的一个抽象和简化了的模型。M-P 模型是现代神经网络常用的神经元，其结构十分简单，如图 12-1 所示。

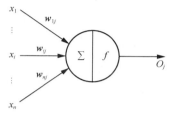

图 12-1　M-P 模型和感知机

该模型的数学表达式为 $O_j = f\left(\sum_{i=1}^{n} w_i x_i + b\right)$。其中，$w$ 是权值向量，b 为偏置值，f 为激活函数。M-P 模型定义了一个加权求和再激活的过程，能够完成线性可分的分类问题。M-P 模型中，权值向量 w 和偏置 b 都是人为给定的，所以此模型不存在"学习"的过程。感知机中引入了学习的概念，权值向量 w 和偏置 b 是通过学习得来。这也是 M-P 模型与单层感知机最大的区别。

感知机和第 4 章的逻辑回归有一定的相似性。感知机和逻辑回归都属于线性分类器，即通过对输入特征进行加权求和后，再经过一个函数来进行分类决策。感知机和逻辑回归都使用了激活函数，将输入信号的加权求和结果映射到一个确定的输出值。感知机通常使用阶跃函数，而逻辑回归通常使用 Sigmoid 函数。然而，它们也存在一些重要的区别。例如，感知机更多地与神经网络联系在一起，它可以被看作是一个简单的神经网络；而逻辑回归更多地与统计学习理论联系在一起，它并不涉及神经网络的结构。感知机具有如下特点。

（1）输入信号经过加权求和后，通过激活函数（通常是阶跃函数）得到输出信号。

（2）感知机是一种单层神经网络，只有输入层和输出层，没有隐藏层。

（3）通过不断地调整权重和阈值，感知机可以学习到能够正确分类训练样本的参数。

（4）感知机无法解决非线性可分的问题，如异或（XOR）问题。

尽管感知机存在一些局限性，但它作为神经网络的早期模型，在其所代表的时代具有重要的意义，它的提出和研究为后来神经网络的发展和深度学习的兴起奠定了基础。

2．多层感知机

多层感知机（MLP）是一种基于前馈神经网络（feedforward neural network，FNN）的模型，相比于单层感知机，MLP 引入了一个或多个隐藏层，这使其具有更强大的表达能力和学习能力。不包含隐藏层的单层感知机只能学习线性的变化，一旦包含了隐藏层，就可以学习非线性变化了。MLP 的隐藏层由多个神经元组成，每个神经元都与上一层的所有神经元相连。每个连接都有一个权重，通过对输入信号加权求和，并经过激活函数的处理得到隐藏层的输出。隐藏层的输出再传递到下一层，直到到达输出层。输出层通常使用 Softmax 函数或 Sigmoid 函数等激活函数进行最终的分类输出。MLP 中间可以有多个隐藏层，最简

单的 MLP 只含一个隐藏层, 即三层的结构, 如图 12-2
所示。

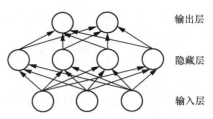

图 12-2   多层感知机模型示意图

输入层 (input layer): 输入层仅仅是从真实世界
获得数据之后, 所格式化的特征数据, 不会经过任何计
算, 它只是将这些特征数据传递给隐藏层。

隐藏层 (hidden layer): 隐藏层中的神经元并不会
与外界相连, 这也是称为隐藏层的原因。这一层的作用
只是将输入层的数据进行计算与转换, 然后传递给后续的输出层。隐藏层可以有很多层。
对于隐藏层中的神经元而言, 每个神经元都会与前一层 (如输入层) 的所有神经元相连接,
并且连接时都会带有权重, 这种也被称为全连接层 (full connect layer)。隐藏层中的每个
神经元与前一层所有神经元所连接的权重都是不一样的。通过隐藏层不同的神经元, 以及
每个神经元所携带的权重, 就可以完成非线性的预测了。

输出层 (output layer): 输出层的主要作用是对隐藏层的输入进行计算与转换, 将数
据转化成外界所认知的事物。

相比于单层感知机, MLP 具有以下优势。

(1) 解决非线性问题: 由于引入了隐藏层, MLP 可以学习并表示更复杂的非线性关
系, 因此能够解决线性不可分问题。

(2) 提高泛化能力: 多层结构使得 MLP 能够更好地适应不同类型的数据, 提高了模型
的泛化能力。

(3) 逼近任意函数: 根据万能逼近定理, 只要隐藏层足够多, MLP 能够以任意精度逼
近任意函数。

然而, MLP 也存在一些挑战和注意事项, 具体如下。

(1) 过拟合: MLP 具有较高的模型复杂度, 当训练样本较少或过多时容易过拟合, 需
要适当的正则化方法来缓解过拟合问题。

(2) 选择合适的激活函数: 不同的问题可能需要不同的激活函数, 常用的包括 ReLU、
Sigmoid、Tanh 等, 选择合适的激活函数有助于提高模型性能。

(3) 选择合适的优化算法: 在训练 MLP 时, 需要选择适合的优化算法, 如梯度下降、
随机梯度下降、Adam 等, 以提高训练效率和模型收敛性。

总的来说, 多层感知机是一种强大的神经网络模型, 通过引入隐藏层可以解决更复杂
的非线性分类问题。然而, 在使用多层感知机时需要注意合适的模型结构、激活函数以及
优化算法的选择, 以获得良好的性能和泛化能力。

12.1.2   激活函数和损失函数

激活函数和损失函数是神经网络中两个关键的组成部分。激活函数用于引入非线性变
换, 增强神经网络的表达能力, 而损失函数用于衡量模型的预测与真实标签之间的差异。
选择合适的激活函数和损失函数是神经网络设计中的重要决策, 可以影响模型的性能和训
练效果。

1. 激活函数

激活函数主要用于引入非线性变换, 增加神经网络的表达能力。在神经网络的每个神
经元中, 激活函数对输入信号进行处理, 生成输出信号。常见的激活函数如下。

（1）Sigmoid 函数：该函数将输入值映射到一个范围在 0 到 1 之间的连续值，具有平滑的 S 形曲线。它在二分类问题中常被用作输出层的激活函数，其表达式如下。

$$f(x) = \frac{1}{1 + e^{-x}}$$

（2）ReLU（rectified linear unit）函数：该函数在正数区间上返回输入值本身，而在负数区间上返回零。它在深度学习中被广泛使用，可有效缓解梯度消失问题，其表达式如下。

$$f(x) = \max(0, x)$$

（3）Tanh 函数：即双曲正切函数，该函数将输入值映射到一个范围在−1 到 1 之间的连续值，类似于 Sigmoid 函数，但其输出的均值为 0。它在某些场景下比 Sigmoid 函数更适用，其表达式如下。

$$f(x) = \frac{e^x - e^{-x}}{e^x + e^{-x}}$$

（4）Softmax 函数：将一组数值转换为表示概率分布的向量，常用于多分类问题，其表达式如下。

$$f(x_i) = \frac{e^{x_i}}{\sum_{j=1}^{N} e^{x_j}}$$

激活函数的选择取决于具体的任务和网络结构。不同的激活函数具有不同的特性，如导数性质、饱和区间等，需要根据情况进行选择。

【实例 12-1】激活函数图解。

```
1.   import tensorflow as tf
2.   import numpy as np
3.   import matplotlib.pyplot as plt
4.   x = np.linspace(-10, 10, 100)
5.   sigmoid = tf.sigmoid(x)
6.   relu = tf.nn.relu(x)
7.   tanh = tf.tanh(x)
8.   softmax = tf.nn.softmax(x)
9.   plt.figure(figsize=(12, 8))
10.  plt.subplot(2, 2, 1)
11.  plt.plot(x, sigmoid)
12.  plt.title('Sigmoid Function')
13.  plt.subplot(2, 2, 2)
14.  plt.plot(x, relu)
15.  plt.title('ReLU Function')
16.  plt.subplot(2, 2, 3)
17.  plt.plot(x, tanh)
18.  plt.title('Tanh Function')
19.  plt.subplot(2, 2, 4)
20.  plt.plot(x, softmax)
21.  plt.title('Softmax Function')
22.  plt.tight_layout()
23.  plt.show()
```

本段代码假定读者已经安装了 TensorFlow。TensorFlow 安装方法请参考 12.2.2 小节。第 1 行代码导入了 TensorFlow 模块，第 5～8 行代码分别调用了 TensorFlow 提供的 Sigmoid 函数、ReLU 函数、Tanh 函数和 Softmax 函数。有兴趣的读者也可以根据前述各个函数表达式，自行编写代码实现。第 9～23 行代码绘制各激活函数对应的曲线。输出结果如图 12-3 所示。

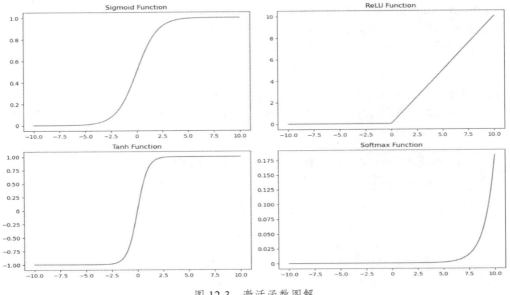

图 12-3　激活函数图解

2．损失函数

损失函数用于衡量模型在训练过程中的预测输出与真实标签之间的差异。神经网络通过最小化损失函数来优化模型参数。常见的损失函数如下。

（1）均方误差（mean square error，MSE）：用于回归问题，计算预测值与真实值之间的平方差的均值。

（2）交叉熵损失（cross-entropy loss）：用于分类问题，衡量模型的预测概率分布与真实标签之间的差异。常见的交叉熵损失函数包括二元交叉熵和多元交叉熵。

（3）对数似然损失（log-likelihood loss）：用于最大似然估计问题，将模型的输出概率与真实标签的似然进行比较。

损失函数的选择也取决于具体的任务类型，如回归、二分类、多分类等。不同的损失函数对模型的优化方向和鲁棒性有影响，需要结合实际情况进行选择和调整。

12.1.3　反向传播算法和优化方法

反向传播算法是一种用于训练神经网络的关键算法，而优化方法则用于调整神经网络的权重和偏置，以最小化损失函数。反向传播算法用于计算参数的梯度，而优化方法用于根据梯度更新参数，二者共同作用于神经网络的训练过程，是深度学习中的重要组成部分。

1．反向传播算法

反向传播算法（back-propagation algorithm）通过计算损失函数对每个参数的梯度（偏导数向量），然后沿着梯度的反方向更新参数，使得神经网络能够逐步调整参数以最小化损失函数。该算法主要分为前向传播、反向传播两个步骤。

（1）前向传播：在前向传播过程中，输入数据通过神经网络，在每一层进行加权求和和激活函数处理后，得到最终的预测输出。同时，记录每一层的中间结果，以备后用。

（2）反向传播：在反向传播过程中，首先计算损失函数对输出层的输出梯度，然后逐层向前计算每一层参数的梯度，直到达到输入层。这一过程利用链式法则和梯度下降算法，将误差逐层"反向传播"至每一层的参数，从而更新参数以减小损失函数。

反向传播算法使得神经网络能够根据训练数据自动调整参数，以提高模型的预测性能。

2．优化方法

优化方法用于根据反向传播算法计算得到的梯度，更新神经网络的参数，以最小化损失函数。常见的优化方法如下。

（1）梯度下降法：梯度下降法是最基本的优化方法，通过沿着梯度的反方向更新参数，实现不断减小损失函数的目标。

（2）随机梯度下降法（stochastic gradient descent，SGD）：SGD 每次随机选取一个样本来计算梯度并更新参数，可以加速训练过程。

（3）动量法：动量法在参数更新时考虑了之前的梯度信息，可以在参数更新的方向上增加动量，减少更新方向的波动，加快收敛速度。

（4）自适应学习率方法：例如 Adagrad、RMSprop 和 Adam 等，这些方法根据梯度的历史信息自适应地调整学习率，可以更快地收敛并避免学习率调节的麻烦。

选择合适的优化方法可以加快神经网络的训练速度，并有助于避免陷入局部最优解。同时，结合合适的初始化方法和正则化方法，可以进一步提高神经网络的性能。

12.1.4　深度学习框架

深度学习框架是用于构建、训练和部署深度学习模型的软件工具包。它提供了一系列的接口和功能，简化了深度学习模型的开发过程，并提供了高效的计算和优化方法。以下是一些常见的深度学习框架。

（1）TensorFlow：TensorFlow 是由 Google 开发的一个开源深度学习框架，目前广泛应用于学术界和工业界。它提供了一个灵活的计算图模型，支持动态和静态图两种方式编程，并拥有丰富的工具和库。

（2）PyTorch：PyTorch 是由 Facebook 开发的一个开源深度学习框架，它以动态图模型为核心，使得模型的编写和调试更加直观和灵活。PyTorch 在学术界和研究领域非常受欢迎。

（3）Keras：Keras 是一个在 TensorFlow、PyTorch 等后端框架之上的高级神经网络 API，它提供了一种简单而直观的方式来构建深度学习模型。Keras 易于使用，适合初学者和快速原型开发。

（4）Caffe：Caffe 是一个由伯克利视觉与学习中心开发的深度学习框架，特别适用于计算机视觉任务。它以速度和效率为重点，并为常见的 CNN 提供了易于使用的接口。

以上只是一小部分深度学习框架，还有一些其他流行的框架，如 Theano、Caffe2、Torch 等。每个框架都有其特定的优势和适用场景，选择合适的框架取决于个人需求、熟悉程度和项目要求。最重要的是选择一个自己喜欢和擅长的并能够快速迭代和开发的框架。本章将采用 TensorFlow 进行综合案例实现，并在 12.2.2 小节中给出了具体的开发环境配置方法。

12.2　综合案例：基于 MLP 的汽车燃油效率预测

12.2.1　案例概述

Auto MPG 数据集是一个经典的汽车燃油效率预测数据集。Auto MPG 数据集包含了各种不同的汽车特征和相应的燃油效率，我们将其作为目标变量。在 3.5 节中，已经利用该数据集对决策树算法进行了演示。本节将设计基于 MLP 的汽车燃油效率预测案例。

12.2.2　开发环境配置

假定读者已经按照本教材 1.5 节的方法完成 Anaconda 的安装。读者可以使用 conda 或 pip 包管理器安装 TensorFlow。Linux 和 Windows 下安装 TensorFlow 的命令相同，安装过程类似。Linux 用户可以直接在命令行中输入安装命令。Windows 10 用户可以按照开始菜单→ Anaconda3 (64-bit)→ Anaconda Prompt 或者 Anaconda Powershell Prompt 打开命令行接口，输入安装命令。

1．使用 pip 安装 TensorFlow

使用 pip 包管理工具，可以执行如下命令。

```
pip install tensorflow==2.15
pip install tensorflow==2.15 -i          pypi.tuna.tsinghua.edu.cn/simple
```

请读者使用与编者相同的 TensorFlow 版本。本章代码在 TensorFlow 2.10 和 TensorFlow2.15 两个版本中测试通过，暂未在其他版本中进行测试。第 2 行代码中使用了清华大学提供的镜像源。读者也可以尝试其他国内源。执行效果如图 12-4 所示。安装完成时将出现 successful 字样。

```
(base) zp@lab:~$ pip install tensorflow==2.15 -i          pypi.tuna.tsinghua.edu.cn/simple
Looking in indexes:          pypi.tuna.tsinghua.edu.cn/simple
Collecting tensorflow==2.15
  Downloading     pypi.tuna.tsinghua.edu.cn/packages/93/c0/a774286d0383419f558deb27096e5de9f9facd6c27df8e9f9af6fba2f
77e/tensorflow-2.15.0-cp311-cp311-manylinux_2_17_x86_64.manylinux2014_x86_64.whl (475.3 MB)
                                         475.3/475.3 MB 9.2 MB/s eta 0:00:00
Requirement already satisfied: absl-py>=1.0.0 in ./anaconda3/lib/python3.11/site-packages (from tensorflow==2.15) (2.1.0
)
Requirement already satisfied: astunparse>=1.6.0 in ./anaconda3/lib/python3.11/site-packages (from tensorflow==2.15) (1.
6.3)
```

图 12-4　使用 pip 安装 TensorFlow

2．使用 conda 安装 TensorFlow

如果已经使用 pip 完成安装，可以直接跳过这一部分。使用 conda 安装的命令如下。

```
conda install tensorflow
```

读者也可以使用国内的镜像源。例如，可以使用清华大学和阿里云提供的源，下面两行代码为安装命令的示意代码。

```
conda install tensorflow -c          mirrors.tuna.tsinghua.edu.cn/anaconda/pkgs/main/
conda install tensorflow -c          mirrors.aliyun.com/anaconda/pkgs/main/
```

安装过程如图 12-5 所示。图中的"Solving environment"表示 Conda 尝试分析当前环境中已安装的软件包和版本，以找到符合要求的软件包配置方案，这个过程通常比较耗时。

```
(base) C:\Users\zp>conda install tensorflow -c          mirrors.aliyun.com/anaconda/pkgs/main/
Collecting package metadata (current_repodata.json): done
Solving environment: unsuccessful initial attempt using frozen solve. Retrying with flexible solve.
Solving environment: unsuccessful attempt using repodata from current_repodata.json, retrying with next
repodata source.Collecting package metadata (repodata.json): done
```

图 12-5　使用 conda 安装 TensorFlow

在最新版本的 Anaconda 上安装 TensorFlow，可能会遇到 Python 版本与 TensorFlow 版本不兼容问题。这是因为 Anaconda 中的 Python 版本更新速度通常快于 TensorFlow 的 Python 更新速度。例如，2024 年 3 月 9 日，编者试图在安装了 Anaconda3-2023.09-0-Windows-x86_64.exe 的计算机上运行前述 TensorFlow 安装命令，遇到了图 12-6 所示的错误。

```
UnsatisfiableError: The following specifications were found
to be incompatible with the existing python installation in your environment:

Specifications:

  - tensorflow -> python[version='3.10.*|3.9.*|3.8.*|3.7.*|3.6.*|3.5.*']

Your python: python=3.11
```

图 12-6   Python 版本问题

图 12-6 的错误提示信息表明，编者的 Python 版本太新（3.11），已经超过 TensorFlow 所能接受的 Python 最高版本（3.10）。此时读者可以指定 Python 版本。执行效果如图 12-7 所示。

```
conda install python=3.10 tensorflow
```

```
(base) C:\Users\zp>conda install python=3.10 tensorflow
Collecting package metadata (current_repodata.json): done
Solving environment: unsuccessful initial attempt using frozen solve. Retrying with flexible solve.
Solving environment: unsuccessful attempt using repodata from current_repodata.json, retrying with next
 repodata source.
Collecting package metadata (repodata.json): done
Solving environment: / _
```

图 12-7   指定 Python 版本

安装过程统计并提示哪些依赖的安装包需要安装并暂停，如图 12-8 所示。在图示界面最后一行位置直接按回车键，即可开始下载相应的安装包，并完成后续安装。

```
tensorflow-estima    anaconda/pkgs/main/win-64::tensorflow-estimator-2.10.0-py310haa95532_0
termcolor            anaconda/pkgs/main/win-64::termcolor-2.1.0-py310haa95532_0
tk                   anaconda/pkgs/main/win-64::tk-8.6.12-h2bbff1b_0
typing_extensions    anaconda/pkgs/main/win-64::typing_extensions-4.7.1-py310haa95532_0
tzdata               anaconda/pkgs/main/noarch::tzdata-2023c-h04d1e81_0
urllib3              anaconda/pkgs/main/win-64::urllib3-1.26.18-py310haa95532_0
vc                   anaconda/pkgs/main/win-64::vc-14.2-h21ff451_1
vs2015_runtime       anaconda/pkgs/main/win-64::vs2015_runtime-14.27.29016-h5e58377_2
werkzeug             anaconda/pkgs/main/win-64::werkzeug-2.2.3-py310haa95532_0
wheel                anaconda/pkgs/main/win-64::wheel-0.41.2-py310haa95532_0
win_inet_pton        anaconda/pkgs/main/win-64::win_inet_pton-1.1.0-py310haa95532_0
wrapt                anaconda/pkgs/main/win-64::wrapt-1.14.1-py310h2bbff1b_0
xz                   anaconda/pkgs/main/win-64::xz-5.4.2-h8cc25b3_0
yarl                 anaconda/pkgs/main/win-64::yarl-1.8.1-py310h2bbff1b_0
zlib                 anaconda/pkgs/main/win-64::zlib-1.2.13-h8cc25b3_0


Proceed ([y]/n)?
```

图 12-8   输入 y 开始安装

安装途中可能还会提示 HTTP 错误，如图 12-9 所示。大多数 HTTP 错误是暂时性的，解决方法比较简单，重新运行安装指令尝试即可，必要时甚至可能需要换一个安装时间。

```
CondaHTTPError: HTTP 000 CONNECTION FAILED for url <        repo.anaconda.com/pkgs/ma
in/linux-64/current_repodata.json>
Elapsed: -

An HTTP error occurred when trying to retrieve this URL.
HTTP errors are often intermittent, and a simple retry will get you on your way.
```

图 12-9   HTTP 错误示例

3．验证安装是否成功

安装完成后，您可以在 Python 中导入 TensorFlow 模块，并进行简单的验证。
打开 Python 交互式环境（终端或 Jupyter Notebook）并尝试以下命令：

```
import tensorflow as tf
print(tf.__version__)
```

最后一行代码打印 TensorFlow 版本号，其中，version 前后分别是两根下划线。如果没有报错并且成功打印了 TensorFlow 的版本号，则说明安装配置成功。图 12-10 和图 12-11 是两个不同版本的 TensorFlow。本教材后续案例将在这两个版本中进行测试验证。

图 12-10　Windows 环境，测试版本为 2.10.0

　　为照顾绝大多数读者，本教材使用的是 CPU 版本的 TensorFlow。由于图 12-11 所使用的机器上存在 GPU，因此出现了许多 GPU 和 cuda 字样的提示信息，可以忽略。

图 12-11　Linux 环境，测试版本为 2.15.0

12.2.3　案例实现

1．导入相关的包

```
1.   import numpy as np
2.   import pandas as pd
3.   import tensorflow as tf
4.   from sklearn.model_selection import train_test_split
5.   from sklearn.preprocessing import MinMaxScaler
```

2．加载数据集

```
6.   column_names = ['MPG','Cylinders','Displacement','Horsepower','Weight', 'Acceleration',
'Model Year', 'Origin']
7.   data = pd.read_csv("data/ch12DL/auto-mpg.data", names=column_names, na_values =
"?", comment='\t', sep=" ", skipinitialspace=True)
8.   data.head()
```

　　第 6、7 行代码加载数据，其中第 6 行代码用于指定燃油效率（MPG）、气缸数（Cylinders）、排量（Displacement）、马力（Horsepower）、重量（Weight）、加速度（Acceleration）、型号年份（Model Year）和产地（Origin）这几列数据。第 8 行代码，查看前 5 行数据。输出结果如图 12-12 所示。

	MPG	Cylinders	Displacement	Horsepower	Weight	Acceleration	Model Year	Origin
0	18.0	8	307.0	130.0	3504.0	12.0	70	1
1	15.0	8	350.0	165.0	3693.0	11.5	70	1
2	18.0	8	318.0	150.0	3436.0	11.0	70	1
3	16.0	8	304.0	150.0	3433.0	12.0	70	1
4	17.0	8	302.0	140.0	3449.0	10.5	70	1

图 12-12　数据集前 5 行记录

3．数据预处理

数据预处理主要包括处理缺失数据、处理类别型数据、将数据集划分为训练集和测试集。

```
9.  print("预处理前data.shape: ",data.shape)
10. print("数据缺失情况统计: ")
11. print(data.isna().sum())
12. data = data.dropna()
```

本段代码处理原始数据的缺失值，这里采用直接删除的处理方式。第 11 行代码查看各列数据缺失情况，输出结果如图 12-13 所示，其中 Horsepower 列缺失 6 个数据，其他各列无数据缺失。第 12 行代码删除缺失数据所在行。删除后，数据集记录项减为 392 项。

```
13. origin = data.pop('Origin')
14. data['USA'] = (origin == 1)*1.0
15. data['Europe'] = (origin == 2)*1.0
16. data['Japan'] = (origin == 3)*1.0
17. data.head()
```

数据集的 Origin 列为类别数据，需要将其转换为 3 个新列：USA，Europe 和 Japan，分别代表是否来自对应的产地。第 13 行代码弹出 Origin 列，第 14～16 行代码根据 Origin 列的值插入 3 个新列。第 17 行代码查看预处理后的前 5 行数据，输出结果如图 12-14 所示。

```
预处理前data.shape:  (398, 8)
数据缺失情况统计:
MPG              0
Cylinders        0
Displacement     0
Horsepower       6
Weight           0
Acceleration     0
Model Year       0
Origin           0
```

图 12-13　缺失值统计

	MPG	Cylinders	Displacement	Horsepower	Weight	Acceleration	Model Year	USA	Europe	Japan
0	18.0	8	307.0	130.0	3504.0	12.0	70	1.0	0.0	0.0
1	15.0	8	350.0	165.0	3693.0	11.5	70	1.0	0.0	0.0
2	18.0	8	318.0	150.0	3436.0	11.0	70	1.0	0.0	0.0
3	16.0	8	304.0	150.0	3433.0	12.0	70	1.0	0.0	0.0
4	17.0	8	302.0	140.0	3449.0	10.5	70	1.0	0.0	0.0

图 12-14　查看预处理后数据集前 5 行记录

```
18. X = data.drop('MPG', axis=1).values
19. y = data['MPG'].values
20. scaler = MinMaxScaler()
21. X = scaler.fit_transform(X)
22. X_train, X_test, y_train, y_test = train_test_split(X, y, test_size=0.2, random_
state=42)
23. print("预处理后: ",X_train.shape,X_test.shape,y_train.shape, y_test.shape)
```

本段代码提取特征和目标变量，进行数据集划分操作。第 18、19 行代码提取特征和目标变量，其中 MPG 这一列数据用作目标变量 y，其余各列数据用作特征数据 X。第 20、21 行代码进行数据归一化处理。第 22 行代码将数据集划分为训练集和测试集。第 23 行代码输出结果（此处未给出）表明这 4 个变量的形状分别为(313, 9) (79, 9) (313,) (79,)。

4．模型定义

```
24. class MLP_Model(tf.keras.Model):
25.     def __init__(self):
26.         super(MLP_Model, self).__init__()
27.         self.fc1 = tf.keras.layers.Dense(64, activation='relu')
28.         self.fc2 = tf.keras.layers.Dense(64, activation='relu')
29.         self.fc3 = tf.keras.layers.Dense(1)
30.     def call(self, inputs, training=None, mask=None):
31.         x = self.fc1(inputs)
32.         x = self.fc2(x)
33.         x = self.fc3(x)
34.         return x
```

这段代码定义了一个多层感知机（MLP）模型。它包含三个全连接层。第 27、28 行代码定义的两个全连接层，每个层都有 64 个神经元，并使用 ReLU 作为激活函数。第 29 行代码定义的是一个单一的输出节点，没有激活函数。第 30 ~ 34 行代码的 call 方法中，输入数据通过三个全连接层进行前向传播，最终返回输出结果。

```
35. model = MLP_Model()
36. model.build(input_shape=(None, 9))
37. model.summary()
38. optimizer = tf.keras.optimizers.RMSprop(0.001)
39. train_db = tf.data.Dataset.from_tensor_slices((X_train, y_train))
40. train_db = train_db.shuffle(100).batch(32)
```

第 35 ~ 37 行代码创建了一个 MLP_Model 的实例，并通过 model.build 方法指定了输入数据的形状。然后使用 model.summary() 打印出模型的结构信息。根据输出结果，该模型参数数量为 4865 个。第 38 ~ 40 行代码定义了一个 RMSprop 优化器，并使用 tf.data.Dataset 创建了一个训练数据集 train_db，其中包含输入数据 X_train 和标签数据 y_train。第 40 行代码对数据集进行了随机打乱，并以批次大小为 32 进行了分批处理。

5. 模型训练

```
41. train_mae_losses = []
42. test_mae_losses = []
43. for epoch in range(200):
44.     for step, (x,y) in enumerate(train_db):
45.         with tf.GradientTape() as tape:
46.             out = model(x)
47.             mae_loss = tf.reduce_mean(tf.keras.losses.MAE(y, out))
48.         if epoch % 10 == 0 and step % 5 == 0:
49.             print(epoch, step, float(mae_loss))
50.         grads = tape.gradient(mae_loss, model.trainable_variables)
51.         optimizer.apply_gradients(zip(grads, model.trainable_variables))
52.     train_mae_losses.append(float(mae_loss))
53.     out = model(tf.constant(X_test))
54.     test_mae_losses.append(tf.reduce_mean(tf.keras.losses.MAE(y_test, out)))
```

这段代码用于训练模型，并保存每个 epoch（训练轮次）的训练损失和测试损失，以便后续分析和评估模型的性能。第 43 行代码开始的循环中，每个 epoch 进行 200 次迭代。在每次迭代中，代码通过 enumerate(train_db) 获取训练数据集中的批次数据（x 为输入，y 为标签）。第 45 行代码使用 tf.GradientTape 记录前向传播过程，以便计算梯度并进行反向传播。模型的输出由 model(x) 给出。第 47 行代码计算平均绝对误差（MAE）损失，使用 tf.keras.losses.MAE(y, out) 计算预测值 out 与真实值 y 之间的差异。第 49 行代码每隔 10 个 epoch 和每隔 5 个步骤，打印当前 epoch、步骤和 MAE 损失的值。第 50 行使用 tape.gradient 计算损失相对于可训练变量的梯度。第 51 行使用优化器（此处是 RMSprop）根据梯度更新模型的可训练变量。第 52 行将每个 epoch 的训练损失（mae_loss）添加到 train_mae_losses 列表中。第 53 行代码使用测试数据集（X_test）进行模型的推理，并计算测试集上的 MAE 损失。第 54 行代码将每个 epoch 的测试损失添加到 test_mae_losses 列表中。

6. 输出结果

```
55. import matplotlib.pyplot as plt
56. plt.figure()
57. plt.xlabel('Epoch')
58. plt.ylabel('MAE')
59. plt.plot(train_mae_losses, label='Train')
60. plt.plot(test_mae_losses, label='Test')
```

```
61. plt.legend()
62. plt.show()
```

这段代码将训练阶段保存的数据以图形化的方式进行输出。输出结果如图 12-15 所示。

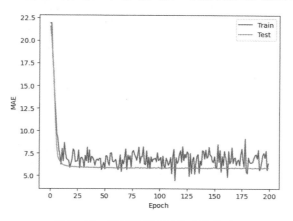

图 12-15　训练阶段 MAE 变化情况

12.3　卷积神经网络

CNN 是一种包含卷积运算且具有深度结构的 FNN。它在计算机视觉领域广泛应用，能够有效地处理图像、视频以及其他具有类似结构的数据。CNN 中，一般包含卷积层、池化层和全连接层等类型的网络层次结构。

CNN 通常用于处理具有网格结构的数据（如图像）。它通过卷积层和池化层来提取图像中的特征，并通过全连接层进行分类或回归预测。它在计算机视觉任务中具有出色的性能，如图像分类、物体检测和图像分割等。

12.3.1　卷积层

卷积层（convolution layer）是 CNN 的核心组件之一，它通过对输入数据进行卷积操作来提取特征。卷积操作使用一组可学习的滤波器（也称为卷积核），将滤波器与输入数据的局部区域进行逐元素相乘并求和，得到输出特征图。通过不同的滤波器，卷积层可以学习提取出不同的特征，如边缘、纹理等。卷积操作从原理上其实是对两个矩阵进行点乘求和的数学操作，其中一个矩阵为输入的数据矩阵，另一个矩阵则为卷积核（滤波器或特征矩阵），求得的结果表示为原始图像中提取的特定局部特征。

如图 12-16 所示，左侧的图像为输入的数据矩阵（如灰度图像，或者彩色图像的某一个通道），中间的图像是卷积核，右侧的图像是运算结果。计算时，卷积核大小的窗口自左侧图像的左上角开始滑动，并将圈定的子矩阵与卷积核按照逐元素相乘并求和的规则进行运算，将得到的结果填入输出矩阵的对应位置。例如，图 12-16（a）中，左侧矩阵中的窗口自左上角开始向右滑动了一步（对应绿色部分的子矩阵），该子矩阵与卷积核进行逐元素相乘。左侧图像中绿色子矩阵区域，每个单元格乘号前面的是输入数据矩阵原有的值，乘号后面的为卷积核对应元素的值。该区域 9 个单元格乘法公式结果相加以后得到 2，填入右侧输出矩阵的第 1 行第 2 列的位置。

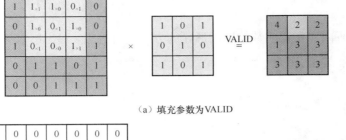

（a）填充参数为VALID

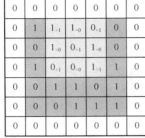 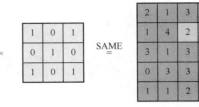

（b）填充参数为SAME

图 12-16　卷积操作示例

具体实现时，卷积运算过程还有几个常用的参数项。

（1）填充参数（padding）。在卷积核尺寸不能完美匹配输入的图像矩阵时需要进行一定的填充策略，即在原始图像的上下左右区域预先增加一些行/列（元素值通常为 0）。设置为'VALID'时，表示对不足卷积尺寸的部分进行舍弃，输出维度就无法保证与输入维度一致。例如图 12-16（a）中填充参数设置为 VALID，导致输出图像的尺寸相对输入图像变小。设置为'SAME'时，表示对不足卷积核大小的边界位置进行某种填充（通常为零填充）以保证卷积输出维度与输入维度一致，例如图 12-16（b）中，对输入图像进行了填充。

（2）移动步长（strides）。它定义了卷积核在卷积过程中的步长，即子窗口滑动时采用的步长。通常设置为 1，表示滑窗距离为 1，可以覆盖所有相邻位置特征的组合；当设置为更大值时相当于对特征组合降采样。在图 12-16 计算时，移动步长为 1。

（3）卷积核大小（kernel size）。定义了卷积的感受野。在图 12-16 中，该值被设为 3。

12.3.2　池化层

在 CNN 中通常会在相邻的卷积层之间加入一个池化层。池化层可以有效地缩小特征矩阵的空间尺寸，并保留重要的特征信息。池化层减小了特征图的维度，从而减少最后连接层中的参数数量。加入池化层可以加快计算速度和防止过拟合，同时也增加了模型对输入的平移不变性。

有多种不同形式的池化层，如最大池化（max pooling）、平均池化（average pooling）、随机池化（stochastic pooling）、重叠池化（overlapping pooling）、空间金字塔池化（spatial pyramid pooling）等。其中最大池化、平均池化最为常见。最大池化将输入的图像划分为若干个矩形区域，对每个子区域输出最大值。而平均池化计算子区域的平均值作为该区域池化后的值。图 12-17

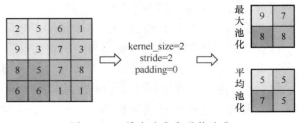

图 12-17　最大池化和平均池化

是最大池化和平均池化的效果示例。例如，原图中左上角四个单元格的最大值为 9，平均值为 5（4.75），因此，最大池化和平均池化结果的左上角单元格分别填充为 9 和 5。

12.4 综合案例：基于 CNN 的服装分类

12.4.1 案例概述

本案例中，将基于 CNN 构建一个神经网络模型，对衣服、鞋、包等服装类图像进行分类。本案例所使用的数据集包含 10 个类别服装图像，共计 70 000 幅图像。图像的类别标签分别用 0～9 之间的数字表示，各个类别标签的含义如表 12-1 所示。

表 12-1 类别标签及含义

标签	类别	含义	标签	类别	含义
0	T-shirt/top	T 恤/上衣	5	Sandal	凉鞋
1	Trouser	裤子	6	Shirt	衬衫
2	Pullover	套头衫	7	Sneaker	运动鞋
3	Dress	连衣裙	8	Bag	包
4	Coat	外套	9	Ankle boot	短靴

12.4.2 案例实现

1. 导入相关包

```
1.  import tensorflow as tf
2.  from tensorflow.keras.layers import Dense, Flatten, Conv2D
3.  from tensorflow.keras import Model
4.  import time,datetime
5.  import matplotlib.pyplot as plt
```

2. 加载数据集

这段代码加载数据集，并对部分样本数据进行可视化。

```
6.  fashion_mnist=tf.keras.datasets.fashion_mnist
7.  (x_train, y_train), (x_test, y_test) = fashion_mnist.load_data()
8.  class_names = ['T-shirt/top', 'Trouser', 'Pullover', 'Dress', 'Coat', 'Sandal',
'Shirt', 'Sneaker', 'Bag', 'Ankle boot']
9.  plt.figure(figsize=(10,10))
10. for i in range(15):
11.     plt.subplot(3,5,i+1)
12.     plt.xticks([])
13.     plt.yticks([])
14.     plt.grid(False)
15.     plt.imshow(x_train[i+100], cmap=plt.cm.binary)
16.     plt.xlabel(class_names[y_train[i+100]])
17. plt.show()
```

效果如图 12-18 所示。

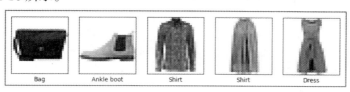

图 12-18 部分样本数据

3．数据预处理

这段代码对训练集和测试集进行了归一化，并创建了用于训练和测试的数据集。

```
18. x_train, x_test = x_train / 255.0, x_test / 255.0
19. print(x_train.shape,x_test.shape)
20. x_train = x_train[..., tf.newaxis]
21. x_test = x_test[..., tf.newaxis]
22. train_ds = tf.data.Dataset.from_tensor_slices((x_train, y_train)).shuffle(10000).
batch(32)
23. test_ds = tf.data.Dataset.from_tensor_slices((x_test, y_test)).batch(32)
```

第 18、19 行代码，将训练集和测试集中的像素值除以 255.0，以实现归一化。这样做是为了将像素值缩放到 0～1 之间的范围，以便更好地处理和训练模型。第 20、21 行代码，通过使用 tf.newaxis 在最后一个维度上增加了一个新的维度。这种操作在某些模型中可能是必需的，例如 CNN，因为它们通常需要输入具有特定的维度。通过增加新的维度，可以确保数据与这些模型的输入要求匹配。第 22 行代码，使用 from_tensor_slices 函数从张量创建了一个训练数据集。该函数将训练数据和对应的标签作为输入，并切分成小批次（batch），通过参数.shuffle(10000)指定了随机打乱的缓冲区大小为 10000。第 23 行代码，创建了一个测试数据集，同样会将测试数据和对应的标签切分成小批次。

4．模型定义

这段代码定义了一个简单的 CNN 模型，并创建了该模型的实例,用于后续的训练和测试。

```
24. class CNN_Model(Model):
25.     def __init__(self):
26.         super(CNN_Model, self).__init__()
27.         self.conv1 = Conv2D(32, 3, activation='relu')
28.         self.flatten = Flatten()
29.         self.d1 = Dense(128, activation='relu')
30.         self.d2 = Dense(10)
31.     def call(self, x):
32.         x = self.conv1(x)
33.         x = self.flatten(x)
34.         x = self.d1(x)
35.         return self.d2(x)
36. model = CNN_Model()
```

第 27 行代码定义一个 Conv2D 层，该层有 32 个过滤器，每个过滤器的大小为 3×3，激活函数为 ReLU。第 28 行代码定义一个 Flatten 层，用于将卷积层输出的特征图展平成一维向量。第 29 行代码定义一个全连接层 Dense，有 128 个神经元，激活函数为 ReLU。第 30 行代码定义一个全连接层 Dense，有 10 个神经元，没有激活函数（即线性激活）。第 31～35 行代码，定义 call 方法，该方法是模型的前向传播过程。在该方法中，输入数据经过卷积层、展平层和两个全连接层后，返回最后一层的输出。第 36 行代码，创建一个 CNN_Model 对象，即实例化了该模型。

5．训练准备

这段代码定义了模型的训练和测试过程中所需的损失函数、优化器和用于评估训练和测试性能的指标。

```
37. loss_object = tf.keras.losses.SparseCategoricalCrossentropy(from_logits=True)
38. optimizer = tf.keras.optimizers.Adam()
39. train_loss = tf.keras.metrics.Mean(name='train_loss')
40. train_accuracy = tf.keras.metrics.SparseCategoricalAccuracy(name='train_accuracy')
41. test_loss = tf.keras.metrics.Mean(name='test_loss')
42. test_accuracy = tf.keras.metrics.SparseCategoricalAccuracy(name='test_accuracy')
```

第 37 行代码定义一个交叉熵损失函数，该函数用于计算真实标签和预测标签之间的交叉熵损失。第 38 行代码定义一个 Adam 优化器 Adam，用于更新模型参数以最小化损失函数。第 39 和 40 行代码定义两个指标，分别用于计算训练集上的平均损失和稀疏分类准确度，这些指标将在每个训练批次中更新。第 41 和 42 行代码同样定义两个指标，分别用于计算测试集上的平均损失和稀疏分类准确率，这些指标将在每个测试批次中更新。

```
43. def train_step(images, labels):
44.     with tf.GradientTape() as tape:
45.         predictions = model(images, training=True)
46.         loss = loss_object(labels, predictions)
47.     gradients = tape.gradient(loss, model.trainable_variables)
48.     optimizer.apply_gradients(zip(gradients, model.trainable_variables))
49.     train_loss(loss)
50.     train_accuracy(labels, predictions)
```

第 43 ~ 50 行代码定义一个 train_step 函数，该函数是训练模型的一步。在该函数中，输入数据和标签经过前向传播后计算损失，并使用反向传播更新模型参数。同时，更新训练集上的损失和准确率指标。

```
51. def test_step(images, labels):
52.     predictions = model(images, training=False)
53.     t_loss = loss_object(labels, predictions)
54.     test_loss(t_loss)
55.     test_accuracy(labels, predictions)
```

第 51 ~ 55 行代码定义一个 test_step 函数，该函数是用于测试模型的一步。在该函数中，输入数据和标签经过前向传播后计算损失，并更新测试集上的损失和准确率指标。

6. 模型训练

这段代码完成模型的训练过程。

```
56. EPOCHS =6
57. for epoch in range(EPOCHS):
58.     train_loss.reset_states()
59.     train_accuracy.reset_states()
60.     test_loss.reset_states()
61.     test_accuracy.reset_states()
62.     for images, labels in train_ds:
63.         train_step(images, labels)
64.     for test_images, test_labels in test_ds:
65.         test_step(test_images, test_labels)
66.     template = 'Epoch {}, Loss: {}, Accuracy: {}, Test Loss: {}, Test Accuracy: {}'
67.     print(template.format(epoch + 1, train_loss.result(), train_accuracy.result()
* 100, test_loss.result(), test_accuracy.result() * 100))
```

第 56 行代码 EPOCHS 指定训练轮数。第 57 ~ 61 行代码，首先重置了训练和测试指标的状态，以便在新的训练或测试开始时计算准确的指标。第 62 ~ 65 行代码，分别对训练集和测试集的每个批次进行训练和测试步骤。第 66 行代码，使用字符串格式化输出当前的训练和测试指标，包括当前轮数、训练集上的损失和准确率、测试集上的损失和准确率等信息。第 57 ~ 67 行代码的循环中，完成了整个训练过程，每一轮训练都会输出一次训练集和测试集的指标，以便了解模型训练和测试的性能情况。

12.5 循环神经网络

循环神经网络（RNN）是一种专门用于处理序列数据的深度学习模型。与传统 FNN 不同，RNN 具有反馈连接，使得信息可以在网络内部进行传递。

12.5.1　序列和文本

序列（sequence）是指具有先后顺序的数据。例如随时间而变化的商品价格数据就是非常典型的序列。再例如，某只股票在周一到周五之间的价格变化趋势。单只股票变化趋势可记为一维向量。如果要表示 N 只股票在周一到周五之间的价格变化趋势，可记为二维张量。

神经网络本质上是一系列的矩阵相乘、相加等运算，并不能够直接处理文本数据。如果希望神经网络能够用于自然语言处理任务，那么如何把单词或字符转化为数值向量就变得尤为关键。词嵌入（Word Embedding）用于实现这一目标。该术语也表示经过处理后得到的词向量。

独热编码（one-hot 编码）是实现词嵌入最简单的方式之一，详细信息可以查看 11.4.2小节。然而，独热编码的向量是高维度而且极其稀疏的，大量的位置为 0，计算效率较低，不利于神经网络训练。假设只考虑最常用的 10 000 个单词，那么一个单词就可以表示为长度为 10 000 的稀疏向量，该向量中只有该单词所在位置被设为 1，其他位置均设为 0。此外，从语义角度来讲，独热编码还有一个严重的问题，它忽略了单词先天具有的语义相关性。例如，单词"like"和"dislike"在语义角度就强相关，它们都表示喜欢这个概念；"Rome"和"Paris"同样也是强相关，它们都表示欧洲的两个地点。如果采用独热编码，得到的向量没有数值关系，并不能够很好地体现相关度，因此独热编码具有明显的缺陷。

在神经网络中，单词的表示向量可以直接通过训练的方式得到，把单词的表示层叫作Embedding 层。Embedding 层接受的是采用数字编码的单词，如 2 表示"I"，3 表示"me"等，并负责把单词编码为某个向量。Embedding 层是可训练的，可放置在神经网络之前，完成单词到向量的转换，得到的表示向量可以继续通过神经网络完成后续任务。Embedding层的查询表是随机初始化的，需要从零开始训练。实际上，也可以使用预训练的词嵌入模型来得到单词的表示方法，基于预训练模型的词向量相当于迁移了整个语义空间的知识，往往能得到更好的性能。目前应用的比较广泛的预训练模型有 Word2Vec 和 GloVe 等。它们已经在海量语料库训练得到了较好的表示方法，并可直接导出学习到的词向量，方便迁移到其他任务。

12.5.2　RNN 原理

RNN 的核心思想是引入一个隐藏状态（hidden state）来存储之前时间步的信息，并将其作为当前时间步的输入之一。这种反馈机制使得 RNN 能够对序列数据进行建模，并捕捉到序列中的时序依赖关系。

如图 12-19 所示，在每个时间点，网络层接受当前时间点的输入 X_t 和上一个时间点的网络状态向量 h_{t-1}，经过 $h_t = f_\theta(h_{t-1}, X_t)$ 运算后得到当前时间点的新状态向量 h_t，并写入内存状态中，其中 f_θ 代表了网络的运算逻辑，θ 为网络参数集。在每个时间点上，网络层均有输出 o_t 产生，$o_t = g_\mu(h_t)$，即将网络的状态向量变换后输出。通常会将图 12-19 按时间折叠，得到图 12-20 所示的循环网络结构。该网络循环接受序列的每个特征向量 X_t，并更新内部状态向量 h_t，同时形成输出 o_t。

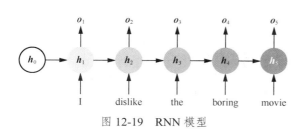

图 12-19　RNN 模型

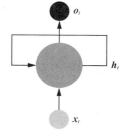

图 12-20　折叠的 RNN 模型

12.5.3　LSTM 原理

研究人员发现，基础的 RNN 模型在处理较长的句子时，往往只能够理解有限长度内的信息，而对于位于较长范围内的有用信息往往不能将其很好地利用起来。把这种现象叫作短时记忆。为了延长这种短时记忆，使得 RNN 可以有效利用较大范围内的训练数据，从而提升性能，长短时记忆网络（long short-term memory，LSTM）于 1997 年被提出。相对于基础的 RNN 网络来说，LSTM 记忆能力更强，更擅长处理长的序列信号数据，LSTM 提出后，被广泛应用在序列预测、自然语言处理等任务中，几乎取代了基础的 RNN 模型。

图 12-21 是基础的 RNN 网络结构。图中包括 3 个 RNN Cell，下方为输入 x_{t-1}、x_t 和 x_{t+1}，上方为状态 h_{t-1}、h_t 和 h_{t+1}。基础的 RNN 网络，每个 Cell 只有一个状态向量 h_t。以中间一个 Cell 为例，前一个时间点的状态向量 h_{t-1} 与当前时间点的输入 X_t 经过线性变换后，通过激活函数 tan 后得到新的状态向量 h_t。

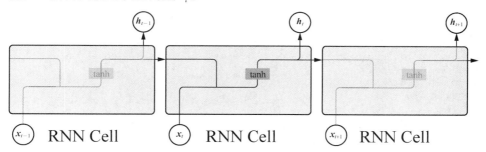

图 12-21　RNN 网络结构

LSTM 在 RNN 的基础上新增了一个状态向量 C_t。在 LSTM 中，有两个状态向量 c 和 h，分别对应于内部状态和输出。其中 c 作为 LSTM 的内部状态向量，可以理解为 LSTM 的内存 Memory，而 h 表示 LSTM 的输出向量。

LSTM 还引入了门控(Gate)机制，通过门控来控制信息的遗忘和刷新。门控机制可以理解为控制数据流通量的一种手段，类比于阀门：当阀门全部打开时，水流畅通无阻地通过；当阀门全部关闭时，水流完全被隔断。通过门控机制可以较好地控制数据的流量程度。如图 12-22 所示，x 为输入，σ 为激活函数，o 为输出。门控值向量 g 表示阀门开合程度。通过激活函数 $\sigma(g)$ 将门控值 g 压缩到[0,1]之间。当 $\sigma(g)=0$ 时，门控全部关闭，输出 $o=0$；当 $\sigma(g)=1$ 时，门控全部打开，输出 $o=x$。

如图 12-23 所示，LSTM 中既增加了一个内部状态向量，还增加了输入门（input gate）、遗忘门（forget gate）和输出门（output

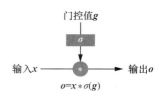

图 12-22　门控机制

gate）三个门控，用来控制内部信息的流动。

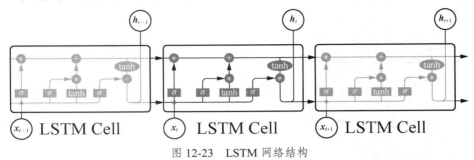

图 12-23 LSTM 网络结构

12.6 综合案例：基于 RNN 的情感分类

12.6.1 案例概述

本案例基于 IMDB 数据集，进行 RNN 的情感分类实践。IMDB 是一个电影评论数据集。

12.6.2 案例实现

1. 导入相关包

本段代码导入相关包并初始化一些参数。

```
1.  import os
2.  import tensorflow as tf
3.  import numpy as np
4.  from tensorflow import keras
5.  from tensorflow.keras import layers, losses, optimizers, Sequential
6.  tf.random.set_seed(22)
7.  np.random.seed(22)
8.  batchsz = 512
9.  total_words = 10000
10. max_review_len = 80
11. embedding_len = 100
```

第 1~5 行代码导入相关包。第 6、7 行代码设置随机数种子。第 8 行代码设置批量大小为 512，即每次训练使用的样本数量。第 9 行代码设置词汇表大小为 10000，表示在数据集中只考虑出现频率最高的 10000 个词汇。第 10 行代码设置句子的最大长度为 80，超过该长度的部分将被截断，不足该长度的将进行填充。第 11 行代码设置词向量特征长度为100，即每个词汇用一个长度为 100 的向量表示。

2. 加载数据集

本段代码加载 IMDB 数据集，并查看样本数据。

```
12. (x_train, y_train), (x_test, y_test) = keras.datasets.imdb.load_data(num_words=
total_words)
13. print(x_train.shape, y_train.shape)
14. print(x_test.shape, y_test.shape)
15. id=20
16. print(x_train[id])
```

第 12 行代码加载 IMDB 数据集。第 13、14 行代码查看训练集和测试集尺寸。第 15、16 行代码查看 id 为 20 的样本数据。注意此处的数据采用数字编码，一个数字代表一个单词。输出结果如下。

```
(25000,) (25000,)
(25000,) (25000,)
[1, 617, 11, 3875, 17, 2, 14, 966, 78, 20, 9, 38, 78, 15, 25, 413, 2, 5, 28, 8,
106, 12, 8, 4, 130, 43, 8, 67, 48, 12, 100, 79, 101, 433, 5, 12, 127, 4, 769, 9, 38,
727, 12, 186, 398, 34, 6, 312, 396, 2, 707, 4, 732, 26, 1235, 21, 2, 128, 74, 4, 2,
5, 4, 116, 9, 1639, 10, 10, 4, 2, 2, 186, 8, 28, 77, 2586, 39, 4, 4135, 2, 7, 2, 2,
50, 161, 306, 8, 30, 6, 686, 204, 326, 11, 4, 226, 20, 10, 10, 13, 258, 14, 20, 8,
30, 38, 78, 15, 13, 1498, 91, 7, 4, 96, 143, 10, 10, 9859, 9064, 144, 3261, 27, 419,
11, 902, 29, 540, 887, 4, 278]
```

3. 数据解码

本段代码是将 IMDB 电影评论数据集中的文本数据进行解码和还原。

```
17.  word_index = keras.datasets.imdb.get_word_index()
18.  #print(word_index)
19.  word_index = {k:(v+3) for k,v in word_index.items()}
20.  word_index["<PAD>"] = 0
21.  word_index["<START>"] = 1
22.  word_index["<UNK>"] = 2   # unknown
23.  word_index["<UNUSED>"] = 3
24.  reverse_word_index = dict([(value, key) for (key, value) in word_index.items()])
25.  #print(reverse_word_index)
26.  def decode_data(text):
27.      return ' '.join([reverse_word_index.get(i, '?') for i in text])
28.  print(decode_data(x_train[id]))
```

第 17 行代码获取 IMDB 数据集的词索引（word index）。第 19 行代码将每个词的索引值加上 3，用于空出 0、1、2、3 这四个特殊标记的索引位置。第 20 ~ 23 行代码添加特殊标记"<PAD>"、"<START>"、"<UNK>"和"<UNUSED>"到词索引。第 24 行代码创建一个反向词索引，将索引与词对调，方便后续解码使用。第 26、27 行代码定义一个函数 decode_data，输入一个文本数据，将其转换为词组成的句子，并且使用反向词索引将索引值还原为对应的词。最后，在第 28 行对训练集中的 id 为 20 的样本进行解码操作，并打印结果。

```
<START> shown in australia as <UNK> this incredibly bad movie is so bad that you
become <UNK> and have to watch it to the end just to see if it could get any worse
and it does the storyline is so predictable it seems written by a high school <UNK>
class the sets are pathetic but <UNK> better than the <UNK> and the acting is wooden
br br the <UNK> <UNK> seems to have been stolen from the props <UNK> of <UNK> <UNK>
there didn't seem to be a single original idea in the whole movie br br i found this
movie to be so bad that i laughed most of the way through br br malcolm mcdowell should
hang his head in shame he obviously needed the money
```

4. 数据预处理

这段代码对 IMDB 电影评论数据集进行预处理。

```
29.  x_train = keras.preprocessing.sequence.pad_sequences(x_train, maxlen=max_review_len)
30.  x_test = keras.preprocessing.sequence.pad_sequences(x_test, maxlen=max_review_len)
31.  db_train = tf.data.Dataset.from_tensor_slices((x_train, y_train))
32.  db_train = db_train.shuffle(1000).batch(batchsz, drop_remainder=True)
33.  db_test = tf.data.Dataset.from_tensor_slices((x_test, y_test))
34.  db_test = db_test.batch(batchsz, drop_remainder=True)
35.  print('x_train shape:', x_train.shape, tf.reduce_max(y_train), tf.reduce_min(y_train))
36.  print('x_test shape:', x_test.shape)
37.  decode_data(x_train[id])
```

第 29、30 行代码使用 Keras 的 pad_sequences 函数对训练集和测试集的文本数据进行填充和截断操作，使它们的长度都为 max_review_len。长句子保留句子后面的部分，短句子在前面填充。第 31 行代码创建一个 TensorFlow 的数据集对象 db_train，其中包含由 x_train

和 y_train 组成的样本对。第 32 行代码对 db_train 进行随机打乱操作，并将其按照 batchsz 设置的批量大小进行分批。第 33 行代码创建一个 TensorFlow 的数据集对象 db_test，其中包含由 x_test 和 y_test 组成的样本对。第 34 行代码将 db_test 按照 batchsz 设置的批量大小进行分批。第 35 行代码打印训练集的形状、y_train 的最大值和最小值。第 36 行代码打印测试集的形状。第 37 行代码调用之前定义的 decode_data 函数，将训练集中的第 id 个样本进行解码操作，并打印结果。

5. 模型定义和模型训练

这段代码定义了一个基于 RNN 的文本分类模型。

```
38. class RNN_Model(keras.Model):
39.     def __init__(self, units):
40.         super(RNN_Model, self).__init__()
41.         self.embedding = layers.Embedding(total_words, embedding_len,
42.                                           input_length=max_review_len)
43.         self.rnn = keras.Sequential([
44.             layers.SimpleRNN(units, dropout=0.5, return_sequences=True),
45.             layers.SimpleRNN(units, dropout=0.5)
46.         ])
47.         self.outlayer = Sequential([
48.             layers.Dense(32),
49.             layers.Dropout(rate=0.5),
50.             layers.ReLU(),
51.             layers.Dense(1)])
52.     def call(self, inputs, training=None):
53.         x = inputs # [b, 80]
54.         x = self.embedding(x)
55.         x = self.rnn(x)
56.         x = self.outlayer(x,training)
57.         prob = tf.sigmoid(x)
58.         return prob
```

第 38 行代码定义了一个名为 RNN_Model 的类，继承自 keras.Model。第 39～51 行代码在 RNN_Model 中定义了模型的各个组件和计算过程，其中包括嵌入层、两个简单 RNN 层以及输出层。第 41 行代码使用 Embedding 层将输入的整数序列转换为词向量表示；第 43～46 行代码定义了一个 Sequential 模型，其中包含两个 SimpleRNN 层；第 47～51 行代码定义了一个 Sequential 模型，其中包含两个 Dense 层和一个 Dropout 层。这些组件按照前向传播的顺序连接起来，形成完整的模型结构。第 52～58 行代码在 RNN_Model 的 call 方法中定义了前向传播的过程。输入经过嵌入层和 RNN 层的处理后，通过输出层进行分类预测。最后通过 sigmoid 函数获得预测的概率值。

```
59. if __name__ == '__main__':
60.     units = 64
61.     epochs = 6
62.     model = RNN_Model(units)
63.     model.compile(optimizer = optimizers.Adam(0.001),
64.                   loss = losses.BinaryCrossentropy(),
65.                   metrics=['accuracy'])
66.     model.fit(db_train, epochs=epochs, validation_data=db_test)
67.     model.evaluate(db_test)
```

本段代码是主程序部分。第 60 行代码定义了 RNN 模型的 units 参数，即 RNN 层的单元数。第 61 行代码定义了训练的轮数 epochs。第 62 行代码创建了一个 RNN_Model 的实例 model，并进行了编译。第 66 行代码调用 model.fit 方法进行模型的训练，使用 db_train 作为训练数据，并使用 db_test 作为验证数据。第 67 行代码调用 model.evaluate 方法评估模型在 db_test 上的性能。

12.7 综合案例：基于 LSTM 的垃圾邮件识别

12.7.1 案例概述

本案例基于垃圾邮件数据集（SMSSpamCollection），进行基于 LSTM 的垃圾邮件识别实践。关于垃圾邮件数据集的更多信息请参考 6.3 节。

12.7.2 案例实现

```
1.  import tensorflow as tf
2.  import pandas as pd
3.  from tensorflow.keras.preprocessing.text import Tokenizer
4.  from tensorflow.keras.preprocessing.sequence import pad_sequences
5.  from sklearn.model_selection import train_test_split
```

本段代码导入必要的库。这些代码导入了必要的库，包括 tensorflow、pandas、Tokenizer 和 pad_sequences（用于文本预处理）、train_test_split（用于数据集划分）。

```
6.  df = pd.read_csv('data/ch12DL/SMSSpamCollection', sep='\t', header=None, names=
    ['label', 'message'])
7.  df['label'] = df.label.map({'ham': 0, 'spam': 1})
8.  X_train, X_test, y_train, y_test = train_test_split(df['message'], df['label'],
    random_state=1)
```

第 6 行代码加载 SMSSpamCollection 数据集。该数据集包含两列，分别是 label（标签）和 message（邮件文本）。第 7 行代码将文本型类别标签（ham 或 spam）转化为二元变量（0 或 1）。第 8 行代码使用 train_test_split 函数将数据集划分为训练集和测试集。其中，X_train 和 X_test 是邮件文本，y_train 和 y_test 是对应的标签。

```
9.  vocab_size = 5000
10. max_len = 100
11. tokenizer = Tokenizer(num_words=vocab_size)
12. tokenizer.fit_on_texts(X_train)
13. X_train_seq = tokenizer.texts_to_sequences(X_train)
14. X_test_seq = tokenizer.texts_to_sequences(X_test)
15. X_train_pad = pad_sequences(X_train_seq, maxlen=max_len, padding='post')
16. X_test_pad = pad_sequences(X_test_seq, maxlen=max_len, padding='post')
```

本段代码对文本数据进行预处理。第 9 行代码定义词汇表大小为 5000。第 10 行代码设置文本序列的最大长度为 100。第 11 行代码创建一个 Tokenizer 对象，并将其拟合于训练集中的文本数据。第 12 行代码对 Tokenizer 对象进行训练。该对象用于将文本转换为整数序列，其中每个整数对应一个词汇表中的单词。第 13、14 行代码使用 Tokenizer 对象将训练集和测试集的文本数据转换为整数序列。第 15、16 行代码将训练集和测试集的整数序列填充（padding）到相同的长度，以便可以输入到模型中进行训练和测试。填充是通过在序列末尾添加零来完成的。

```
17. model = tf.keras.models.Sequential([
18.     tf.keras.layers.Embedding(input_dim=vocab_size, output_dim=64, input_length=
    max_len),
19.     tf.keras.layers.LSTM(64),
20.     tf.keras.layers.Dense(1, activation='sigmoid')])
```

本段代码构建 LSTM 模型。第 17 行代码创建的是一个序列模型（Sequential Model）。第 18～20 行代码将嵌入层（embedding layer）、LSTM 层和一个具有 sigmoid 激活函数的输出层添加到模型中。其中嵌入层将整数序列转换为密集向量表示。

```
21. model.compile(optimizer='adam', loss='binary_crossentropy', metrics=['accuracy'])
```

第 21 行代码编译模型。指定优化器为 adam，损失函数为二元交叉熵，评估指标为准确率。

```
22. model.fit(X_train_pad, y_train, epochs=5, batch_size=32, validation_data=(X_test_
    pad, y_test), verbose=1)
```

第 22 行代码训练模型。这里使用训练集的填充序列和标签训练模型，进行 5 个轮次的训练，批量大小为 32，并在测试集上进行验证。verbose=1 表示打印训练进度信息。

```
23. _, accuracy = model.evaluate(X_test_pad, y_test, verbose=0)
24. print("Accuracy: {:.2f}".format(accuracy))
```

第 23、24 行代码，在测试集上评估模型的准确率，并打印出来。

习题 12

1. 什么是深度学习？简要解释其定义和用途。
2. 简要介绍神经网络的基本组成部分。
3. 什么是反向传播算法？它在深度学习中的作用是什么？
4. 列举几个常见的激活函数，并简要解释它们的作用。
5. 什么是卷积操作中的步长（stride）？它对卷积结果有什么影响？
6. 什么是 CNN？它在计算机视觉任务中的作用是什么？
7. 什么是 RNN？它在自然语言处理任务中的作用是什么？
8. 简要介绍池化操作的作用和原理。
9. 简要解释卷积操作的作用和原理。
10. 什么是迭代次数（epoch）？它在训练过程中的作用是什么？

实训 12

1. 使用葡萄酒数据集，完成基于 MLP 模型的分类实践。
2. 使用 CIFAR-10 数据集，完成基于 CNN 模型的分类实践。
3. 使用 SMSSpamCollection 数据集，完成基于 CNN 模型的垃圾邮件识别实践。
4. 使用 IMDB 数据集，完成基于 LSTM 模型的情感分类实践。